AF577978

Zu diesem Buch

Kaum ein Menschheitsabenteuer ist so mit Mythen befrachtet wie der «Aufbruch ins Weltall», der am 20. Juli 1969 in der Mondlandung von Apollo 11 gipfelte. Es war vor allem ein Mann, der von Mitarbeitern, Biographen und der Weltöffentlichkeit darüber zur Lichtgestalt erhoben wurde: Wernher von Braun.

Der Mythos handelt von der bahnbrechenden Leistung deutscher Technik-Pioniere in Peenemünde, die zwar nicht umhingekommen seien, für die Nazis die Raketenwaffe V 2 zu entwickeln, dabei aber stets im Sinn gehabt hätten, der Menschheit den Weg ins All zu ebnen – was sie nach dem Krieg in den USA zielstrebig verwirklichten. Und die Konstrukteure um von Braun treffe keine Schuld daran, daß die SS zur Produktion dieser «Wunderwaffe» Konzentrationslager eingerichtet hatte und daß während dieser Produktion mehr Menschen umgebracht worden sind als durch die Angriffe mit der V 2 auf London und Antwerpen.

Die historische Wahrheit sieht anders aus, wie Rainer Eisfeld anhand von Dokumenten belegt. Er zeichnet die Geschichte der Weltraumfahrt nach und zeigt, welche Rolle von Braun und seine «verschworene Gemeinschaft» von Raketenspezialisten vor und nach dem Krieg tatsächlich gespielt haben.

Von Peenemünde bis Cape Canaveral beschreibt er die Geschichte opportunistischer Ingenieure, denen die Technik zum Selbstzweck wurde und die ihre tiefe Verstrickung in die Barbarei des Nationalsozialismus bis zuletzt verdrängten und verleugneten.

Der Autor

Rainer Eisfeld, Jahrgang 1941, war bis zu seiner Emeritierung Professor für Politikwissenschaft an der Universität Osnabrück. Seit 1994 ist er Mitglied des Kuratoriums der KZ-Gedenkstätten Buchenwald und Mittelbau-Dora und seit 2006 Vorstandsmitglied der International Political Science Association.

Rainer Eisfeld

Mondsüchtig

Wernher von Braun
und die Geburt der Raumfahrt
aus dem Geist der Barbarei

Neuausgabe der 1996 erschienenen Ausgabe
«Mondsüchtig. Wernher von Braun
und die Geburt der Raumfahrt aus dem Geist der Barbarei»,
Rowohlt, Reinbek

Reprografischer Nachdruck
der Ausgabe bei Rowohlt, Reinbek, 1996 bzw.
Rowohlt Tb., Reinbek, 2000

Neuauflage 2012

info@zuklampen.de · info@zuklampen.de
Umschlaggestaltung: Stefan Hilden, München
www.hildendesign.de
Umschlagabbildung: HildenDesign
unter Verwendung eines Fotos von:
© NASA (oben)
© shutterstock.com (Mitte)
© ullstein bild / Walter Frentz (unten)
Satz: thielenVERLAGSBUERO, Hannover
Druck: BoD –Books on Demand, In de Tarpen 42, 22848 Norderstedt

ISBN 978-3-86674-167-6

Bibliografische Information der Deutschen Nationalbibliothek
Die Deutsche Nationalbibliothek verzeichnet diese Publikation in der
Deutschen Nationalbibliografie; detaillierte bibliografische
Daten sind im Internet über ‹http://dnb.d-nb.de› abrufbar.

In Wahrheit gab es nur einen Weg, im Dritten Reich zu leben, ohne sich als Nazi zu betätigen, nämlich, überhaupt nicht in Erscheinung zu treten. Sich aus dem öffentlichen Leben nach Möglichkeit ganz und gar fernzuhalten, war die einzige Möglichkeit, in die Verbrechen nicht verstrickt zu werden.

HANNAH ARENDT
Eichmann in Jerusalem

Erst wenn es mehr Techniker geben wird, die ihr Gewissen fragen, ob das, was sie tun, zum Gemeinen oder zum Erhabenen, zum Bösen oder zum Guten führt, können die Schatten der Vernichtung von uns weichen.

ROBERT JUNGK
Die Zukunft hat schon begonnen

«Der Mann hinter H. H. ist meiner Erinnerung nach Wernher von Braun – er trug bei unserem Besuch schwarze Uniform.» (Schriftliche Mitteilung Werner Grothmanns, 1915-2003, SS-Nr. 181 334, ehemaliger Obersturmbannführer und Adjutant Himmlers.)
Peenemünde, 29. Juni 1943 (von links): Walter Dornberger, Kommandeur der Heeresversuchsanstalt; Reichsführer SS Heinrich Himmler; Wernher von Braun (halb verdeckt in der Uniform eines SS-Hauptsturmführers); unbekannter Adjutant aus Dornbergers Stab.

Foto: Viking Press

Inhalt

An meine Leserinnen und Leser (2024)

Seit dem Vor- und dem Nachwort zur Neuausgabe (2012) sind ein weiteres Dutzend Jahre verstrichen. Die Nachfrage nach dem Buch reißt nicht ab. Immer wieder gibt es dafür aktuelle Anlässe – manche erfreulich, manche weniger:

Die konfliktreiche, am Ende gelungene Errichtung einer Gedenkstele in Peenemünde für die 600 KZ-Häftlinge, die im Herbst 1943 nach Mittelbau-Dora abtransportiert wurden (2014); Auseinandersetzungen über die Umbenennung von Schulen (Friedberg bei Augsburg, 2014; Neuhof bei Fulda, 2015) und Straßen (Gersthofen bei Augsburg, 2022); schließlich die verfehlte Idee der Ministerpräsidentin Mecklenburg-Vorpommerns, Peenemünde als UNESCO-Weltkulturerbe vorzuschlagen (2021).

Dazu sollte man in der 2017 von der Kultusministerkonferenz der Bundesländer beschlossenen «Handreichung zum UNESCO-Welterbe» lesen, was die damalige Präsidentin der Konferenz, Susanne Eisenmann (CDU), den Adressaten einleitend ins Stammbuch geschrieben hat: «Die steigende Popularität und politische Nutzung des mittlerweile zur Marke gewordenen Welterbetitels lösten einen wahren Nominierungsboom von Stätten aus, nicht zuletzt in der Hoffnung auf touristische Vermarktung.»

Nach wie vor auch, und damit komme ich zu meinem eigentlichen Thema, treffen von Ihnen, den Leserinnen und Lesern des Buchs, persönliche Anfragen ein über die Rolle von Technik, von Raumfahrt, über die Einstufung der Praktiken des NS-Regimes – Fragen, die ich natürlich zu beantworten versuche. Beim Sichten von Unterlagen fiel mir einer meiner Antwortbriefe in die Hände. Als ich ihn erneut las, schien mir, dass er bündig zusammenfasst, was viele unter Ihnen anhaltend beschäftigt. Nachstehend gebe ich den Brief unverändert wieder. Lediglich Anrede und Schlussformel sind weggelassen:

Der Titel meines Buchs muss im Zusammenhang mit dem Untertitel gelesen werden. Beide zusammen sollen eine Obsession kennzeichnen, die nicht nur zu einer technischen Leistung geführt, sondern auch die Bereitschaft eingeschlossen hat, einen hohen menschlichen und moralischen Preis in Kauf zu nehmen:

Leitende Peenemünder Konstrukteure, Wernher von Braun eingeschlossen, griffen zu, als die Möglichkeit sich bot, Sklavenarbeiter einzusetzen. Weil man ein Ziel absolut setzte, war man bereit, nicht nur in Kauf zu nehmen, sondern selbst daran mitzuwirken, dass Menschen degradiert wurden zum bloßen, beliebig ausbeutbaren Mittel. In diesem Sinn haben Rudolph, Dornberger, von Braun – genau wie viele andere außerhalb Peenemündes, auch Sozialwissenschaftler an Universitäten – sich die Mentalität des NS-Staates zu eigen gemacht.

Die Barbarei des Nationalsozialismus unterscheidet sich keineswegs nur, aber insbesondere in einem Punkt fundamental von Untaten, die im Namen des Christentums beziehungsweise anderer Religionen – oder auch im Namen des Liberalismus; Stichwort koloniale Unterdrückung – begangen wurden: Jedes dieser Denk- und Lehrgebäude enthält allgemeingültige, jedenfalls dem Grundsatz nach auf menschliche Gleichheit zielende Prinzipien. Abweichungen schlimmer und schlimmster Art, wie sie in der Geschichte in der Tat gang und gäbe waren und sind, lassen sich deshalb unter Rekurs auf solche Prinzipien anprangern als willkürliche, prinzipienwidrige Abkehr von der grundsätzlich akzeptierten Norm. Damit steigt die Chance einer – wie mühsam auch immer erreichten – Humanisierung menschlicher Beziehungen.

Der Nationalsozialismus dagegen basierte bereits dem Grundsatz nach auf der Rechte*hierarchie* angeblicher «rassischer Artgleichheit» bzw., im Falle sogenannter «Fremdrassen», -ungleichheit. Die Praxis der Knechtung, Ausbeutung und physischen Dezimierung aller Unterworfenen entsprach solchem Denken, mehr noch, setzte es folgerichtig um. Irgendein Appell an anders geartete, sprich humanere, Prinzipien war und blieb unmöglich.

Auf diesen Punkt komme ich am Schluss nochmals zurück.

Was Hiroshima und Nagasaki betrifft, müsste meine Position eigentlich deutlich werden aus dem, was ich auf den Seiten 39/40 und 244/245 meines Buchs geschrieben habe. Dass eine allgemeine Brutalisierung der Kriegsführung – nicht zuletzt als geplante Terrorisierung und Massenvernichtung der Zivilbevölkerung – die Folge des deutschen und japanischen Vorgehens im Zweiten Weltkrieg war, wird kaum jemand bestreiten wollen und können. Jedoch gilt auch in diesem Fall, dass jegliche «Aufrechnung» von Verstößen gegen die Menschlichkeit mit dem Ziel der Relativierung oder gar Verniedlichung deutscher Verbrechen während des NS-Regimes sich verbietet.

Meine Einstellung zur Raumfahrt habe ich auf S. 232 zumindest angedeutet. Die unbemannten Raumfahrtmissionen seit den 1970er Jahren haben faszinierende Wunder der Wissenschaft in unser Blickfeld gerückt. Solche und ähnlich gelagerte Entdeckungen bieten eine geschichtliche Chance, unserer wie nachfolgenden Generationen das zu vermitteln, was Carl Sagan die «kosmische Perspektive» genannt hat als eine ungeheure Chance zur «Entprovinzialisierung» menschlicher Existenz.

Freilich handelt mein ganzes Buch davon, dass eben auch Raumfahrt sich messen lassen muss an dem «Preis» im allgemeinsten Sinne, den ihre Verwirklichung fordert. Am Beispiel der Peenemünder Konstrukteure offenbart sich die Möglichkeit eines Spannungsfeldes von Terror und technischem Fortschritt, das unter ethischen Prämissen völlig inakzeptabel ist. So wenig wie Kernenergie oder Gentechnologie wird Raumfahrt jemals ein rein technisches Unternehmen darstellen. Alle drei Bereiche bleiben politisch-militärisch einsetzbare, das heißt auch missbrauchbare, Machtmittel.

Entsprechend beschaffen – und unzureichend bewältigt – sind die Probleme persönlicher Verantwortung, die sich für Techniker und Wissenschaftler stellen. Um diese Probleme ist es mir in erster

Linie zu tun. Auch in meinem eigenen Fach, wie ich hinzufügen möchte. In einer vor Jahren erschienenen (2013 erweitert wieder aufgelegten) Studie habe ich das deutlich zu machen versucht.

Allen, die sich an mich gewandt haben, danke ich für die anhaltende Unruhe, die ihre Zuschriften widerspiegeln. Ich teile Ihre Unruhe.

Entsinnen Sie sich, was ich wenige Absätze zuvor über «Rechtehierarchie» im Zeichen rassistisch behaupteter «Artungleichheit» geschrieben habe? Gegenwärtig wird in Deutschland wieder dort von «Remigration» geredet, wo massenhafte Deportation «Artfremder» gemeint ist.

Die Zeichen stehen an der Wand.

Rainer Eisfeld, Osnabrück
Februar 2024

Vorwort (2012)

Mondsüchtig, vor 16 Jahren erstmals erschienen, und die darin präsentierten Dokumente haben im deutschen Sprachraum das Bild der «Lichtgestalt» Wernher von Braun korrigiert und den «Mythos Peenemünde» zerstört. 1996 bei Rowohlt veröffentlicht, wurde die Studie von der 9-köpfigen Jury der Zeitschrift *Bild der Wissenschaft* unter die Wissenschaftsbücher des Jahres in der Kategorie «Zündstoff» gewählt – ein Buch, das ein brisantes Thema am kompetentesten aufgreift.

Mondsüchtig belegte, dass von Braun und seine Spitzentechniker aktive, keineswegs nur passive Nutznießer des mörderischen NS-Zwangsarbeits-Programms waren. Das Buch schilderte Peenemünde realistisch als Mikrokosmos des ‹Dritten Reiches› mit überzeugten Nazis, Opportunisten, Mitläufern und einem Konzentrationslager. Die von den Beteiligten später behauptete strikte Trennung dieser angeblich «heilen Welt» auf Usedom von der V 2-Fertigung durch geschundene KZ-Häftlinge im unterirdischen Mittelwerk bei Nordhausen verwies *Mondsüchtig* dorthin, wo sie hingehörte – ins Reich der Fabel.

Von Peenemünde bis Cape Canaveral beschrieb der Band die Geschichte opportunistischer Ingenieure, denen die Technik zum Selbstzweck wurde und die ihre tiefe Verstrickung in die Barbarei des Nationalsozialismus bis zuletzt verleugneten. Die Studie löste ein unverzügliches Medienecho aus. Darauf gehe ich im Nachwort ein.

Die systematische Auswertung relevanter Archivbestände hatte Mitte der 80er Jahre eingesetzt, zunächst bezogen auf

Peenemündes Verknüpfungen mit dem Mittelwerk, dem KZ Mittelbau-Dora sowie weiteren Lagern in Österreich und Süddeutschland. Über die Arbeiten der österreichischen Historiker Florian Freund und Bertrand Perz, des kanadischen Historikers Michael J. Neufeld (Kurator des National Air and Space Museum, Washington) sowie den Fortgang der Forschung bis heute informiert ebenfalls das Nachwort.

Keines der in diesem Buch vorgestellten Ergebnisse wurde jedoch durch weitere Forschungen widerlegt. Nirgendwo ist der hier erreichte Kenntnisstand grundlegend korrigiert worden.

Als ich *Mondsüchtig* schrieb, lag die deutsche Vereinigung wenig mehr als ein halbes Jahrzehnt zurück. Keine vier Jahre waren vergangen, seit in Peenemünde um ein Haar der 50. Jahrestag des Erstflugs einer V 2 von der deutschen Luft- und Raumfahrtindustrie unter der Schirmherrschaft der Bundesregierung offiziell begangen worden wäre. Erst internationale Proteste sorgten für die Streichung des geplanten Festakts.

Und erst dieser Konflikt rief manchem ins Bewusstsein, dass mit dem Ende der DDR ein weiterer Ort auf die Bundesrepublik übergegangen war, ohne den Peenemünde sich nicht vorstellen lässt: die Gedenkstätte Mittelbau-Dora in Thüringen, Erinnerung an eben jenes KZ, dessen Insassen man zur Serienfertigung der V 2 gezwungen hatte.

1992 berief mich der Kreistag Nordhausen in das neu geschaffene Kuratorium der Gedenkstätte. 1994 folgte die Berufung ins Kuratorium der vom Land Thüringen errichteten Stiftung Gedenkstätten Buchenwald und Mittelbau-Dora. Die Tätigkeit dort, an erster Stelle die prägende Begegnung mit überlebenden Häftlingen, führte zu einer Fülle wichtiger Anregungen.

Im Zuge der Forschungen haben die Orte des Gedenkens an die Verbrechen sich gründlich verändert – sowohl Mittelbau-Dora als auch Peenemünde.

2006 wurde in Mittelbau-Dora die Mitte der 90er Jahre installierte provisorische durch eine ständige Ausstellung abgelöst. Ein Jahr später erschien der Begleitband zur Ausstellung, herausgegeben von Jens-Christian Wagner. Zuvor hatte Wagner die Studie *Produktion des Todes* veröffentlicht und verstreute archivalische Bestände in einer Fülle herangezogen, die seiner Arbeit über Mittelbau-Dora definitiven Charakter verlieh.

In Peenemünde war 1991 eine «Amateurausstellung» aufgebaut worden, die uneingeschränkt dem Mythos von der «heilen Welt» der Technik huldigte – und sich gerade deshalb regen Zuspruchs erfreute: eine Million Besucher binnen fünf Jahren! Noch 1996 fanden sich dort lediglich vier Exponate zur V 2-Fertigung durch KZ-Insassen: ein gestreifter Häftlingsanzug, eine Büchervitrine mit Literatur zu Konzentrationslagern, zwei Dokumente über den geplanten Einsatz von KZ-Häftlingen in Peenemünde. Was fehlte, war jede Erläuterung, die es dem Besucher erlaubt hätte, sie in das Gesamtbild der Entwicklung und Produktion der Rakete einzuordnen. Diesen Ausstellungsteil habe ich seinerzeit als «Alibi-Ecke» bezeichnet.

Einen Kontrapunkt zu solcher verkürzten und verzerrten Wiedergabe setzte 1995 der Band *Raketenspuren. Peenemünde 1936–1994* von Volkhard Bode und Gerhard Kaiser. Die historische Reportage endete mit den damals noch betriebenen Plänen zur Errichtung eines kommerziellen Raumfahrtparks. 2001 wurde dann, zurückgehend auf eine Koalitionsvereinbarung der Landesregierung Mecklenburg-Vorpommerns, die gegenwärtige Dauerausstellung im einstigen, ebenfalls von Zwangsarbeitern erbauten, Kraftwerk der Versuchsanstalt eröffnet. 2004 erschien, herausgegeben von Johannes Erichsen und Bernhard Hoppe, dazu der Begleitband *Peenemünde – Mythos und Geschichte der Rakete 1923–1989*. «Beunruhigen» und «herausfordern» nannten beide als Ziele des Buchs wie der Ausstellung.

Beunruhigend, herausfordernd: Die Forschungsergebnisse der letzten zwei Jahrzehnte haben sich summiert zu einem Wendepunkt in der Raumfahrtgeschichtsschreibung. Mittlerweile sind sie Allgemeingut. Nie wieder werden Publizisten sich auf das gute Gewissen und die schlechte Erinnerung der leitenden Konstrukteure Peenemündes berufen können, um die Mitverantwortung von Technik und Wissenschaft für die Versklavung von Menschen bei der Verwirklichung des Raketenprogramms zu leugnen.

Im ursprünglichen Vorwort zur Originalausgabe habe ich eine umfangreiche Dankesschuld abgestattet. Hier möchte ich nur einen Namen erwähnen: Frank Strickstrock hat dieses Buch durch mehrere Phasen seiner Entstehung und Verbreitung begleitet. Ohne ihn hätte es diese Neuausgabe nicht gegeben. Auch dafür bleibe ich ihm dankbar.

Peenemünde: Mythos und Wirklichkeit

«Alte Peenemünder» – so nannten sie sich gern nostalgisch, und nicht anders titulieren sie sich bis heute, soweit sie noch leben: die deutschen Raketenspezialisten des Zweiten Weltkrieges, Konstrukteure des «Aggregats 4» (A4), der sogenannten Vergeltungswaffe V2. Viele von ihnen traten nach 1945 den Weg in die USA an. Wieder bauten sie Vernichtungswaffen, wie zuvor für das deutsche, so jetzt für das amerikanische Heer. Der Unterschied: In Deutschland waren die Geschosse unter Tage von KZ-Häftlingen montiert worden. Präsident John F. Kennedys Entscheidung für eine bemannte Mondlandung, Teil des Prestigewettlaufs mit den Sowjets im Kalten Krieg, katapultierte die «alten Peenemünder» erneut in technische Schlüsselpositionen. Sie entwarfen die Mondrakete Saturn, angeblich ein direkter Nachfahre der «bewährten» V 2. Unter dem Motto «Wir haben den Weg zu den Sternen geöffnet» floriert seither – und besonders seit der Mondlandung 1969 – der Mythos Peenemünde. Um seine Entschlüsselung geht es vorrangig in diesem Buch.

Ein Mythos braucht Helden, Schurken und eine Moral. Die Moral bereitete am wenigsten Mühe. Sie bestand im Hohenlied von der deutschen Ingenieursgroßtat. Mit der V2 wurde eine Rakete konstruiert, die erstmals in den Weltraum aufstieg. Daß sie, wenn sie herunterstürzte, London traf oder Antwerpen, war bedauerlich, in Anbetracht der Umstände unvermeidlich, langfristig aber unerheblich.

Auch die Schurken standen bereit. Es handelte sich um Himmlers «schwarze Scharen», die SS. Erst mit ihnen hielt das Dritte Reich Einzug in Peenemünde. Sie entwanden den Konstrukteuren die Zuständigkeit für die Raketenfertigung. Neben der heilen Welt der Fachleute etablierten sie ihren Sklavenstaat der Zwangsarbeit. Mit ihm, so die Fama, hatte das Forschungsteam von Peenemünde nichts zu tun.

Endlich, aber nicht zuletzt, die Helden, personifiziert durch drei Namen:

- Walter Dornberger, Oberst im Heereswaffenamt Berlin und Leiter der Abteilung für Raketenentwicklung, als Generalmajor Kommandeur der Heeresversuchsanstalt Peenemünde, nach dem Krieg Vizepräsident der Bell Aircraft Corporation in Buffalo – gerühmt als Mann von «unglaublichem Mut», oft «allein der Macht und den Intrigen der SS-Führung gegenüberstehend».

- Arthur Rudolph, technischer Direktor des Versuchsserienwerks Peenemünde, 1943 Betriebsdirektor der unterirdischen V2-Fertigungsstätte «Mittelwerk» im Harz, während der 50er Jahre beteiligt an der Entwicklung der Redstone- und Pershing-1-Raketen, zuletzt Direktor des Entwicklungsprogramms der Mondrakete Saturn V: Ein «hochverdienter amerikanischer Bürger» (so kann man lesen), während des Krieges im Mittelwerk Bedingungen unterworfen, die sich angeblich «keineswegs grundlegend von denen der dort eingesetzten Zwangsarbeiter unterschieden», dennoch bemüht, «Verbesserungen» zu erreichen für die ausgebeuteten Häftlinge des KZ Mittelbau, das hervorgegangen war aus dem Außenkommando Dora des Lagers Buchenwald auf dem Ettersberg bei Weimar.

- Schließlich und vor allem Wernher von Braun, technischer Direktor der Heeresversuchsanstalt Peenemünde, später Leiter des Heeresamts für ballistische Raketen in Huntsville (Alabama), Direktor des George-Marshall-Raumfahrtzentrums der Weltraumbehörde NASA, Vizepräsident des Fairchild-

Luftfahrtunternehmens in Maryland – gefeiert als «populärster Raketeningenieur der Welt», «Symbol der westlichen Raumfahrt», als charismatisches «Universalgenie» und «geborener Menschenführer», der unter dem NS-Regime (so wird betont) «weder mit dem Mittelwerk noch dessen Betreibern unmittelbar zu tun hatte», dem jede Möglichkeit fehlte, für die KZ-Häftlinge «irgend etwas Wesentliches zu tun».

Soweit der Mythos. Die Sprachregelung hatte Walter Dornberger in seinen 1952 veröffentlichten Memoiren vorgegeben. Betitelt «V 2 – Der Schuß ins Weltall» (nicht etwa «Der Schuß auf England» oder «auf London»), wurde das Buch sogleich ins Amerikanische übersetzt und binnen sechs Jahren in der Bundesrepublik dreimal aufgelegt. Die vierte Auflage erschien 1981 mit zeitgemäß verändertem Titel: «Peenemünde – Die Geschichte der V-Waffen». Ausdrücklich beanspruchte Dornberger, durch seinen Bericht werde «Falsches endgültig richtiggestellt». Mit Kapitelüberschriften wie «Eine neue Macht schiebt sich in den Vordergrund» oder «Himmler schlägt erneut zu» suggerierte er Distanz zum Reichsführer SS und seinen schwarzuniformierten Helfershelfern, führte «bewegte Klage» über deren Machenschaften: Peenemündes Übernahme durch die SS, seine eigene Ausschaltung als angeblicher «Hemmklotz» für die Raketenentwicklung – darauf hätten die Ränke Himmlers und seiner Umgebung gezielt.

In Wahrheit hatte Dornberger gegenüber der SS keine Berührungsängste an den Tag gelegt, so betont er nach dem Krieg von ihr abrückte. Im Gegenteil: Von dem Augenblick an, in dem Himmler Mitte Dezember 1942 Peenemünde erstmals besucht hatte, trachtete Dornberger danach, über ihn an Hitler heranzukommen. Bereits wenige Tage nach dem Besuch des Reichsführers wandte der Peenemünder Kommandeur sich an den Chef des SS-Hauptamts, Gruppenführer Gottlob Berger, mit der Bitte, Himmler möge ihm doch ermöglichen, «zusammen mit... Dr. von Braun zu einem offiziellen Vortrag zum Führer zu kommen». Und einen Monat später, in der Hoffnung, eine «Führeranweisung» zu erlangen, die der Raketenentwicklung noch höhere Priorität einräumte, folgte bereits Dornbergers nächste schriftliche Bitte «um den Einsatz des Reichsführers SS».

«Zu seinem Entsetzen» sei er bei seinem Eintreffen im Mittelwerk 1943 davon unterrichtet worden, daß bei der Serienproduktion der V2 Zwangsarbeiter eingesetzt würden, behauptete Arthur Rudolph in einem Gespräch mit dem gutgläubigen amerikanischen Ingenieur und Buchautor Hugh McInnish (Pseudonym: Thomas Franklin). Tatsächlich wäre es höchst verwunderlich gewesen, wenn Rudolph bei der Nachricht die geringste Gemütsregung verspürt hätte, war er selbst es doch, der Monate zuvor aus einer Besichtigung des Einsatzes von KZ-Häftlingen im Heinkel-Flugzeugwerk Oranienburg die «Nutzanwendung» gezogen hatte:

> «Der Betrieb der (Fertigungshalle) F1 kann mit Häftlingen durchgeführt werden.»

Nicht von der SS ging also, wie man lange annahm, die Initiative aus, KZ-Insassen bei der V2-Herstellung auszubeuten – Arthur Rudolph, einer der Konstrukteure, war der Motor. Das Versuchsserienwerk werde «eine entsprechende Anforderung» ausarbeiten, schrieb Rudolph weiter, «mit der Bitte, einen Beauftragten der SS» hinzuzuziehen. So geschah es: 1400 KZ-Häftlinge wurden für Peenemünde angefordert; als Folge entstand dort ein eigenes Konzentrationslager. (Die Bezeichnung wird hier nicht etwa nachträglich eingeführt. Sie findet sich in den zeitgenössischen Unterlagen.) Mitte Juli 1943 war es dann soweit: Laut erhaltener Chronik des Versuchsserienwerks lief «die Mitteilfertigung (der V2) unter Einsatz von Häftlingen» an.

Das Wissen darum wurde von sämtlichen «alten Peenemündern», wurde von Dornberger, Rudolph, Wernher von

Braun, von den Ingenieuren und Publizisten in ihrem Umfeld später systematisch verdrängt und vertuscht. Jüngstes Beispiel: Die Zusammenarbeit Konrad Dannenbergs, stellvertretender A 4-Projektleiter unter von Braun, mit der Autorin Marsha Freeman, Verfasserin des Buchs *How We Got to the Moon – The Story of the German Space Pioneers*. Nicht anders als Arthur Rudolph hatte Dannenberg sich schon vor 1933 der NSDAP angeschlossen (Mitgliedsnummer 979652, Beitrittsdatum 1. März 1932). In einem Vorwort zu Freemans Buch beteuerte er, kein wahres Wort sei an den Berichten über den Einsatz von KZ-Häftlingen in Peenemünde unter dem Kommando des Heeres. Und Freeman spekulierte gar, hinter der fortgesetzten «Verleumdung» der Konstrukteure stecke der KGB beziehungsweise die ostdeutsche Stasi.

Noch einmal zurück zu Dornberger: Auch dort, wo er in seinen Memoiren auf den «Fertigungsfluß des Mittelwerks» zu sprechen kam, ließ er mit keinem Wort erkennen, daß Zwangsarbeit diesen Fluß in Gang gehalten hatte. Erst recht keine Andeutung fand sich in seinem Buch über die wirklichen Verhältnisse in Peenemünde.

Mehr noch: Im Zusammenhang mit einem Strafverfahren vor dem Schwurgericht beim Landgericht Essen gegen die ehemaligen SS-Führer Helmut Bischoff, Ernst Sander und Erwin Busta wegen zahlreicher grausamer Mordtaten an Häftlingen des Lagers Mittelbau-Dora wurde Walter Dornberger Anfang 1969 in der Deutschen Botschaft von Mexico City vernommen. Bei dieser Vernehmung erklärte er unter Eid:

> «In Peenemünde sind in der Produktion keine Fremdarbeiter und auch keine KZ-Häftlinge eingesetzt worden. Wenn mir vorgehalten wird, daß doch bei der Bombardierung Peenemündes zahlreiche Fremdarbeiter ums Leben gekommen sind, so handelt es sich dabei um Arbeiter, die lediglich bei Bauarbeiten eingesetzt waren. Diese Bauarbeiten unterstanden mir nicht.»

Damit hatte Dornberger einen Meineid geschworen. Um im Erdgeschoß der Peenemünder Fertigungshalle F_1 Material lagern zu können, seien «die KZ-Häftlinge möglichst bald in einem Barackenlager auf de(m) freien Platz des Verwaltungsgebäudes des VW» (Versuchsserienwerks) unterzubringen. Insgesamt 2500 wolle man «als Puffer beim HAP 11/VW» (HAP, Heeres-Artillerie-Park, 11 lautete die offizielle Bezeichnung der Heeresversuchsanstalt Peenemünde) «für die anderen Werke» bereithalten. Grundsätzlich sollte «das Verhältnis der deutschen Arbeiter zu den KZ-Häftlingen... 1:15, höchstens 1:10 betragen». So stand es im Protokoll einer Besprechung vom 4. August 1943. Besprechungsteilnehmer: Dornberger; Protokollunterschrift: Dornberger.

Und Wernher von Braun?

Zu einem erheblichen Teil auf Gesprächen von Brauns mit dem Journalisten Bernd Ruland – «auch über Dinge», so Ruland einleitend, «über die er bisher geschwiegen hatte» – beruhte der 1969 vom Burda-Verlag herausgebrachte Band «Wernher von Braun. Mein Leben für die Raumfahrt». Im Zusammenhang mit dem britischen Luftangriff auf Peenemünde am 18. August 1943 war dort gleichfalls nur die Rede von «Lagern außerhalb des Sperrbezirks», in denen sich «Zwangsarbeiter» befunden hätten:

> «Wer vor dem Feuer und den Bomben in diesen Lagern davonzulaufen versucht, wird von den SS-Wachmännern entweder angeschossen oder von Hunden zurückgehetzt.»

«Zwangsarbeiter» – das mochte so nahe an der Wahrheit scheinen wie eben noch «akzeptabel». Das ominöse Wort «KZ» blieb außen vor, ebenso wie jede Andeutung, daß eben nicht die SS den Anstoß gegeben hatte für die Ausbeutung von Häftlingen mitten in Peenemünde.

Immer noch eine pointierte Selbstfreisprechung also. Die Wahrheit sah anders aus. Eine Woche nach der Bombardie-

15410

VERNEHMUNGSNIEDERSCHRIFT

Verhandelt am 10. 2. 1969 in den Amtsraeumen der Deutschen Botschaft in Mexiko-Stadt.

Gegenwärtig: 1) Legationsrat I. Kl. Dr. H. Urbanek, der zum Anhören von Zeugen und zur Abnahme von Eiden ermächtigt ist

2) Landgerichtsdirektor H. Hückel, Vorsitzender des Schwurgerichts beim Landgericht Essen, dessen Anwesenheit bei der Vernehmung von der Mexikanischen Regierung für zulässig erklärt worden ist.

3) Frau Merkel de Rodriguez, Protokollführerin .

Vor dem unterzeichneten LRI Dr. Urbanek erscheint der in der Strafsache gegen Bischoff, Busta und Sander, anhängig unter Nr.29 a Ks 9/66 bei dem Schwurgericht des Landgerichts Essen, als Zeuge geladene Herr Dr. Walter Dornberger. Der Zeuge erklärte, dass er die USA-Staatsangehörigkeit besitze und dass er sich freiwillig vernehmen lassen wolle.

Der Zeuge wurde mit dem Gegenstand der Vernehmung und den Personen der Angeklagten bekannt gemacht, über die Bedeutung des Eides und die strafrechtlichen Folgen einer vorsätzlichen oder fahrlässigen Eidesverletzung belehrt und darauf aufmerksam gemacht, dass auch eine falsche uneidliche Aussage strafbar ist, sowie gem. §§ 52, 55 StPO belehrt und sodann wie folgt vernommen:

1.) Zur Person:

Ich bin der Dr. Ing. e.h. Walter R. Dornberger, Generalmajor a.D., 73 Jahre alt, wohnhaft in Back Creek Road, Boston, N.Y., Postleitzahl 14025, z.Zt. Chapala, Jalisco, Avda. la Estación 91, mit den Parteien nicht verwandt und nicht verschwägert.

-2-

Ich selbst habe immer vor dem Einsatz ausländischer Arbeitskräfte in dem V-Waffenprogramm gewarnt, weil dadurch die Sabotagegefahr selbstverständlich erhöht wurde. Da ich aber mit der Produktion selbst nicht zu tun hatte, konnte ich den Einsatz nicht verhindern. In Peenemünde sind in der Produktion keine Fremarbeiter und auch keine KZ-Häftlinge eingesetzt worden. Wenn mir vorgehalten wird, dass doch bei der Bombardierung Peenemündes zahlreiche Fremdarbeiter ums Leben gekommen sind, so handelt es sich dabei um Arbeiter, die lediglich bei Bauarbeiten eingesetzt waren. Diese Bauarbeiten unterstanden mir nicht, sondern entweder dem Rüstungsminister Speer oder Kammler.

-7-

Die Verhandlungsniederschrift wurde dem Zeugen vorgelesen, von ihm genehmigt und wie folgt unterschrieben.

Walter R. Dornberger.

Der Zeuge wurde darauf vorschriftsmaessig beeidigt.

Geschlossen:

BOTSCHAFT DER BUNDESREPUBLIK DEUTSCHLAND MEXICO 1

Beurk.-Reg.Nr. 70/69
Tarif 18 a)b) = 20,- DM
Pauschale = 2,- "
insgesamt 22,- DM

rung Peenemündes hatte Wernher von Braun sich zusammengesetzt mit Eberhard Rees (seinem Stellvertreter damals wie später in Huntsville) und fünf weiteren Ingenieuren. Einig wurde man sich in der Runde nicht nur über technische Probleme – Verlagerung der Fertigung beispielsweise aus dem Peenemünder Versuchsserienwerk in «geeignete Höhlen» –, sondern auch über die Arbeitskräfte für die Fabrikation in solchen Höhlen:

> «Die Belegschaft... könnte aus dem Häftlingslager F1 gestellt werden.»

Ganze zwei Zeilen nahm die Empfehlung, welches weitere Schicksal den Häftlingen beschieden sein solle, auf den vier Seiten einer Besprechungsniederschrift ein, in der ansonsten die Rede war von Stückzahlen und Terminen, Vorlaufzeitenermittlung und Einzelteilbereitstellung, Betriebsmittelplanung, Einkaufsorganisation – immer mit dem Ziel der «Großserie». Keineswegs war von Braun, wie das Protokoll zeigt, ausschließlich befaßt mit Forschung und Entwicklung, allenfalls noch mit der Qualitätskontrolle der produzierten Geschosse, wie er nach dem Krieg nicht müde wurde zu beteuern. Zwischen Entwicklung und Fertigung ließ sich eben keine säuberliche Trennlinie ziehen, ebensowenig wie bei der Fabrikation selbst zwischen der Verplanung von Material und von Menschen.

Deshalb war es auch bloße Schutzbehauptung, wenn von Braun bei sämtlichen Aufenthalten – «etwa 15 bis 20» – im Mittelwerk immer nur «irgendwelche technischen Fragen» besprochen haben wollte, bezogen auf «technische Änderungen an der A4». Das erhaltene Protokoll einer Konferenz im Mai 1944, an der von Braun, Dornberger und Rudolph teilnahmen, straft ihn Lügen. Wo dort in einem Satz von Turboaggregaten oder Rudermaschinen die Rede war, da ging es im nächsten entweder um die Anforderung weiterer Häftlinge oder die Deportierung französischer Zivilisten, die ins KZ eingewiesen, anschließend dann als Zwangsarbeiter eingesetzt werden sollten. Im Fertigungskalkül, ob der SS oder der Konstrukteure, tauchten beide, Maschinen wie Menschen, als bloße Produktionsfaktoren auf. «Einfach um irgendwelche Leute» habe es sich für ihn gehandelt – so Arthur Rudolph noch fast vierzig Jahre später.

1969 aus demselben Anlaß vernommen wie Dornberger, räumte Wernher von Braun ein, in den Stollen des späteren Mittelwerks gewesen zu sein, «als die Sprengarbeiten für den Ausbau bereits begonnen hatten, die Produktion aber noch nicht angelaufen war». Er sei «mit der besichtigenden Besuchergruppe durch (die) temporären Unterkünfte» der Häftlinge «durchgegangen». Jedoch, so von Braun unter Eid: «In dem Häftlingslager Dora bin ich nie gewesen.»

Das mag zutreffen – oder auch nicht. Im KZ Buchenwald jedenfalls war Wernher von Braun. Was ihn dort hingeführt hatte, teilte er Albin Sawatzki – zuständig für Planung und Steuerung der V 2-Serienfabrikation – 1944 brieflich mit: Von Braun hatte persönlich Häftlinge ausgewählt für eine Sonderaufgabe im Mittelwerk.

> «Bei einem meiner letzten Besuche im Mittelwerk machten Sie mir von sich aus den Vorschlag, die gute fachtechnische Vorbildung verschiedener Ihnen und dem Buchenwald zur Verfügung stehender Häftlinge dazu zu verwenden, zusätzliche Entwicklungsarbeiten und einen Musterbau in kleinen Stückzahlen aufzuziehen... Ich bin auf Ihren Vorschlag sofort eingegangen, habe mir gemeinsam mit Herrn Dr. Simon im Buchenwald einige weitere geeignete Häftlinge ausgesucht und bei Standartenführer Pister entsprechend Ihrem Vorschlag ihre Versetzung ins Mittelwerk erwirkt.»

Hermann Pister war Kommandant des Konzentrationslagers Buchenwald. Er wurde nach dem Krieg zum Tode verurteilt. Hellmut Simon, von Peenemünde ins Mittelwerk versetzt, dort seit Mai 1944 Leiter der Abteilung «Arbeitseinsatz», kam ungeschoren davon.

Marsha Freeman, amerikanische Buchautorin und Fürsprecherin von Brauns, hat behauptet, dieser wäre niemals so erfolgreich gewesen, «hätte er nicht immer seinen Glauben bewahrt an die Einzigartigkeit des Individuums». Hinsichtlich der Einzigartigkeit des Individuums Wernher von Braun mag diese Feststellung zutreffen. Im übrigen aber macht dessen Brief an Sawatzki (erst jüngst entdeckt auf einem Mikrofilm im National Air and Space Museum, Washington), wie schon das zuvor zitierte Besprechungsprotokoll, noch einmal klar:

Menschen stellten für von Braun *Mittel* dar zur Erreichung eines Ziels. Mehr noch: Wernher von Braun war Nutznießer des Zwangsarbeiterprogramms mit seinen Unmenschlichkeiten und Brutalitäten. Nur dem Grade nach, nicht im Prinzip unterschied er sich darin von Hitlers Rüstungsminister Albert Speer. Auch Speer trachtete sich später durch Auslassungen, Retuschen, Beschönigungen zu stilisieren als «unpolitischer» Fachmann von Rang – nachdem er im Dritten Reich versucht hatte, die «riesige Arbeitsquelle» der Himmlerschen Konzentrationslager für die Rüstungsproduktion zu nutzen. Das alliierte Hauptkriegsverbrechertribunal in Nürnberg diktierte ihm dafür zwanzig Jahre Haft zu.

Unter dem Gewicht immer neuer Indizien beginnt der lange und sorgsam gepflegte Mythos von Peenemünde zu bröckeln. Dieser Mythos hat viel geleistet. Den Konstrukteuren half er, als bedeutende Persönlichkeiten der Zeitgeschichte zu bestehen – vor sich und vor der Öffentlichkeit. Er verklärte die Wirklichkeit, besaß Tröstungs- und Täuschungsfunktion. Einer Gesellschaft, einem ganzen Volk erlaubte der Mythos, sich in solcher Verklärung wiederzuerkennen. Die Entwicklung brutaler Massenvernichtungswaffen erhielt einen moralischen Sinn: Hier hatten gute Deutsche «in kummervollen Kriegsjahren» (Wernher von Braun 1963) «der wissenschaftlichen Erforschung der Welt ein unerschöpfliches, faszinierendes Betätigungsfeld» erschlossen. Die Weltraumpioniere hatten sich quasi getarnt als Hitlers Rüstungsingenieure. Solche «Moral von der Geschichte» half bei der Vergangenheitsverdrängung ganz ungemein.

Wird es nur noch wenige Jahre dauern, bis eine Bundesregierung doch den – diesmal 60. – Jahrestag des V 2-Erstflugs in Peenemünde feiert? Wie steht es um unser, der Deutschen, Verhältnis zu der barbarischen Schattenseite des «Traums von der Weltraumfahrt», die mehr und mehr an den Tag kommt? 6000 produzierte V 2 – wenig mehr als die Hälfte «erfolgreich» abgeschossen – fast 3000 Tote in England, noch einmal so viele in Belgien – mindestens 16000, möglicherweise 20000 Häftlinge, zwanzig- bis vierzigjährig die meisten, die ihr Leben im KZ Mittelbau-Dora einbüßten durch Tuberkulose, Lungenentzündung, völlige Auszehrung, erschlagen, gehenkt, erschossen: so und nicht anders sah der Preis aus, den die vielen zahlten für den «Traum» einiger weniger.

Nach wie vor, bis in die Gegenwart, bleibt dieser «Traum» für handfeste Zwecke gut. Immer noch wollen Gemeinde und Landkreis Peenemünde mit einem Weltraumpark technikbegeisterte Besucher werben – am besten scharenweise und selbstredend unter dem Motto «Völkerverständigung am V 2-Startplatz». Die Idee, bereits fünf Jahre alt, stammt von der DARA, der Deutschen Agentur für Raumfahrtangelegenheiten. Begründung: Die in Peenemünde vollbrachte

> «deutsche Erstleistung ... auf dem Gebiet der Raketentechnik bildete die Grundlage aller weiteren Trägerentwicklungen für die Raumfahrt in der Welt.»

Zur Charakterisierung dieser «Erstleistung» bezog man sich ausschließlich auf das «Aggregat 4 (A 4)». Die Goebbelssche Propagandabezeichnung V 2, obwohl ungleich bekannter, zu erwähnen wurde sorgfältig vermieden. Irgendeine ungute

Erinnerung an den Zweck des A 4 als vom NS-Regime zu Terrorzwecken eingesetzte Fernwaffe sollte tunlichst nicht aufkommen.

Zielsetzung des für Peenemünde vorgeschlagenen Raumfahrtparks laut DARA: «In entspannender Umgebung sollte» – und zwar «besonders bei Jugendlichen» – «die Persönlichkeit geformt, Wissen vermittelt, zum Lernen angeregt» werden. Daß der technische Durchbruch in Gestalt der V2 unter den Bedingungen einer Diktatur erfolgt war, daß er unmenschliche Folgen hatte, die dringlich nahelegen, gerade am Beispiel Peenemündes mehr zu wecken als bloße (Zitat DARA) «Aufgeschlossenheit für die Hochtechnologie einer modernen Industrienation», war für die Autoren der Empfehlung offenkundig keiner Erwägung wert.

Dem Mythos ist es nicht zu tun um ein Berufsethos, das fragt: «Für wen produziere ich?» oder «Wozu produziere ich?» Ihm geht es um eine deutsche Erstleistung – auch zwischen 1933 und 1945. Und zwar nicht auf dem Gebiet organisierter Menschenvernichtung durch bürokratische Apparate, sondern um eine Ingenieurstat, auf die man in aller Welt zurückgreifen kann, sogar muß.

Wie unter einem Brennglas tritt die tatsächliche Geisteshaltung wo nicht aller, so doch mancher Konstrukteure dagegen in einer Aussage Arthur Rudolphs zutage, drei Jahre nachdem er der Massenhinrichtung von Häftlingen in einem Stollen des Mittelwerks beigewohnt hatte. Den Lagerinsassen war von der SS befohlen worden, in Sechser- und Achterreihen an den Erhängten vorbeizumarschieren. SS-Männer prügelten auf jeden ein, der den Blick abwandte. Zivilarbeiter und -angestellte fielen nicht unter die Anweisung.

Ein Teil des zivilen Personals fand sich jedoch, wie Rudolph zugab, aus freien Stücken ein – auch er selbst. «Ich war nicht die ganze Zeit anwesend», beteuerte er, und auf die Frage «Waren die Häftlinge tot, als Sie eintrafen?» gab Rudolph zur Antwort:

«Ich weiß nur, daß einer nach meinem Eintreffen noch mit den Knien zuckte.»

Der strangulierte Häftling, der noch mit den Knien zuckt, umgebracht dort, wo sonst deutsche «Vergeltungs»waffen montiert werden: Dies ist das Bild, das die Vorstellung von der «triumphal» in die Höhe schießenden V2 immer überlagern wird. Die deutschen Anfänge der Fahrt zum Mond sind untrennbar verknüpft mit den schmutzigsten und blutigsten Seiten in der Geschichte des Dritten Reiches.

Und auch das darf nicht vergessen werden: Die ersten Fernraketen entstanden keineswegs, um das Raumfahrtzeitalter einzuläuten. Sie wurden in Peenemünde konstruiert und im Mittelwerk gefertigt als verzweifelter Versuch, die drohende Niederlage in letzter Minute abzuwenden. Hätten sie das vermocht – wäre dann am Ende die «Saat des Hakenkreuzes», wie eine böse utopische Satire vermutet hat, in deutschen Raumschiffen aufgestiegen, «um die Sterne zu befruchten»?

Bekanntlich kam es anders. Die Mehrheit der Ingenieure, die für das deutsche Heer – im Wettstreit mit der Luftwaffe, wo man die Flügelbombe V1 propagierte – die V2 gebaut hatten, begleitete Wernher von Braun nach Huntsville (Alabama). Wieder arbeiteten die «alten Peenemünder» an Waffen für einen, diesmal «kalten», Krieg: an der Kurzstreckenrakete Redstone, anschließend dem Mittelstreckengeschoß Jupiter. Und seltsame Duplizität der Ereignisse: Wieder standen sie im Dienst einer Armee (nun der amerikanischen). Erneut war ihre Rivalin die Luftwaffe, die sich stark machte für das Konkurrenzmodell Thor als Alternative zur Jupiter.

So sehr viel hatte sich also gar nicht verändert für die Peenemünder Konstrukteure: Mochten sie auch von einem Raumfahrtzeitalter träumen – tatsächlich arbeiteten sie für ein potentielles Schlachtfeld. Da verlagerte sich 1957 durch den Schock des Sputnik-Erfolgs das Wettrennen zwischen den

Vereinigten Staaten und der Sowjetunion in einen neuen Bereich: den Weltraum. Das Scheitern der zivilen Vanguard-Rakete kam von Braun und seiner Gruppe zu Hilfe. Ihre modifizierte Redstone, Jupiter C getauft, startete den ersten amerikanischen Erdsatelliten. Das Wettrennen aber war damit erst richtig eingeläutet: Ohne Sowjetunion keine amerikanische Mondlandung zehn Jahre später – diese Feststellung konnte man schon damals treffen. Rückblickend hält sie erst recht der Wahrheitsprüfung stand.

Die Aufnahmen vom phantastischen Panorama des Mare Tranquillitatis, des Mond-«Meers» der Ruhe, die die ersten Astronauten zurückbrachten, waren dazu angetan, wenigstens zeitweise den Blick zu verstellen auf die Verstrickungen der Raumfahrtanfänge in die Realitäten des Nazi-Regimes wie des Kalten Krieges. Bei keinem treten diese Verstrickungen so sinnfällig zutage wie bei eben jenem Mann, über den der «Vater der Raumfahrt», Hermann Oberth, urteilte, in ihm verbänden sich «ungewöhnliche Tatkraft», «eiserner Fleiß», «glänzende» Fähigkeiten als «Diplomat und Organisator» mit «wahnsinnigem Ehrgeiz»: Wernher von Braun.

Das «Zeitalter des Wernher von Braun»

In Heidelberg-Eppelheim, in Heusenstamm bei Frankfurt hat man Straßen nach ihm benannt. Im hessischen Ort Schwebda bei Eschwege, unweit der Grenze zu Thüringen, steht sein Denkmal: Wernher von Braun, geboren am 23. März 1912, gestorben am 16. Juni 1977, in den Worten des Raumfahrthistorikers Werner Buedeler «einer der glücklichen Menschen, denen der Beruf zur Berufung wurde»:

> «Er leitete jenes technische Projekt, das während des 2. Weltkrieges in Deutschland in der ersten Flüssigkeitsgroßrakete der Welt gipfelte... Unter seiner Anleitung entstand die bisher größte Rakete, jene SATURN V, die den Flug des Menschen zum Mond ermöglichte... Wernher von Braun stand am Anfang und am Ende der Entwicklung der Großrakete.»

«Jenes technische Projekt» – das war natürlich die Entwicklung der V 2, von der auch die *Bunte Illustrierte* 1964 ganz unbefangen schrieb, sie habe «in Peenemünde das Tor ins Zeitalter der Raumfahrt aufgestoßen». Anschließend wiesen die Redakteure dem «Werk des deutschen Professors Wernher von Braun» – den Professorentitel hatte er 1943 von Hitler erhalten – einen Sonderplatz zu in der Menschheitsgeschichte:

> «Die Erfindung des Schießpulvers durch den Franziskanermönch Berthold Schwarz, die umwälzende Buchdruckerkunst des Johannes Gutenberg und die Entdeckung Amerikas durch Christoph Kolumbus haben die Welt verändert... Noch nie aber hat es in der Geschichte eine Epoche gegeben, in der die technische

> Großtat eines einzelnen Menschen die Grenzen des Erdkreises sprengte.»

Diese «wahrhaft Welten umspannende Sensation», befand die *Bunte*, sei «einem Deutschen gelungen» – und bereitete damit ihre Leser vor auf die krönende Huldigung:

> «1964, mit dem Abschuß der SATURN auf Kap Kennedy, begann das Zeitalter des Wernher von Braun.»

Bereits deutlich geworden ist, weshalb solche Glorifizierung in Deutschland Anklang fand und bis heute findet. Aber auch in den Vereinigten Staaten machte seit dem Schock, den der Start des ersten sowjetischen Erdsatelliten auslöste, der Kult um von Braun rasche Fortschritte. Hatte die Illustrierte *Life* ihn 1946 unter jene importierten «Nazi-Wissenschaftler» eingestuft, deren Aufgabe schlicht darin bestand, die Wissenslücken amerikanischer Experten zu schließen, so wurde der «gründlich amerikanisierte Deutsche» in den Spalten der Zeitschrift elf Jahre später bereits als «Seher des Alls» apostrophiert, 1959 in dem Männermagazin *True* als «Kolumbus des Weltraums» gepriesen. Marsha Freemans hagiographische Darstellung, publiziert zum 25. Jahrestag der ersten Mondlandung, verklärte die Peenemünder Konstrukteure schließlich zu «Erben der klassischen deutschen Kultur». Einem Bach, einem Mozart, einem Beethoven stellte Freeman einen Oberth, einen von Braun zur Seite.

Etwaigen Zweifeln an seinem wissenschaftlichen Ethos und seiner moralischen Einsichtsfähigkeit wurde Wernher von Braun noch weiter entrückt, seit seine eigenen Reflexionen über Religion, Moral und den Fortschritt der Wissenschaft breite Publizität erhielten. Neben den Manager und Ingenieur trat nun der «Philosoph», der «Humanist» von Braun, bemüht, «die Welt als harmonische Ganzheit zu sehen», Wissenschaft und Technik mit Religiosität zu vereinbaren – freilich auf sehr spezifische Weise: Wissenschaftlichem Fortschritt, befand er, dürfe keine «ethische Zwangsjacke» angelegt werden: Nicht die Wissenschaft sei zuständig für die Frage «gut» oder «böse», soweit es um die Anwendung ihrer Ergebnisse gehe, sondern einzig das außerhalb, als «Rahmen» menschlichen Handelns, existierende moralische Gesetz.

Solche Erwägungen genügten, damit Wernher von Braun attestiert wurde, er sei «ein Wissenschaftler, der nicht – wie Hiob – mit Gott ringt, sondern ein Mensch, der für Gott kämpft».

Doch fiel dabei zugleich Licht auf zentrale Züge seines Selbst- und Weltbildes. Nicht einmal wohlmeinende Biographen konnten umhin, ihm ausgeprägte Ich-Bezogenheit zu bescheinigen. Sie äußerte sich unverkennbar in der Art, wie er sich selbst freisprach von aller Verantwortung für einen Mißbrauch seiner Arbeit. Kam es zu solchem Mißbrauch, waren andere schuld – Menschen, die «nicht innerhalb des Rahmens der moralischen Gesetze» lebten, diese Gesetze entweder nicht kannten oder nichts davon wissen wollten.

Die radikale Trennung von Technik und Politik, die hier durchscheint, ist freilich mehr als eine bloße Eigenheit Wernher von Brauns. Ihr grundsätzlicher Stellenwert wird sich im folgenden erweisen.

Jedenfalls war es vor diesem Hintergrund nur konsequent, daß von Braun ein unbefangenes Nachwort zu einem Buch verfassen konnte, dessen Fazit lautete:

> «Die Ingenieure, Soldaten und Wissenschaftler der ehemaligen Heeresversuchsanstalt Peenemünde, wo immer sie heute arbeiten mögen, brauchen sich ihrer damaligen Tätigkeit nicht zu schämen.»

Zur Scham bestand kein Anlaß: Dies war das Motto, das immer öfter, immer einprägsamer für die Öffentlichkeit, in Abwandlungen wiederholt wurde. Die gerade zitierte Darstellung «Damals in Peenemünde» von Ernst Klee und Otto Merk erschien 1963 in der Bundesrepublik, 1965 unter dem Titel *The Birth of the Missile: The Secrets of Peenemünde* (‹Geburt der Rakete: Die Geheimnisse von Peenemünde›) in den Vereinigten Staaten. In Wernher von Brauns Nachwort fand sich der bereits oben erwähnte Satz vom «faszinierenden Betätigungsfeld», das man der Welt «in kummervollen Kriegsjahren» erschlossen habe. Ganz entsprechend Walter Dornberger in seiner Einleitung: Schon aus finanziellen Gründen habe die Raketenentwicklung zwangsläufig «zunächst den Weg über die Waffenentwicklung nehmen» müssen. Solche Apologie ließ die Einsicht nicht zu, daß – wie Gerd Hortleder kommentierte – allenfalls «ein gradueller Unterschied» bestand

> «zwischen einem Lehrer, der seine Schüler Blut- und Boden-Romantik lehrte, einem Juristen, der Gesetze befolgte, anstatt Recht zu sprechen, und einem Ingenieur, der auch Rüstungsfragen nur unter dem Gesichtspunkt des technischen Fortschritts betrachtete.»

Wurde die Grandiosität des Geleisteten nur mit genügendem Nachdruck herausgestellt – man habe «eine der ganz großen Aufgaben der Menschheit, der Umstände nicht achtend, aufgegriffen» (Dornberger 1952), «gegenüber allen Völkern der Erde in den Peenemünder Jahren (einen) zehnjährigen wissenschaftlichen und technischen Vorsprung erarbeitet» (derselbe 1963) –, so konnte kaum ausbleiben, daß auch die Beteiligten damit ins rechte Licht rückten.

Nur wenige sahen das anders, als der erfolgreiche Saturn-Start zum Mond die Gruppe um Wernher von Braun erneut ins Rampenlicht rückte: Bei einer kleinen Minderheit regten sich ungute Erinnerungen. Zu ihr gehörte der amerikanische Autor Norman Mailer, weltberühmt durch seine Romane «Die Nackten und die Toten» und «Der Hirschpark» sowie den Bericht «Heere aus der Nacht» über die amerikanische

Protestbewegung gegen den Vietnamkrieg. Ihm kam «das unausgesprochene Wort Nazi» in den Sinn, als er verfolgte, wie Wernher von Braun, mittlerweile Direktor des Marshall-Raumfahrtzentrums, einer amerikanischen Zuhörerschaft mit dem Satz vorgestellt wurde, er habe «während des 2. Weltkrieges für seine Regierung äußerst bedeutsame Fortschritte bei der Raketenentwicklung erzielt».

Noch unerbittlicher fiel die Kritik des Schriftstellers Günther Anders aus, der mit dem Hiroshima-Piloten Claude Eatherly korrespondiert hatte (Buchtitel: «Off Limits für das Gewissen»), Träger des österreichischen Kulturpreises und des Literaturpreises der Bayerischen Akademie der Künste. Einen «Mörder» und «Verbrecher» nannte er von Braun unverblümt, und in der Absicht, eine Situation auf den Punkt zu bringen, die er «moralisch total desorientiert» nannte, fügte er hinzu, die Erreichung des Mondes sei offensichtlich «so wichtig, daß sie die Tatsache der Mitarbeit am Massenmord ungültig» mache.

Massenmord: Mit dem schneidenden Urteil war die Verwüstung Londons und Antwerpens gemeint, die Tötung und Verwundung Tausender durch die V 2. Doch konnten die «alten Peenemünder» nicht für sich geltend machen, von *diesem* Vorwurf freigesprochen zu sein durch die alliierte, insbesondere die amerikanische Praxis – die Anwerbung der ehemaligen Gegner, denen man unter dem Vorzeichen des Kalten Krieges auf beiden Seiten ein neues Wirkungsfeld verschaffte?

Wohl waren die Peenemünder Ingenieure nach Kräften bemüht, abzulenken von den Folgen des V2-Einsatzes. Immer wieder, nicht nur von Dornberger, wurde der Angriff auf London überhöht zum «Schuß ins Weltall». Aber wirklich leugnen ließ sich natürlich nicht, daß mit der Entwicklung einer Kriegswaffe auch deren Einsatz vorprogrammiert war. Man behalf sich damit, daß man den Krieg zwar nicht zum Vater *aller* Dinge, aber doch – so Wernher von Braun – zur

Triebfeder der «rapidesten Fortschritte» der Wissenschaft und Technik stilisierte: Schließlich werde gerade dann «an Wissenschaftler, Ingenieure und Ärzte» die Forderung gestellt, «scheinbar Unmögliches zu leisten».

Die wirkliche Selbstentlastung jedoch galt der zwischen Entwicklung und Einsatz liegenden Etappe der Produktion – indem man deren mörderische Umstände möglichst unterschlug. Erwähnt wurde, daß Dornberger in seinen Memoiren den Eindruck zu wecken verstand, es habe sich beim Mittelwerk um eine völlig normale, x-beliebige Fertigungsstätte gehandelt. Einer der technischen Assistenten Wernher von Brauns in Peenemünde, Dieter Huzel (1933 sogleich der NSDAP beigetreten – Mitgliedsnummer 3230173), fand ein Jahrzehnt später gar bewundernde Worte für die «grandiose», «gigantische» Untertagefabrik. Detailliert beschrieb er die Taktstraße und das Tunnelsystem – Konzentrationslager und Zwangsarbeit waren ihm keinen Satz wert. Und mehr, als daß die V2-Produktion «unterirdisch, vor allem im Harz» erfolgte, erfährt selbst gegenwärtig der Leser nicht, der im Laden des Deutschen Museums in München die Hochglanzbroschüre «V 2 – Aufbruch zur Raumfahrt» ersteht: Vom niedrigen Preis her primär auf technikbegeisterte Jugendliche zielend, ahmt das Heft (Autor: Joachim Engelmann) nach, was Dornberger und Huzel vorexerziert haben.

Noch schlimmer kam es in einem weiteren «Dokumentarbericht», dem ebenfalls schon angeführten Buch von Klee/Merk, dessen Verfasser laut Dornbergers Vorwort «eine entscheidende Lücke in der Geschichte der Technik» schlossen. Barbarische Zustände wurden durch die Wortwahl kaschiert, die Urteilsperspektive des Lesers geschickt verschoben:

> «Die Arbeitsbedingungen unter der Erde waren ungünstig. Himmler bekam vom Sommer 1944 an über seinen ‹Sonderbevollmächtigten› Dr. Kammler praktisch die gesamte V-Waffenproduktion in die Hand. Da Kammler sich nicht scheute, auch

Kriegsgefangene und sogar Häftlinge zu beschäftigen, waren in den ‹Mittelwerken› Fälle von gegnerischer Propaganda und Sabotage nicht selten. Hier (womit auf eine danebenstehende Abbildung verwiesen wird) trägt ein Werkstück neben Hammer und Sichel, Sowjetstern und der Parole ‹Rot-Front› den Satz: ‹Wir werden siegen, dann Gnade Gott den Deutschen!›»

Mit bemerkenswerter Schamlosigkeit verstanden Klee/Merk zu suggerieren, es seien die deutschen Ingenieure des Mittelwerks gewesen, die in einer geradezu bedrohlichen Atmosphäre hätten existieren müssen. Ausgespart blieben jene Angst und jenes Grauen, die für die *KZ-Häftlinge* daraus erwuchsen, daß sie «keine Hilfe und keine Möglichkeit der Verteidigung» besaßen – daß es buchstäblich *nichts* gab, weder in ihrem Alltag noch in ihrer Zukunftsperspektive, womit sie «fest rechnen konnten» (Götz Dieckmann).

Rückte mit Klees und Merks Buch die Darstellung in die Nähe der Infamie, so äußerte zumindest Wernher von Braun sich in einer Weise, die Anteilnahme verriet. Ruland zitierte ihn 1969 mit der Aussage:

«Sehr viele dieser Häftlinge befanden sich in einem furchtbaren Ernährungszustand. Ich will und darf das in keiner Weise bestreiten... Diese Hungergestalten lasteten schwer auf der Seele jedes anständigen Mannes.»

Ähnlich in der mehr als zwanzig Jahre später erschienenen Biographie von Ernst Stuhlinger und Frederick Ordway. Dort findet sich eine Stellungnahme von Brauns, die in die Sätze mündet:

«Ich stimme gern zu, daß die gesamten äußeren Lebensbedingungen im Mittelwerk abstoßend und die Behandlung der Gefangenen demütigend waren. Ich schämte mich, daß solche Dinge in Deutschland möglich waren, selbst in einer Kriegssituation, wo es um das nationale Überleben ging.»

Freilich ging es im Zweiten Weltkrieg nicht darum, ob das deutsche Volk, sondern ob die NS-Diktatur weiterexistieren würde. Man muß von Brauns Mitgefühl nicht in Zweifel ziehen, um seine Behauptung, das Überleben der Nation hätte auf dem Spiel gestanden, als Geschichtsklitterung einzustufen, bei der die Propagandalügen des Dritten Reiches nachwirkten. Das um so mehr, als die Formulierung für Wernher von Braun nicht untypisch ist. Bei anderer Gelegenheit erklärte er, in Kriegszeiten müsse «ein Mann für sein Land geradestehen, ... gleichgültig, ob er mit der von der Regierung betriebenen Politik einverstanden ist oder nicht».

Die Frage drängt sich auf: Welche Einsichten besaß von Braun eigentlich in den Charakter des NS-Regimes?

1952, in einem Artikel mit der Überschrift «Warum ich mich für Amerika entschied», räumte er ein, ihm persönlich sei es «unter dem Totalitarismus verhältnismäßig gut gegangen». Was ihn störte, war hauptsächlich die mangelnde Berechenbarkeit («lauter kleine Hitler») und die ständige Überwachung. Um den körperlichen Verfall des ehedem «bombastischen Führers» zu beschreiben, dessen Kurzsichtigkeit nicht öffentlich bekannt werden durfte, griff er zu einer eher kindlichen Metapher («eine lächerliche Brille mit Stahlgestell, wie Großmütter sie auf der Bühne tragen»). Den Rest des Artikels durchzieht Staunen darüber, wie leicht ihm und seinen Mitarbeitern der Übergang von einer Gesellschaft in die nächste gefallen war.

Oder sollte man besser sagen: wie selbstverständlich der Wechsel von einem politischen System in ein anderes vonstatten gegangen war?

Wernher von Brauns Verpflichtung durch die amerikanische Armee mochte spektakulärer wirken als der weitere Weg der meisten Ingenieure seiner Generation, die dem Dritten Reich gedient hatten. Im Kern aber war der Unterschied gering zur Lage derjenigen Techniker, die in Deutschland blieben: Auch sie standen vor der Herausforderung, sich einzulassen auf ein verändertes politisches System. Der großen Mehrzahl gelang das Arrangement nicht zuletzt deswegen, weil sie sich als «Sieger der Niederlage» fühlen konnten: Ihre Leistungen blieben zur Ingang*setzung* des «Wirtschaftswunders» ebenso gefragt wie vorher zur Ingang*haltung* des «totalen Krieges». Im übrigen behaupteten sie – wie der Verein deutscher Ingenieure (VDI) 1947 –, «lediglich die äußerlichen Zugeständnisse gemacht (zu haben), die unumgänglich waren». Ihre vorgeblich reine «Sachorientierung» auch unter dem Nationalsozialismus erschien ihnen unbezweifelbar weit entfernt von irgendeinem «Beitrag zu dem, was Hitler schließlich zu tun in der Lage war» (Hortleder).

Von Braun wurde nicht müde zu betonen, er habe «im Mittelwerk nie einen toten Gefangenen gesehen». Er wußte jedoch sehr wohl (und gab das im selben Zusammenhang auch zu), daß im zugehörigen KZ Mittelbau-Dora Häftlinge starben – «wegen Unterernährung, Mißhandlung, Krankheit oder ungenügender medizinischer Versorgung» (von Brauns Worte). Aber Mittelwerk und Mittelbau-Dora sollten, durften um keinen Preis als Einheit erscheinen.

Auch Albert Speer blieb stets dabei, den Begriff «Sonderbehandlung» damals nicht gekannt, von der entsprechenden Exekutionspraxis der SS nichts gewußt zu haben. Nie gestand er ein, «doch direkt mit den Grausamkeiten des NS-Regimes konfrontiert worden zu sein» (Mathias Schmidt).

«Verbale Gratwanderung» nannte Schmidt in seiner Korrektur der geschönten Memoiren Speers dessen Darstellung – ein Ausdruck, der nicht minder paßt auf von Brauns gerade zitierte Aussage. Von Braun teilte mit Speer den Ehrgeiz, in die Historie einzugehen als bedeutender Fachmann, beschmutzt nicht einmal durch *konkrete* Kenntnis (von konkreter *Mitschuld* zu schweigen) der Verbrechen des Nationalsozialismus. Systematisches Relativieren, Herunterspielen erleichterte die Verdrängung.

Das Zeitalter Wernher von Brauns, falls es denn ein solches

gibt – wäre es am Ende, wie Speer sich von Joachim Fest vorhalten lassen mußte, eine Ära «technizistischer Unmoral»? Und reicht diese Ära nicht erheblich hinaus über den Untergang der Naziherrschaft?

«Laßt mich in Ruhe mit euren Gewissensbissen», antwortete noch im Frühsommer 1945 der Kernphysiker Enrico Fermi auf alle Einwände von Kollegen gegen den Bau der Atombombe. «Das ist doch so schöne Physik!» Und Robert Oppenheimer, der das Kernwaffenprojekt leitete, erklärte rückblickend den Umstand nicht für zufällig, daß Selbstzweifel bei einer Reihe namhafter Wissenschaftler erst eingesetzt hatten, *nachdem* der technische Durchbruch erzielt war:

> «Wenn man etwas sieht, das einem ‹technically sweet› erscheint, dann packt man es an und macht die Sache.»

Solcher Verlockung des wissenschaftlichen Erfolgs kam und kommt eine politisch-militärische Mentalität entgegen, die Arthur C. Clarke, langjähriger Vorsitzender der Britischen Interplanetaren Gesellschaft, unverblümt beim Namen genannt hat: Technopornographie, «das Entzücken hirnverbrannter Machtpolitiker über gleißende Waffen und bildschöne Explosionen».

Zwar blieben Enrico Fermis erwähnte Sätze nicht das letzte Wort des Nobelpreisträgers. Als unter den amerikanischen Wissenschaftlern 1949, nach der ersten sowjetischen Kernwaffenexplosion, darum gerungen wurde, ob man der eigenen Regierung den Bau der thermonuklearen, der Wasserstoffbombe empfehlen sollte, war es Fermi, der zusammen mit Isaac Rabi, Nobelpreisträger wie er, die eindringlichste Stellungnahme abgab:

> «Diese Waffe, deren Zerstörungskraft keine Grenzen gesetzt sind, ist notwendigerweise etwas Böses, wie immer man es auch ansieht. Deshalb möchten wir dem Präsidenten der Vereinigten Staaten, der amerikanischen Öffentlichkeit und der Welt sagen,

> daß wir es aus fundamentalen ethischen Gründen für falsch halten, mit der Entwicklung einer solchen Waffe den Anfang zu machen.»

Brachten derartige Sätze auch die Einsicht in das Problem persönlicher Verantwortung für die Resultate der eigenen Arbeit unzweideutig zum Ausdruck – sie blieben bis in die Gegenwart Sache einer Minderheit. Ihr gehörte Wernher von Braun, allen Reflexionen über Ethik und Moral zum Trotz, niemals an.

Reaktionäre Modernität: Deutschlands Ingenieure zwischen Republik und Drittem Reich

«Ganz entzückend», befand Erik Bergaust, einer der ersten Biographen Wernher von Brauns, sei die Lebensbeschreibung geraten, die Magnus Freiherr von Braun, der Vater des Konstrukteurs, unter dem bildhaften Titel «Von Ostpreußen nach Texas» verfaßt hatte. Magnus von Braun war 1932 der Regierung Franz von Papens beigetreten, den der Historiker Karl Dietrich Bracher zu Recht als «extremen Vertreter eines antiparlamentarischen, monarchisch-ständisch gerichteten Flügels» charakterisiert hat. Jener Regierung von Papen, die gezielt der «nationalen» Diktatur entgegenstrebte, die das SA- und SS-Verbot des vorausgegangenen Kabinetts Brüning als «Vorleistung» an die NSDAP aufhob, die mit dem Staatsstreich in Preußen die letzte bedeutende demokratische Bastion der Weimarer Republik zerschlug. In Magnus von Brauns Lebensbeschreibung klingt demgegenüber das, was vor sich ging und was geplant war, «ganz entzückend» – sympathisch, gemütlich, geradezu idyllisch:

> «Papen empfing mich mit dem ihm eigenen Charme und den für ihn bezeichnenden Worten: ‹Lieber Braun, wollen Sie mit mir ein Kabinett von Gentlemen bilden und das Reichsernährungsministerium übernehmen?› Ich kannte Papen seit langem...; ich hielt ihn für einen Gentleman – damals, wie ich es heute noch tue. Einen Tag später wurden wir vom Reichspräsidenten... in denkbar schlichter, aber dem Wesen des alten Herrn angepaßter und darum sehr wirkungsvoller Form vereidigt...
>
> Papen und wir alle wollten das schier unerträglich gewordene System eines durch Interessenwirtschaft und Parteikämpfe zer-

> mürbten, sich selbst zur Sterilität verdammenden Parlamentarismus durch anständige Arbeit, durch Ordnung und Legalität ersetzen... Papen wollte wirklich ein Kabinett von ‹Gentlemen›, ...ein Kabinett anständiger Kerle, die ihre Verantwortung ernst nahmen und keine Angst hatten.»

Der Eindruck, den diese Zeilen wecken, dürfte nicht wenig beigetragen haben zu dem Bild, das aufeinanderfolgende Biographen von Wernher von Brauns Vater gezeichnet haben: ein Mann, in dessen Hause stets «eiserne Disziplin und untadelige Manieren» geherrscht hätten (Bergaust), der «auch in der Republik einer der Spitzenbeamten des Deutschen Reiches» geblieben sei (Stuhlinger/Ordway), den «eine ehrenvolle Karriere vom Landrat zum Reichsminister» geführt habe (Ruland). Wo soviel Glanz war wie bei Wernher von Braun – darf man wohl ohne Böswilligkeit folgern –, da sollte auf den familiären Hintergrund kein Schatten fallen.

Tatsächlich war Magnus von Braun – Rittergutsbesitzer, vor dem Ersten Weltkrieg Landrat in Wirsitz bei Bromberg (damalige preußische Provinz Posen) – ein ausgemachter Gegner der Weimarer Republik, von ihren Anfängen 1918 bis zu ihrer Zerstörung 1933. Nach dem Sturz der Monarchie zunächst ins Personalreferat des preußischen Innenministeriums berufen, trachtete er danach, der Demokratisierung der politischen Beamtenschaft in seinem Einflußbereich möglichst enge Grenzen zu ziehen. Wenn in einer schriftlichen Auskunft über einen Bewerber um einen Landratsposten, die er eingeholt hatte, zu lesen stand: «schneidiger Corpsstudent», «ausgezeichneter Feldoffizier», wolle «gute Verbindungen zu den Vertretern des ‹alten Systems› halten», bekenne sich zwar zur Demokratie, sei «aber eine sehr anständige Persönlichkeit» – dann entsprach das Magnus von Brauns eigenen Maximen: Der Mann wurde zur Einstellung vorgeschlagen. Als im März 1920 General Walther von Lüttwitz und der ostpreußische Generallandschaftsdirektor Wolfgang Kapp gegen die Republik putschten, veröffentlichte von Braun, mittlerweile zum Regierungspräsidenten von Gumbinnen aufgestiegen, nicht nur einen Aufruf des Kommandierenden Generals in Königsberg, die Putschisten zu unterstützen. Er schloß sich der Proklamation auch selbst ausdrücklich an.

Der Kapp-Putsch scheiterte nach wenigen Tagen am ausgerufenen Generalstreik, dem sich die große Mehrheit der Beamten anschloß. Von 33 preußischen Regierungspräsidenten hatten zehn Prozent, ganze drei, sich auf die Seite der putschenden Militärs geschlagen, unter ihnen Magnus von Braun. Wie die beiden anderen wurde er seines Amtes enthoben – nur, um zwölf Jahre später gemeinsame Sache zu machen mit den «tönernen Phrasen eines patriarchalischen Herrenstandpunktes», dem «sterilen, auf überholte Leitbilder festgelegten Konservatismus» Franz von Papens, dieser – so Joachim Fest – Mischung aus

> «Ressentiment, Wirklichkeitsblindheit und Arroganz, ... längst aller humanistischen und religiösen Wertnormen entkleidet, aber auch ohne jenes kritische Traditionsbewußtsein, das die eigentliche Rechtfertigung der konservativen Position ist.»

Als Landwirtschaftsminister verfocht Magnus von Braun die Forderungen des großagrarisch dominierten Reichslandbundes: Kontingentierung der deutschen Agrareinfuhren, selbst unter Bruch bestehender Handelsverträge, und möglichst umfassende «Osthilfe» zugunsten der überschuldeten Junker. Dem NS-Agrarideologen Richard Walter Darré schrieb er 1932, seine eigenen Anschauungen deckten sich «weitgehend» mit dessen «grundsätzlichen» agrarpolitischen Auffassungen, wie Darré sie entwickelt hatte in der Monatsschrift *Deutsche Agrarpolitik*. Was Darré dort im ersten Heft, das er von Braun zugeschickt hatte, vertrat, las sich so:

«Wir wissen längst, daß das germanische Menschentum

in den Städten zu wenig Nachkommenschaft hervorbringt, um sich aus sich selbst am Leben erhalten zu können oder gar zu vermehren... Dem Bauern kann nur der völkische Staat helfen, der erkennt, daß das Bauerntum über alle wirtschaftlichen Fragen hinweg eine Frage der Blutserneuerungsquelle ist.»

- «Die Lebensgesetze des Landstandes sind die Lebensgesetze des Volkes schlechthin, und diese lebensgesetzliche Grundlage vernichten, heißt die Lebensgesetze des Volkes vernichten.»

- «Wir müssen Bauern und Landwirte wieder herausheben aus der Pariastellung, in die sie jüdische und sonstige undeutsche Kräfte... hineingedrückt haben... Wir wollen das Blut und den Boden wieder zur Grundlage einer deutschen Agrarpolitik machen... und damit die Ideen von 1789, d. h. die Ideen des Liberalismus, überwinden... Denn am ‹Bauerntum› scheiden sich die Geister des Liberalismus vom Völkischen.»

Kein Wort der Kritik an solchen Auslassungen bei Magnus von Braun. Statt dessen eine Bekräftigung: Das «Gefühl für die Scholle» sei «eine jener großen Realitäten im Leben der Völker, die übersehen zu haben meistens zum Untergang der hauptsächlich städtisch orientierten Völker führte». Und am Schluß ein deutlicher Hinweis auf die von rechts unermüdlich geforderte «ständische» Umorganisation des Staates und der Wirtschaft, von der gerade die ostpreußischen Gutsbesitzer sich eine entscheidende Aufwertung agrarischer Interessen erhofften:

> «Auch hinsichtlich der Frage des Organisationswesens in der Landwirtschaft nach der verwaltungsmäßigen, politischen und wirtschaftlichen Seite bin ich mit Ihnen der Meinung, daß auf die-

sem Gebiet im Rahmen der Neuorientierung der deutschen Innen- und Wirtschaftspolitik dringende Aufgaben vor uns liegen.»

Wenige Monate später war Darré Reichsbauernführer und der Reichslandbund «gleichgeschaltet».

In sein Ministeramt berufen worden war Magnus von Braun durch Vermittlung des Reichslandbund-Vorsitzenden Graf Kalckreuth, der sich ein Dreivierteljahr zuvor in die sogenannte «Harzburger Front» antidemokratischer Parteien und Verbände der Rechten, einschließlich der NSDAP, eingereiht hatte, durch die Hitler weiter aufgewertet wurde. Kalckreuths Grund für Magnus von Brauns Förderung: Seit seiner Amtsenthebung 1920 saß der einstige Regierungspräsident im Vorstand der Landwirtschaftlichen Raiffeisen-Spar- und Darlehenskassen. Das gab ihm interessenpolitisches Gewicht. Und es machte ihn zugleich aufgeschlossen gegenüber den Finanzwünschen der Großagrarier Ostelbiens.

Einsicht in solche Zusammenhänge sucht man in Magnus von Brauns Memoiren vergeblich. Was sich abspielt, scheint der explosiven Situation am Ende der Weimarer Republik weit entrückt. Statt dessen werden rückwärtsgewandte Harmonievorstellungen präsentiert.

Oder, präziser formuliert: Beschworen wird das Bild einer vormodernen *Gemeinschaft* innerlicher Einfügung in ein imaginiertes geordnetes, deshalb «ordentliches» Ganzes. Als negativ besetztes Gegenbild fungiert die moderne *Gesellschaft* der Interessengegensätze und Konflikte.

Harmonie – Gemeinschaft – Ordnung: Diese Denkkategorien – um nicht zu sagen: Sehnsüchte – mündeten als Fluchtwege vor der Wirklichkeit allesamt in die Forderung nach einem starken Staat. Mit ihrer massiven Parteien- und Parlamentarismuskritik entfalteten sie, wie das Beispiel Magnus von Brauns zeigt, erhebliche antirepublikanische Sprengkraft. Ihre Wirkung reichte aber noch weiter. Nur scheinbar paradoxerweise verbanden sie sich mit robustem Fortschrittsdenken zu einer wiederum zeittypischen Geistesströmung, die beträchtliche Teile der technischen Intelligenz erfaßte, sie empfänglich machte für die Gemeinschaftsparolen wie für die Großprojekte des Nationalsozialismus. Diese Strömung erklärt deshalb in hohem Maße Einstellung und Verhalten jener Ingenieure, denen das Dritte Reich – ob in Peenemünde oder anderswo – eine rationale Aufgabe bot im Dienste irrationaler Politik.

Zugang zu ihrem Denken läßt sich gewinnen, nimmt man als Ausgangspunkt den Roman «Frau im Mond» – jene Erzählung Thea von Harbous, die dem gleichnamigen Film des Regisseurs Fritz Lang zugrunde lag, gedreht mit Hermann Oberth als wissenschaftlichem Berater. Der Film entwickelte sich zum größten Kassenschlager unter den Stummfilmen der Lichtspielsaison 1929/30. Während nach dem Ausbruch der Weltwirtschaftskrise die Arbeitslosigkeit rapide hochschnellte; während große Teile des Mittelstandes, von Proletarisierungsfurcht getrieben, sich der NSDAP in die Arme warfen; während Reichspräsident Paul von Hindenburg und seine Umgebung den autoritären Staat ansteuerten – während auf diese Weise Deutschland dem Abgrund der Barbarei ein Stück näher rückte, strömten Zehntausende in die Kinos, um sich einfangen zu lassen von der atemberaubenden Illusion eines deutschen Raumschiffs, das erstmals zum Mond flog.

Zu den Besuchern gehörten, wie sie immer wieder berichtet haben, auch die künftigen Erbauer der V 2, damals noch zusammengeschlossen im finanzschwachen, weil privaten «Verein für Raumschiffahrt». Für sie, für Max Valier, Rudolf Nebel, Willy Ley, Klaus Riedel, Wernher von Braun, wäre (so Willy Ley) «ein Raumfahrtfilm an sich schon sehr schön gewesen; aber ein Raumfahrtfilm von Fritz Lang, nach einem Roman von Thea von Harbou» (die sich beide mit Filmen wie «Dr. Mabuse», «Die Nibelungen», vor allem aber «Metropolis» internationales Renommee als Virtuosen des Kinos erworben hatten), «mit Prof. Oberth als wissenschaftlichem Berater – das war kaum auszudenken.»

In dem Roman nun verbringen die Astronauten den letzten Abend vor der technischen Großtat in einem Gartenlokal zwischen See, Büschen und Bäumen. Später läuft Wolfgang Helius, Erbauer und Pilot des Raumschiffs, durch Wiesen und Felder, begegnet dabei einem rüstigen, weißbärtigen Vagabunden, der ihm, ehe er sich's in einem Heuschober bequem macht, einige Lebensweisheiten mit auf den Weg gibt. Derweil wandert Gustav, der kleine Steppke, der sich als blinder Passagier in der Rakete verstecken wird, über Landstraßen dem Startgelände entgegen; wenn er innehält, dann am besinnlichen Bach. Ihrer aller Schicksal aber ist verknüpft mit den grellen Flutlichtern der betonierten Startbasis, mit dem enormen Metallkörper des Weltraumschiffs, mit den feuerspeienden Antriebsaggregaten, die das Schiff aufwärts schleudern werden.

Was Thea von Harbou hier vorführt, hat Thomas Mann als brisante Geisteshaltung zusammengefaßt in der Formel «hochtechnisierter Romantizismus», eine Mischung – mit seinen Worten – aus «leistungsfähiger Fortgeschrittenheit und Vergangenheitstraum».

Brisant war diese Mischung nicht deswegen, weil sie (um beim Beispiel «Frau im Mond» zu bleiben) technische Durchbrüche in eine hausbacken-ländliche Umgebung projizierte oder weil sie Gemütswerte dort beschwor, wo man Glitzereffekte erwartet hätte. Brisant war dieses Konglomerat deshalb, weil es auch im Bereich sozialer Rollen und Verhaltensweisen die Uhr zurückdrehen wollte, weil es «Ideale» suggerierte, die sich nur verwirklichen ließen um den Preis der Aufgabe – freiwillig oder gezwungen – mühsam errungener Mitwirkungs- und Freiheitsrechte.

Noch deutlicher als Figuren und Handlung von «Frau im Mond» vermittelt diesen Aspekt der andere, berühmtere Fritz-Lang-Streifen jener Jahre, «Metropolis», dessen Ideologie wiederum Thea von Harbou in ihrer Romanvorlage formuliert und dem Text als Motto – als «Erkenntnis» – vorangestellt hat:

> «Einen Mittler brauchen Hirn und Hände. Mittler zwischen Hirn und Händen muß das Herz sein ... (An die Arbeiter von Metropolis gerichtet.) Kämpft nicht, meine Brüder, denn das macht euch schuldig. Glaubt mir: Es wird einer kommen, der für euch spricht – der ein Mittler sein wird zwischen euch, den Händen, und dem Manne, dessen Hirn und Willen über euch allen ist ...»

Eben diese Haltung wurde am Ende der Weimarer Republik von der technischen Intelligenz artikuliert als dem Ingenieursberuf angemessenes Selbstverständnis. «Ingenieur, Volk und Welt» nannte der Diplomingenieur Walter Büttner ein umfängliches Traktat, in dem es hieß:

> «Der Ingenieur ... sieht in seinem Beruf als technischer Mittelsmann zwischen Unternehmer und Arbeitnehmer eine Berufung als Vermittler der Gegensätze, als soziale Brücke. Wie er der Sache dient, so steht er über der sozialen Zerklüftung.»

Nur folgerichtig mündete Büttners Schrift in ein Plädoyer *gegen* die politischen Parteien – weil in ihnen die sozialen Gegensätze sich niedergeschlagen hätten –, aber *für* den berufsständischen Staat an Stelle der parlamentarischen Republik. Dergestalt bezog sich auch hier der Fortschrittsgedanke auf die Technik, der Vergangenheitstraum dagegen auf die politisch-sozialen Zustände.

Die Beispiele ließen sich vermehren. Eines soll noch erwähnt werden. «Monumentalität» und «Idylle» nannte der politisch einflußreiche Literatur- und Kunsthistoriker Arthur Moeller van den Bruck die beiden Seiten des «preußischen Stils», den eine antidemokratische «konservative Revolution» in Deutschland aufs neue einführen sollte. Idylle hieß laut Moeller van den Bruck «echtestes» Deutschtum, Ländlichkeit, Natur fern vom «Getriebe». Und Monumentalität: Wirkung des «Heldischen», staatliche Durchsetzung, unwiderstehliche «Ordnung» menschlichen Daseins.

Erhellender scheint es darum, statt – wie Thomas Mann – von «hochtechnisiertem Romantizismus», mit dem amerikanischen Sozialwissenschaftler Jeffrey Herf von «reaktionärer Modernität» zu sprechen. Prominente antidemokratische Denker zählten in der Weimarer Republik zu denen, die ihr das Wort redeten: Moeller van den Bruck (eben schon genannt), Oswald Spengler, Ernst Jünger. Spengler setzte die Technik, «stählerne Energie des praktischen Nachdenkens», gleich mit der «Urgewalt des Wollens». Jünger, beeinflußt vom Erlebnis der Materialschlachten des Ersten Weltkriegs, erschien der technische Apparat als Kriegspotential, das es galt, in den Dienst des «Willens zur Macht» zu stellen. Die Wortwahl läßt schon ahnen, was auch bei Spengler und Jünger als reaktionäres Element einherging mit ihrer Lobpreisung der Technik: strikte, kategorische Ablehnung liberal-pluralistischer Prinzipien der Gesellschafts-, Wirtschafts- und Staatsgestaltung.

Ihre durchschlagende Wirkung bezog die Geistesströmung reaktionärer Modernität aus dem, was man Deutschlands geschichtliche «Verspätung» (gemessen beispielsweise an England oder Frankreich) genannt hat – Verspätung im Hinblick auf staatliche Einheit und Nationwerdung, im Hinblick auf Industrialisierung wie politische Durchsetzung des Bürgertums, im Hinblick schließlich auf die Regierungsform der Republik wie die Anerkennung der organisierten Arbeiterschaft. Die – so Hans Mommsen – «tiefe Abneigung gegen politischen Streit und nationale Zersplitterung, die mit der deutschen Grunderfahrung mangelnden politischen Zusammenhalts im 19. Jahrhundert zusammenhing, [förderte] den Mythos einer konfliktfreien politischen ‹Gemeinschaftsordnung›, in der zwischen Volk und Führung keine Einwirkung eigensüchtiger Interessen mehr stattfand.»

Realisiert wurde das modern-reaktionäre Konglomerat

denn auch nicht zufällig nach der Zerstörung der Weimarer Republik unter der Herrschaft des Nationalsozialismus:

- einerseits Mythologisierung von Blut und Boden, darstellerische Hervorhebung vorindustrieller Arbeitsgeräte (Sense, Spaten, Spinnrad), Ideologie sittlicher Reinheit des Landlebens, antistädtischer Affekt, propagandistische Ehrungen für das Bauerntum, Verherrlichung der «besonderen fraulichen Art und ihrer Aufgaben» (vorrangig Mutterschaft), Betonung der patriarchalischen Hof- und Betriebsgemeinschaft in Analogie zum entsprechenden Familienbild;
- andererseits – zunächst mit dem Ziel der Führung von «Blitz»kriegen, später im Aufbäumen gegen die sichere Niederlage – systematische Förderung technischer Großprojekte: synthetische Treib- und Rohstoffe (Hydrierbenzin, Buna), Autobahnen, Sturzkampfbomber, Panzerwaffe, am Ende Elektro-U-Boote, Strahlflugzeuge, die V1-Flugbombe und die V2-Fernrakete; systematische Förderung auch der Industriekonzerne, die derartige Großprojekte allein zu realisieren vermochten, von der I. G. Farben bis zu Krupp und Flick.

Bei seiner Betrachtung über Maschine und Technik in «Der Untergang des Abendlandes» hatte Oswald Spengler neben den «unternehmenden Herrenmenschen» den Ingenieur gerückt – den, so Spengler, «in aller Stille eigentlichen Herrn der Industrie». In den Augen des Ingenieurs zählten laut Spengler *Leistungen* und *Kräfte*, nicht aber *Inhalte*.

Zu Beginn der 20er Jahre formuliert, erwies sich das als prophetische Aussage. «Unsere Einstellung zur Reichswehr», sollte Wernher von Braun später rückblickend schreiben, «ähnelte derjenigen der frühen Luftfahrtpioniere, die in den meisten Ländern versuchten, militärische Geldgeber für ihre eigenen Ziele zu schröpfen, und hinsichtlich der möglichen zukünftigen Nutzung ihres Geistesprodukts wenig moralische Skrupel verspürten».

Von Braun beeilte sich zwar, hinzuzufügen, zu diesem Zeitpunkt seien «die Nazis noch nicht an der Macht» gewesen. Als sie aber an die Macht gelangten, änderte sich seine Haltung nicht im geringsten. Anfang 1939, Mitte 1941 und nochmals Mitte 1943 versuchte er zusammen mit Dornberger, Hitler das Aggregat 4 als Waffe zu «verkaufen». Der Film, den der «Führer» beim letzten der drei Vorträge, kommentiert durch von Braun, zu sehen bekam, endete mit dem Schriftzug «Wir haben es doch geschafft!» – Demonstration ostentativen Selbstbewußtseins angesichts der eigenen Leistung, zugleich unmißverständliche Anknüpfung an die geläufige «Und ihr habt doch gesiegt!»-Rhetorik Hitlers wie der NSDAP-Spitze überhaupt.

Die antiliberale Gemeinschaftsideologie, die romantisierende Forderung nach «Beseelung» der Technik einerseits, die Zurückführung technischer Leistungen auf «Machttrieb» und «Schöpferwillen» andererseits hatten gerade auch unter der technischen Intelligenz ihre Anhänger gefunden. Daß «biologische Ideen nicht auf Kosten der Technik, sondern unter deren Einbeziehung vertreten wurden, machte einen erheblichen Teil der ‹Attraktion› des Nationalsozialismus aus» (Hortleder) – besonders im Hinblick auf die Ingenieursberufe. Die Nazis wußten auf dieser Klaviatur zu spielen: Goebbels bediente sich der Formel von der «stählernen Romantik», wo immer und wann immer er zu Technikern oder über Technik sprach. Deren «stählerne» Qualität freilich leitete sich vor allem her von dem vorrangigen NS-Ziel: «Wiederwehrhaftmachung des deutschen Volkes», um außenpolitische «Handlungsfreiheit» zu erlangen.

Verein für Raumschiffahrt, Reichswehr und der Schatten der Nazis

«Ich erinnere mich an einige zufällige Bemerkungen», berichtete der Raumfahrthistoriker Willy Ley später, 1947, über seine Gespräche mit dem jungen Wernher von Braun beim «Verein für Raumschiffahrt» (VfR) während der letzten Jahre der Weimarer Republik. «Zusammenfassen könnte man sie dahin, daß nach von Brauns Meinung die Republik nichts taugte und die Nazis lächerlich waren.»

Keine andere Auffassung vertraten die Rechtskonservativen vom Schlage Papens, die meinten, Hitler «einrahmen», sich dienstbar machen zu können für ihre eigenen Diktaturpläne. Als aber die Nazis in den ersten Monaten des Jahres 1933 sehr schnell unter Beweis stellten, daß sie alles andere als nur lächerlich waren; als sie die SA und die SS auf ihre Gegner losließen und gleichzeitig den «Tag von Potsdam» inszenierten, an dem Hitler sich vor Hindenburg verbeugte – da floß dem Regime breite Zustimmung aus eben jenem bürgerlichen Lager zu, in dem man Wernher von Brauns Verachtung der Republik teilte.

Die Bereitschaft, sich einzulassen auf die Nazis, reichte bis in dessen Familie und auch bis in den VfR. Einmal mehr Legende ist die Behauptung, Wernher von Brauns Vater hätte «keinerlei Ambitionen» gehabt, sein Ministeramt weiter «unter dem neuen Regime zu bekleiden, das er aus tiefstem Herzen verabscheute» (Bergaust). Dazu Magnus von Braun selbst:

«Wenn ich mich prüfe, ob ich seinerzeit mit all meinen alten Freunden und Kollegen zusammen im Hitlerkabinett geblieben wäre, so antworte ich – auch wenn ich damit meine mangelnde Voraussicht eingestehe – mit Ja.»

Und in der Tat fanden nicht wenige der «anständigen Kerle» Papens sich bereit, unter Hitler weiter zu amtieren: Reichsaußenminister von Neurath, Reichsfinanzminister Schwerin von Krosigk, Reichsjustizminister Gürtner, Reichsverkehrsminister von Eltz-Rübenach. Das Landwirtschaftsressort freilich reklamierte Alfred Hugenberg für sich, jener rabiat völkisch gesonnene Medienzar, der – 1928 an die Spitze der Deutschnationalen Volkspartei gelangt – seine Partei in eine gemeinsame «Kampffront» mit der NSDAP geführt hatte.

Noch unverblümter als Magnus von Braun beschrieb der Begründer des VfR-Versuchsgeländes mit dem hochtönenden Namen «Raketenflugplatz Berlin», der Weltkrieg-I-Jagdflieger und Diplomingenieur Rudolf Nebel, seine damalige Einstellung:

«1932 war ich überzeugt davon, daß die NSDAP... über kurz oder lang die Regierung übernehmen würde. Ich hielt dies damals nicht für ein nationales Unglück. Wie viele Freunde und Bekannte war ich der Meinung, daß die Weimarer Republik mit ihrer Parteienzersplitterung und der Arbeitslosigkeit von Millionen Deutschen abgewirtschaftet hatte. Ein starker Mann mußte her.»

Nebel fand denn auch nichts dabei, mit dem SA-Gruppenführer von Berlin-Brandenburg zu verhandeln, in der Hoffnung, über ihn Hitlers Unterstützung seiner «Raketentorpedo»-Pläne zu erlangen. Später freilich, im Alter, räumte er ein, mittlerweile sei ihm klar, «daß die Weimarer Republik eine Überlebenschance gehabt hätte, wenn sich mehr Bürger zu ihr bekannt hätten». Darin unterschied er sich von Magnus von Braun, der hartnäckig daran festhielt, versagt gegenüber dem Nationalsozialismus habe nicht die autoritäre, auf Ausschaltung des Reichstags bedachte Taktik der Präsidialkabinette (insonderheit Papens), sondern einzig der – abschätzig so bezeichnete – «alleinseligmachende Parlamentarismus».

Die politischen Kalküle der rechten Führungsgruppen mochten aus der Sicht des VfR wie Wernher von Brauns noch weit weg scheinen, als der 18jährige – Student an der Technischen Hochschule Berlin, Praktikant bei Borsig – zu dem Verein stieß, den Max Valier und Johannes Winkler (Schriftsteller der eine, Ingenieur der andere) drei Jahre zuvor ins Leben gerufen hatten. Die ersten Impulse, die ihn 1930 dorthin führen sollten, verdankte er seiner Mutter Emmy von Braun, einer vielseitigen, sprach- und musikbegabten, naturgeschichtlich ebenso wie astronomisch interessierten Frau. Sie hatte dem Dreizehnjährigen zur Konfirmation ein Fernrohr geschenkt. Wegen schlechter Noten in Mathematik und Physik gerade sitzengeblieben, war der junge Wernher von Braun überdies auf Hermann Oberths «Die Rakete zu den Planetenräumen» gestoßen – eine Schrift, von der gleich noch die Rede sein wird.

Zu diesem Zeitpunkt hatte sein Vater schon «beschlossen», so Emmy von Braun, «daß unser Sohn mehr Anleitung und Führung brauchte, als er bereit war, von seinen Eltern anzunehmen». Das hieß Internat. Den Ausschlag dafür, daß Wernher von Braun das Gymnasium doch noch erfolgreich abschloß, dürfte allerdings weniger die väterliche Entscheidung gegeben haben als seine Bekehrung zur Raumfahrt durch Oberths Buch:

> «Der Mond – der verdient, daß man ihm das Leben weiht. Aber nicht der Mond und die Sterne, wie man sie in der Linse des Fernrohrs sieht. Zum Mond fahren, in die fernsten Himmelsräume vordringen, das geheimnisvolle All erforschen...»

Wernher von Braun holte aus eigenem Antrieb nach, was ihm in Mathematik und Physik fehlte. Wie stark die neue Perspektive ihn in Bann zog, davon legt die kleine Science-fiction-Geschichte «Lunetta» Zeugnis ab, die von Braun ebenfalls 1930, kurz bevor er das Abitur bestand, für die Schülerzeitung des Hermann-Lietz-Internats auf Spiekeroog schrieb. «Lunetta», winziger Mond, diente ihm als Name für eine Raumstation hoch über der «grünlich phosphoreszierenden» Erdkugel, mit einem Observatorium, das zur Wetterbeobachtung, aber auch zur Ortung havarierter Expeditionen bestimmt war. Die anonymen Protagonisten der Erzählung Wernher von Brauns profitieren davon:

> «Ihre verunglückte Nordpolreise haben wir bis zum letzten Augenblick beobachtet. Wenn wir hier nicht aufmerksam gewesen wären, dann würden sich jetzt wohl die Eisbären an Ihren Knochen erfreuen!»

Die Expeditionsteilnehmer wurden per Raketenflugzeug zur Raumstation evakuiert. Dort führte man ihnen, bevor sie (natürlich wieder mit einer raketengetriebenen Maschine) nach Berlin zurückkehrten, außer dem Observatorium den Weltraumspiegel vor, «eine ungeheuere, glitzernde Fläche», deren «riesige Facetten leicht vibrierten»:

> «Von hier aus wird die meteorologische Lage auf der Erde festgelegt... Durch geeignete Bestrahlung bestimmter Landgebiete werden die meteorologischen Hochs und Tiefs so geleitet, wie es die landwirtschaftlichen und kulturellen Bedürfnisse jeweils bestimmen.»

Inspiriert auch zu seiner Geschichte hatte Wernher von Braun eine 1923 erstmals erschienene Studie von knapp hundert Seiten Umfang. Dort wurde bereits ein «kleiner Mond» vorgeschlagen, eine die Erde ständig umkreisende Beobachtungsstation von «großem praktischem Nutzen» – zur Erkundung bislang unerforschter Gebiete, zur Ortung von Eisbergen («Das Unglück der Titanic wäre z. B. auf diese Weise verhindert worden»), zur Rettung Schiffbrüchiger. Ebenso projektiert wurde der Bau eines großen Metallspiegels zur Abstrahlung konzentrierter Sonnenenergie auf die Erde, um Wasserwege eisfrei zu halten, Permafrostregionen aufzutauen, Ernten vor dem Erfrieren zu retten. Die Einleitungs- und Schlußsätze dieses schmalen, aber epochemachenden Bändchens bewiesen, daß vergleichsweise nüchterne technische Aussagen ein Gefühl atemlosen, fast ehrfürchtigen Staunens hervorrufen, auf die Phantasie also gerade dann wirken konnten, wenn sie besonders lakonisch formuliert waren:

> «Beim heutigen Stande der Wissenschaft und der Technik ist der Bau von Maschinen möglich, die höher steigen können, als die Erdatmosphäre reicht.
>
> Bei weiterer Vervollkommnung vermögen diese Maschinen derartige Geschwindigkeiten zu erreichen, daß sie... imstande sind, den Anziehungsbereich der Erde zu verlassen.
>
> Derartige Maschinen können so gebaut werden, daß Menschen mit emporfahren können.
>
> Unter bestimmten Voraussetzungen entsteht ein äußerst leistungsfähiger Apparat, der leicht imstande ist, bis zu einem fremden Weltkörper zu fliegen...»

So begann und endete das Buch «Die Rakete zu den Planetenräumen» des damals 29jährigen Siebenbürger Gymnasiallehrers Hermann Oberth. Es erfuhr rasche Popularisierung, regte weitere wissenschaftliche Darstellungen an – Max Valiers «Der Vorstoß in den Weltenraum» (ab der 5. Auflage 1928 unter dem Titel «Raketenfahrt»); Otto Willi Gails «Mit Raketenkraft ins Weltall»; schließlich, 350 Seiten dick, das Sammelwerk «Die Möglichkeit der Weltraumfahrt», zusammengestellt vom damals 22jährigen Willy Ley in der «Hoffnung, das allgemeine Interesse nicht nur in geistiger, sondern auch in finanzieller Hinsicht zu erwecken, damit zu diesem deutschen Raketenbuch das deutsche Weltenschiff entsteht!»

Es waren denn auch wiederum Oberths Arbeit sowie die darauf fußenden Texte in der Grauzone zwischen Spekulation und Beweisführung, Utopie und nüchternem Ingenieursdenken, die bewirkten, daß sich im VfR diejenigen zusammenfanden, denen es darum ging, ein Entwicklungs- und Versuchsprogramm in Angriff zu nehmen für Motoren, Treibstoffe, Baumaterialien, Konstruktionsformen. Einen «wichtigen Teil des kulturellen Umfeldes» (Bainbridge) dieser Grauzone bildete der damalige Stand der Astronomie:

«Selbst der Mann auf der Straße wußte, daß es sich bei den Planeten des Sonnensystems um ‹Welten› handelte – soviel war bekannt. Auch gebildete Leute nahmen die Hypothese ernst, daß der Mars bewohnbar, am Ende bewohnt war – soviel war unbekannt. Heute gelten die Planeten als unwirtlich. 1925 lockten sie.»

Die Versuche der Raumfahrtenthusiasten forderten erste Opfer. Max Valier, der in Raketenautos, Raketenschlitten und Raketendraisinen über Rennstrecken, Schienen und Eisflächen jagte, kam 35jährig bei einer Brennkammerexplosion ums Leben. Reinhold Tiling, auf die Konstruktion feststoffgetriebener Flügelraketen fixiert, wurde mit einer Mitarbeiterin (Angelika Buddenböhmer) und einem Assistenten (Friedrich Kuhr) getötet, als die Pulverpresse für die Treibsätze detonierte. Oberths eigene Treibstoffexperimente mit Alkohol und Flüssigsauerstoff führten zu einer Explosion des Gemischs, die ihn durch die Werkstatt schleuderte. Ein Trommelfell platzte ihm, die Sehkraft seines linken Auges war zeitweise bedroht.

Den verwegenen Optimismus der «Narren vom Tegeler Weg» (Rudolf Nebel) vermochte das nicht zu dämpfen. «Neue Todesfälle werden bis auf weiteres geheimgehalten», flachste Klaus Riedel, als er daranging, das nächste Raketenmodell zu erproben. Derartige Modelle blieben jahrelang im wahrsten Sinne des Wortes «Minimumraketen» (Nebel) von anderthalb bis drei Metern Länge und wenigen Kilogramm Startgewicht. Brennkammerexplosionen bildeten die Regel, nicht etwa die Ausnahme. Die Öffentlichkeit durfte trotzdem, wenn irgend möglich, nicht desillusioniert werden, benötigte man doch, wie Ley schrieb, finanzielle Unterstützung von privater Seite, solange Militärdienststellen und Regierungen noch nicht nach der neuen Technologie gegriffen hatten. Deshalb wollten die Verfechter des Raketenprinzips die Phantasie des Publikums entzünden. Daß sie selbst davon nicht unberührt blieben, liegt auf der Hand.

Zu dem Hochgefühl, als Avantgarde des technischen Fortschritts auf der Welle der Modernität zu reiten, gesellte sich aber beim VfR wie bei weiten Teilen der Gesellschaft noch etwas anderes: eine Grundstimmung, die dafür sorgte, daß man bei aller Fixierung aufs Morgen doch nie so weit weg war von der Auseinandersetzung mit dem Heute, wie das auf den ersten Blick scheinen mochte. Aus Willy Leys Wort vom «deutschen Weltenschiff» sprach dieses Grundempfinden deutlich: das Streben nach der Wiederherstellung deutscher Weltgeltung.

Die Niederlage im Weltkrieg, der Vertrag von Versailles mit Gebietsabtretungen, Reparationsforderungen, erzwungener Heeresreduzierung wurden keineswegs nur in Rechtskreisen als nationale Demütigung empfunden. Die Vorstellung einer umfassenden «Revision» der Kriegserlebnisse prägte im Gegenteil, wie der Historiker Michael Salewski gezeigt hat, «nahezu alle Teilbereiche» – nicht nur der Politik, auch der Kultur. In diesem Klima konnte frühzeitig eine Vorstellung sich aufdrängen, die viel später, im Zeichen des Kalten Krieges zwischen USA und Sowjetunion, buchstäblich weltweit populär werden sollte – daß nämlich, so Otto Willi Gail 1928, «die Nation, deren Flagge als erste im Raume der Welten leuchtet, zur führenden Nation wird und über den Erdball gebietet».

Nur vor diesem Hintergrund konnten Max Valiers Versuche mit pulverraketengetriebenen Rennwagen, eine Zeitlang finanziert durch den Industriellen Fritz von Opel, die Spekulation auslösen, «aus der heutigen Jugend (werde) der Mann erstehen, der die Opel-Valier-Rakete (!) hinaussteuert in den unermeßlichen Weltenraum». Nur vor diesem Hintergrund auch konnte, als Fritz Langs «Frau im Mond» in die Kinos kam, selbst der nationalsozialistische *Angriff* vom deutschen Raumschiff schwärmen, konstruiert durch «ewige Sucher aus faustischem Geschlecht». Die reale «Opel Rak II», von 24 Raketenpatronen im Frühsommer 1928 über die Berliner Avus gejagt, wie die fiktive «Oberth-Rakete» des anderthalb Jahre später anlaufenden Fritz-Lang-Films sorgten dafür, daß Phantasien über Raumfahrt als Produkt «deutscher Wissenschaft und deutschen Geistes» buchstäblich in Mode kamen, Zeitungsspalten füllten, Werbeanzeigen inspirierten.

Valiers und Opels Unternehmen erwies sich als Sackgasse. Der Fritz-Lang-Streifen dagegen machte, dank Oberths Mitwirkung, nicht nur Film-, sondern auch Raumfahrtgeschichte: In hartnäckigem Feilschen zwischen der Ufa und ihrem Berater nahm eine Abmachung Gestalt an, durch die Oberth sich verpflichtete, eine zwei Meter lange Versuchsrakete zu konstruieren, die 40 Kilometer hoch steigen sollte – nach Möglichkeit am Tag der Premiere von «Frau im Mond». Dafür richtete die Ufa ihm eine Werkstatt auf dem Filmgelände in Neu-Babelsberg ein und stellte ihm 10000, später noch einmal 7500 Mark zur Verfügung. Motto des Ganzen (laut Hans Nogly):

«Die Ufa würde sich um die Wissenschaft verdient machen. Aber vor allem würde sich diese Rakete um die Ufa verdient machen, um die Reklame, um den großartigen Film.»

Unter Hetze, Terminnot, schließlich dem Druck hochfliegender, durch die Presse angefachter Erwartungen der Öffentlichkeit wuchs das Konstruktionsvorhaben sich rasch zu einem Alpdruck für Oberth aus. Der Raketenaufstieg fand nie statt. Doch was nach Oberths Zeichnungen unter Assistenz Rudolf Nebels entstand, war zwar nicht das mit der Ufa vereinbarte Versuchsgeschoß zu Reklamezwecken, wohl aber die erste Brennkammer für eine Flüssigkeitsrakete außerhalb der USA.

Der Form des Verbrennungsraums nach wurde dieser Motor als «Kegeldüse» bezeichnet. Die davon hergestellten Exemplare kaufte der «Verein für Raumschiffahrt» der Ufa für 1000 Mark ab, um sie vorführungsfertig zu machen. Willy Leys Bericht über die weiteren Geschehnisse, kurz vor der Ausschaltung des VfR Ende 1933 erschienen in dem Sammelband «Männer der Rakete», enthielt die erste – für viele Jahre auch die einzige – gedruckte Erwähnung des Namens «Wernher von Braun»:

> «Auf dem Gelände der Chemisch-Technischen Reichsanstalt in Berlin-Tegel wurden nun die Versuche fortgesetzt. Prof. Oberth leitete sie, Dipl.-Ing. Nebel, Klaus Riedel, Wernher von Braun und noch andere Mitarbeiter halfen bei der Arbeit, die nicht mehr, wie bei der Ufa, unter dem Motto ‹so schnell wie möglich›, sondern unter dem stark verschiedenen ‹so billig wie möglich› stand und für alle Beteiligten eine reine Ehrenfrage war.»

Am 23. Juli 1930 brannte die Kegeldüse, laut amtlicher Bescheinigung der Chemisch-Technischen Reichsanstalt, «90 Sekunden lang einwandfrei», wobei sie «unter Verbrauch von 6 kg flüssigem Sauerstoff und 1 kg Benzin einen konstanten Rückstoß von ca. 7 kg» lieferte. Das war allerdings – wovon man beim VfR keine Ahnung hatte – keineswegs der erste statische Brennversuch des Motors einer Flüssigkeitsrakete.

Dieses Experiment hatte, ebenfalls mit Flüssigsauerstoff und Benzin, Robert H. Goddard schon sechs Jahre zuvor in

Massachusetts durchgeführt. Goddard hatte auch zu dem Zeitpunkt, als der VfR mit der Kegeldüse zu experimentieren begann, bereits vier jeweils rund drei Meter lange Flüssigkeitsraketen in Flügen bis zu knapp 30 Meter Höhe erfolgreich getestet. Doch unterrichtete er die Öffentlichkeit über seine Versuche, die er in New Mexico fortsetzte, erst 1936. Grund: Das Presseecho auf seine erste Veröffentlichung «Eine Methode zur Erreichung extremer Höhen», erschienen 1919. Noch Jahre später meldeten amerikanische und europäische Zeitungen in wiederkehrenden Abständen, Goddard plane die Entsendung einer Rakete zum Mond mit Blitzlichtpulver an Bord, das sich beim Aufprall entzünden solle – obwohl der Physiker dieses Beispiel lediglich zur Illustrierung seiner Gedankenführung benutzt hatte. Von da an arbeitete Goddard noch zurückgezogener mit äußerst bescheidenen Mitteln. Angebote zur Zusammenarbeit schlug er immer wieder aus. Auch die zahlreichen raketentechnischen Patente, die er erhielt, blieben auf eigenen Wunsch unveröffentlicht. Er starb im August 1945. Seine Bedeutung wurde erst Jahre später erkannt.

Beim VfR bildete der erfolgreiche Brennversuch der Kegeldüse den Auftakt zur Einrichtung des bereits erwähnten «Raketenflugplatzes Berlin». Auf diesen Platz begann das Heereswaffenamt rasch ein Auge zu werfen. Bald sollte ein Angebot an Wernher von Braun folgen.

«Derjenigen der frühen Luftfahrtpioniere» habe die Einstellung der Raketenkonstrukteure zur Reichswehr geähnelt, erklärte, wie erinnerlich, von Braun später. Doch diese Reichswehr war längst bereit, nicht nur den Versailler Vertrag, sondern auch die Verfassung der Republik zu brechen, um ihre Aufrüstungsziele zu erreichen. Wehrhaftmachung der Bevölkerung – finanzielle Förderung weitgespannter Wiederbewaffnungsprogramme durch die Reichsregierung – Ausschaltung des Reichstags – Kaltstellung der «wehrfeindlichen» Sozialdemokratie, aber Einbindung der «soldatischen» NSDAP: Das waren die Beweggründe, die Generalmajor Kurt von Schleicher, den tonangebenden Chef des Ministeramtes im Reichswehrministerium, dazu veranlaßten, maßgeblich am Sturz dreier Regierungen mitzuwirken, bis er als Reichskanzler Ende Januar 1933 einer Intrige von der Art erlag, wie er sie selbst eingefädelt hatte. Unverhohlen betrieb Schleicher mit Unterstützung des Reichspräsidenten Paul von Hindenburg jene politische «Verlagerung nach rechts», die die Reichswehr zur ausschlaggebenden Macht im Staate machen sollte, letztlich aber nur Hitler in die Hände arbeitete.

Diese Rolle des Heeres, als dessen Exponent Schleicher auftrat, wurde in der Öffentlichkeit durchaus registriert. Wer wie von Braun 1932 zur Reichswehr ging, dem war klar – erst recht, wenn er Sohn des Landwirtschaftsministers der Kabinette Papen und Schleicher war –, daß er sich keineswegs auf eine Armee einließ, die sich als Institution im Dienste demokratisch zustandegekommener Regierungen verstand.

Wernher von Brauns Arrangement mit der NS-Diktatur

Nach seinem Gastspiel beim VfR, dessen Höhepunkt die Mitarbeit an der Ingangsetzung der Kegeldüse darstellte, wechselte Wernher von Braun 1931 für ein Semester an die Eidgenössische Technische Hochschule Zürich. Hier trug sich jenes Ereignis zu, dessen Erwähnung unter dem Stichwort «erstes raumfahrtmedizinisches Experiment der Geschichte» in kaum einer Wernher-von-Braun-Biographie fehlt.

Weiße Mäuse gaben die Versuchsobjekte ab. Versuchseinrichtung war eine «Zentrifuge», bestehend aus dem Hinterrad eines Fahrrads, waagerecht an einen Tisch geschraubt und mit einer Handkurbel versehen. Die Vorrichtung wurde in sausende Umdrehungen versetzt, die unglücklichen Tierchen in einer Konservendose zu Tode gewirbelt und sodann seziert – durch Constantine Generales, einen befreundeten Medizinstudenten, von dem auch die Idee stammte. Ein Ring von Mäuseblutspritzern an der Zimmerwand brachte die Vermieterin in Rage, die mit Kündigung drohte. Ende des Experiments, Ende der Anekdote.

Im Herbst 1931 kehrte Wernher von Braun an die TH Berlin und zu den ersten Startversuchen winziger Modelle auf dem «Raketenflugplatz Berlin» zurück. Die Berufung seines Vaters in Papens «Kabinett der nationalen Konzentration» weckte beim VfR die Idee, daß (so Willy Ley) «es natürlich nett wäre, den Sohn eines Reichsministers im Vorstand zu haben». Von Braun wurde gewählt, schied jedoch wieder aus, als er Ende des Jahres auf den Vorschlag einging, den ihm das Heereswaffenamt unterbreitete. Was man dort konkret wollte, wußten er und der gesamte VfR: Entwicklung einer «neuen, die strengen Beschränkungen des Versailler Vertrages nicht verletzenden» Waffe (Dornberger).

Der Gedanke an die Rakete als Waffe war den Raumfahrtenthusiasten des VfR alles andere als fremd. Nebel sprach und schrieb über Raketentorpedos. Otto Willi Gail unterstellte, um Robert H. Goddard könne es nach den ersten Versuchen, über die er 1919 berichtet hatte, still geworden sein, weil das amerikanische Kriegsministerium erkannt habe, daß seine Raketen sich auch zu «sehr irdischen Zwecken» verwenden ließen:

> «Ist dies so, dann kann der Tag kommen, an dem Amerika es in der Hand hat, mit Hilfe von Goddards Raketen London, Paris und Berlin in Trümmer zu legen, ohne einen einzigen Soldaten in Marsch zu setzen und ohne ein einziges Flugzeug zu riskieren.»

Oberth hatte bereits 1923 auf den «hohen strategischen Wert» eines Weltraumspiegels verwiesen – mit der abgestrahlten Energie könne man «marschierende Truppen und ihre Nachschübe vernichten, ganze Städte verbrennen und überhaupt den größten Schaden anrichten». 1929 erschien die erweiterte, Thea von Harbou und Fritz Lang «in Dankbarkeit» gewidmete Neuausgabe seiner Untersuchung, betitelt «Wege zur Raumschiffahrt». In ihr erörterte er Giftgasangriffe auf feindliche Städte mittels weitreichender Geschosse, allerdings mit dem ausdrücklichen Zusatz: Eine Form der Kriegführung, bei der es keine Heldentaten zu verrichten gebe, man vielmehr «in irgendeinem Keller» warte, «ob das feindliche Giftgas wohl eindringen wird oder nicht», entbehre jeder Romantik. Sie werde daher voraussichtlich weder «gepriesen» noch «gewünscht» werden.

Im übrigen schrieb Oberth den Befürwortern solcher Geschosse einige Sätze ins Stammbuch, deren Beachtung geeignet gewesen wäre, allen später in die V2 gesetzten übertriebenen Erwartungen ein rasches Ende zu bereiten:

«Ich selbst (halte) vorderhand die Verwendung meiner Rakete als Ferngeschoß für ausgeschlossen. Wenn auch ein großes Gasgeschoß lange nicht so genau treffen muß wie ... eine Granate, so ist heute die Mechanik doch noch nicht in der Lage, die Steuerapparate in der nötigen Exaktheit auszuführen ... Ich werde deshalb froh sein, wenn ich auf Schußweiten von 1000–2000 km bei Fernraketen eine Treffsicherheit von 10–20 km erreichen kann.»

Beim Heereswaffenamt wurde die Abteilung «Waffenprüfwesen» von Oberst Karl Becker geleitet, einem promovierten Diplomingenieur, den die Universität Berlin 1932 zum Honorarprofessor ernannte. Auch ihm ging es um die «Vervollkommnung» der chemischen Kriegführung, deren Ära die deutsche Heeresleitung 1915 mit einem Gasangriff bei Ypern eingeleitet hatte, durch Entwicklung einer Trägerwaffe für Kampfgase. Die (vom Reichswehrministerium genehmigten) Versuche mit Pulverraketen, die er seit 1929 anstellen ließ, hinderten ihn und seine Mitarbeiter – darunter Walter Dornberger, Artillerieoffizier und Diplomingenieur wie Becker – nicht, sich auch für flüssigkeitsgetriebene Geschosse zu interessieren.

Mitte 1932 forderte die Abteilung «Waffenprüfwesen» Rudolf Nebel auf, ein von ihm und Klaus Riedel konstruiertes, dreieinhalb Meter hohes Flüssigkeitsraketenmodell auf dem Artillerieschießplatz Kummersdorf südwestlich von Berlin vorzuführen. Wernher von Braun nahm mit zwei weiteren Mitarbeitern Nebels und Riedels an den Abschußvorbereitungen teil. Das Gerät stieg einige hundert Meter hoch, ging dann in Horizontalflug über und zerschellte. Nebel wies mit Recht darauf hin, daß auch ambitionierte Versuchsprogramme keine Gewähr gegen Fehlschläge boten. Dessen ungeachtet entschied man beim Heereswaffenamt, künftig Grundlagenforschung unter eigener Kontrolle zu betreiben – systematisch, vor allem aber geheim, ohne «schwatzhafte Reklamesucht», wie man sie dem «unseriösen» VfR anlastete.

Das war kein isolierter Schritt. Er fügte sich ein in die (Hand in Hand mit der Steigerung der illegalen Aufrüstung forcierte) Tendenz der Reichswehr, zivile Forschung ihren Zwecken dienstbar zu machen. Personifiziert wurde dieser Trend zum einen durch Karl Becker selbst, zum anderen durch den ihm eng verbundenen Wehrwissenschaftler Erich Schumann, Privatdozent für Experimentelle und Theoretische Physik an der Universität Berlin, zugleich Leiter der wissenschaftlichen Zentralstelle des Reichswehrministeriums (seit 1932 im Rang eines Ministerialrats).

Zu Beckers und Schumanns Strategie gehörte die Gewinnung ziviler Studenten zur Spezialisierung auf wehrtechnische Gebiete. Die nötigen Voraussetzungen erfüllte der Sohn des Reichsernährungsministers, dem Dornberger auf dem «Raketenflugplatz», Becker bei der mißglückten Kummersdorfer Vorführung begegnet war, aus beider Sicht perfekt. In idealer Weise verbanden sich bei dem TH-Studenten – blond, groß, energisches Kinn, binnen kurzem «die vollkommene Verkörperung des ‹arisch-nordischen› Typus», wie Willy Ley später sarkastisch anmerkte – adlige Herkunft, nationale Gesinnung, Tatkraft und mathematische Kenntnisse. Was die Reichswehroffiziere ihrerseits zu bieten hatten, mußte wiederum dem 20jährigen einladend erscheinen: Wechsel an die Universität Berlin mit dem Ziel der Promotion bei Becker und Schumann; Aufbau einer Versuchsstelle in Kummersdorf und Entwicklung eines Flüssigkeitstriebwerks als Teil der Dissertationsleistung; Finanzierung durch monatliche Zahlung eines Forschungsstipendiums.

Wernher von Braun akzeptierte das Angebot. Nach Ablegung seiner Vorprüfung an der Technischen Hochschule trat er zum 1. November 1932 als Zivilangestellter in die Dienste der Reichswehr. Anderthalb Jahre später reichte er seine Dissertation «Konstruktive theoretische und experimentelle Beiträge zu dem Problem der Flüssigkeitsrakete» an der Universität Berlin ein.

Mittlerweile hatte die sogenannte Macht«ergreifung» des 30. Januar 1933 für das Heereswaffenamt reichlich Früchte getragen. Karl Becker hatte an der TH ein Ordinariat für Wehrtechnik, Physik und Ballistik erhalten und war nach dem «Führerprinzip» zum ständigen Dekan der Wehrtechnischen Fakultät bestellt worden. Erich Schumann, flugs der NSDAP beigetreten (Mitgliedsnummer 2594845), war gleichfalls die Treppe hinaufgefallen. Auf die Berufung zum Ordinarius und Direktor des Zweiten Physikalischen Instituts der Universität Berlin war die Beförderung an die Spitze der Forschungsabteilung des Heereswaffenamts gefolgt.

Gemäß einer Praxis, die sich ebenfalls immer mehr ausweiten sollte, veranlaßte Schumann, daß Wernher von Brauns Arbeit

> «(laut Vereinbarung zwischen dem R[eichs]w[ehr] Min[isterium] und dem Preuß. Min. für Wi[ssenschaft], Ku[ltur] u. Vo[lksbildung]) geheim [blieb]; sie befindet sich mit der Beurteilung in den Akten des Reichswehrministeriums.»

Die Beurteilung der Dissertation lautete «ausgezeichnet». Inzwischen hatte in vollem Umfang die Nazifizierung der Universitäten eingesetzt: Bei Einreichung der Prüfungspapiere mußte von Braun, wie alle anderen Doktoranden, ehrenwörtlich versichern, daß sich unter seinen Eltern oder Großeltern väterlicher- wie mütterlicherseits keine «Nichtarier» befanden. Zu seinen Prüfern im Rigorosum (Fach: Philosophie) gehörte der «alte Kämpfer» Alfred Bäumler, einer der frühesten akademischen Befürworter des Nationalsozialismus, den der preußische Kultusminister Rust ein Jahr zuvor von der TH Dresden an die Berliner Universität berufen hatte. Am 27. Juli 1934 wurde Wernher von Braun promoviert.

Bis dahin hatte man auch in Kummersdorf die Art Fehlschläge infolge explodierender Geräte oder durchbrennender Motoren zu verzeichnen gehabt, die dem VfR zu schaffen gemacht hatten. Zwei Jahre lang wurden ausschließlich statische Brennversuche durchgeführt. Das A 1, erstes in der geplanten Abfolge immer größerer und leistungsstärkerer «Aggregate», erwies sich als vorderlastig und gelangte nie an den Start. Im Juli 1934 starben auf der Heeresversuchsstelle drei Mitarbeiter von Brauns, darunter der Triebwerksspezialist Kurt Wahmcke, als ein Prüfstand in die Luft flog.

Ende 1934 erreichten jedoch die ersten Exemplare der Version A 2 – mit dem fünffachen Schub des Modells, das Nebel vorgeführt hatte – eine Höhe von zwei Kilometern. Freilich war diese Rakete noch immer weit entfernt von einer militärisch verwendbaren Waffe. Deren Kriterien legten Dornberger, von Braun sowie Walter Riedel – ein Ingenieur, der bei der Flüssigsauerstoffabrik Heylandt mit Valier zusammengearbeitet und den das Heereswaffenamt kurz nach Wernher von Braun angeworben hatte – Anfang 1936 fest: Das Geschoß sollte A 4 heißen und «1 t Sprengstoff auf 250 km schleudern» können (Dornberger) – ein Konzept, so Michael Neufeld, dem von Anfang an der strategische Sinn mangelte: Wie die Hochleistungsgeschütze, die man auf deutscher Seite während des Ersten Weltkriegs gebaut hatte, war die spätere V 2

> «ein Triumph engstirniger technologischer Denkweise. Die technische Faszination, herkömmliche Schranken durchbrechen und über noch nicht dagewesene Entfernungen feuern zu können, ließ eine exakte Prüfung der voraussichtlichen Wirkung ... auf den Verlauf eines Krieges überhaupt nicht erst zu ... Bereits ein Vergleich zwischen Rakete und schwerem Bomber hätte unerquickliche Fragen aufgeworfen.»

Die hier kritisierte funktionalistische Blickverengung war charakteristisch für die gesamte forcierte Aufrüstung im Deutschland der 30er Jahre. Die Militärs, die sie vorantrieben, setzten auf neue offensive Möglichkeiten, wie eine Technisierung der Kampfmittel sie allenthalben zu eröffnen schien. Ob Panzer- oder Raketenwaffe: Modernität konnte auf wohlwollende Resonanz bei den Spitzen von Wehrmacht und Reichskriegsministerium (so die neuen Bezeichnungen) rechnen, wo man sich dank Hitlers Rückendeckung zunehmend frei wußte von der Rücksichtnahme auf finanzielle Schranken.

1937 erfolgte dann eine Reihe grundlegender Weichenstellungen, bezüglich der Fernwaffenrüstung des Dritten Reiches ebenso wie im Hinblick auf die persönliche Rolle von Brauns.

Zunächst traf das Heereswaffenamt, nachdem Wernher von Braun sich «energisch» (Rudolf Nebel) in entsprechendem Sinne eingesetzt hatte, eine Übereinkunft mit Nebel und Klaus Riedel. Für die Nutzungsrechte an dem Patent auf ihren «Rückstoßmotor für flüssigen Treibstoff» erhielten beide eine finanzielle Abfindung. Zugleich trat Riedel in den Dienst des Heereswaffenamts.

Die Abmachung zog einen Schlußstrich unter die systematisch betriebene Kaltstellung des VfR. Zweifelsohne hatte die Gruppe sich durch «Streit und Vereinsmeierei mit Einsetzen, Absetzen und Umbesetzen von Vorstandsposten» (Nogly) selbst stark geschwächt. Den Todesstoß versetzt aber hatten ihr 1934 erst die Kündigung der Pacht des «Raketenflugplatzes» durch die Reichswehr, der das Gelände gehörte, dann die anschließende, auf militärisches Drängen hin erlassene Zensurverfügung des Reichspropagandaministeriums, die Diskussionen über Raketen aus der Presse verbannte. Unter dem Druck äußerer Anfeindungen wie innerer Zerwürfnisse hatte der VfR sich aufgelöst. Willy Ley war in die Vereinigten Staaten emigriert.

In Kummersdorf hatte die Gruppe um von Braun nach dem erfolgreichen Flug des A 2 den nächsten Schritt auf dem Weg zur Waffe konzipiert: das «Aggregat 3» mit wiederum verfünffachtem Schub bei siebeneinhalb Metern Länge. Dafür wurde nicht nur ein neues, größeres Erprobungsgebiet benötigt. Es entstand auch der Plan, das komplette künftige Waffenprogramm, von der Forschung bis zur Fertigung, in einer einzigen heereseigenen Einrichtung zu konzentrieren. Die Luftwaffe zeigte sich interessiert an der Mitfinanzierung einer Entwicklungsstelle, in der es «unter einer gemeinsamen Verwaltungsspitze» – der Armee – «einen Luftwaffen- und einen Heeresteil geben» sollte (Dornberger). Im April/Mai 1937 waren bei Karlshagen auf der Ostseeinsel Usedom die Wohnhäuser und Straßen, die Werkstätten, Montagehallen, Prüfstände und Startanlagen der künftigen Heeresversuchsanstalt Peenemünde-West (Luftwaffe) bzw. -Ost (Heer) soweit fertiggestellt, daß die Übersiedlung aus Kummersdorf erfolgen konnte.

Am 15. Mai 1937 wurde Wernher von Braun zum technischen Direktor des Werks Ost der neuen Versuchsstelle ernannt. Ihm unterstand damit, wie es in einem Beurteilungsbericht des Heereswaffenamts vom September jenes Jahres hieß, eine Belegschaft von 123 Angestellten und 226 Arbeitern. Derselbe Bericht attestierte von Braun großes theoretisches Können und ebensolches organisatorisches Talent, gepaart mit «konstruktiven, vorwärtstreibenden Gedanken».

Dem knapp 25jährigen dürfte klar gewesen sein, daß er – wie Bernd Ruland schrieb – «bald über Tausende von Menschen gebieten» würde, falls es gelang, das Ziel der Kriegsrakete zu verwirklichen. Vor Augen gestanden haben muß ihm auch – mit oder ohne Nachhilfe entsprechender Dienststellen –, was unter den Verhältnissen des Dritten Reiches dazu beitragen konnte, die Aussicht auf eine solche Position weiter zu festigen. Am 12. November 1937 beantragte Wernher von Braun seine Aufnahme in die NSDAP.

Eine beeidigte schriftliche Erklärung von Brauns, zehn Jahre später in El Paso (Texas) abgegeben, enthält ohne nähere Einzelheiten die Angabe, er sei dazu «offiziell aufgefordert» worden. Wie dem auch sei, er dürfte sich dieselben Fragen gestellt haben, die er mit anderen Ingenieuren erörterte, als es nicht lange darauf um seinen Beitritt zur SS ging.

«Soll ich es tun oder nicht? Würde es mir nutzen oder schaden?»

Unter von Brauns Biographen hat nur einer, Erik Bergaust, das Thema seiner NSDAP-Mitgliedschaft überhaupt behandelt. Bergaust zufolge war es «Himmlers Organisation», die «seit der Anordnung zur V2-Serienproduktion (Herbst 1942) die Peenemünder Führungsspitze systematisch zum Eintritt in die Nazi-Partei zu drängen begann». Entsprechender Druck sei auch durch «hohe Nazi-Funktionäre in Berlin» ausgeübt worden, mit denen «viele führende Peenemünder Wissenschaftler und Ingenieure bei der Verwirklichung des Sofortprogramms zu tun hatten».

Zwar sind diese Begleitumstände frei erfunden. Das Motiv freilich, das Bergaust als Begründung für den Umstand nennt, daß «viele, auch von Braun, nachgaben», dürfte der Wahrheit zumindest nahekommen (mit der gravierenden Einschränkung allerdings, daß das NS-Regime 1937 noch keinen Krieg vom Zaun gebrochen hatte): Weigerung wäre

> «als Beweis ausgelegt worden für die Untragbarkeit in einer für Deutschlands Kriegführung wichtigen Position. Das hätte Trennung von ihrem heißgeliebten Raketenprogramm bedeutet, dem sie sich, Krieg hin oder her, verschrieben hatten.»

Wernher von Braun wurde rückwirkend zum 1. Mai 1937 mit der Mitgliedsnummer 5 738 692 in die NSDAP aufgenommen.

Verglichen mit Kummersdorf, verfügte Peenemünde über erheblich ambitioniertere technische Anlagen. Ihre Inbetriebnahme änderte nichts daran, daß die Lösung der Konstruktionsprobleme, die das «Aggregat 3» aufwarf, weitere zwei Jahre erforderte. Vier A3-Starts schlugen Ende 1937 fehl. Es dauerte bis zum Herbst 1939, ehe das Nachfolgemodell A 5 – ausgestattet mit geändertem Leitwerk und neuer Steuerungsanlage – auf acht Kilometer Höhe stieg. Erstmals gelang nun auch die Umlenkung der Rakete auf eine geneigte Flugbahn zur Simulierung des Beschusses von Bodenzielen. Mit dem

Erfolg des Aggregats 5 «war der Weg zur Kriegsrakete, dem A4, frei» (Hölsken).

Um den Sprung von der Eintonnen- zur 12-Tonnen-Rakete, von siebeneinhalb zu vierzehn Metern Länge, von anderthalb Tonnen zu 25 Tonnen Schub zu bewerkstelligen, um anschließend den Übergang von der Entwicklung zur Produktion ohne Verzögerung zu vollziehen, benötigte man bei der Heeresversuchsstelle vor allem zweierlei: Rohstoffe und Arbeitskräfte. Eine Woche nach dem deutschen Überfall auf Polen ordnete Hitler jedoch an, der Munitionsherstellung sowie dem Ersatz ausgefallenen Materials unbedingten Vorrang einzuräumen. Andere Fertigungsprogramme müßten «auf das schärfste eingeschränkt werden».

Zwar hatte der Oberbefehlshaber des Heeres, Generaloberst Walther von Brauchitsch, nur zwei Tage zuvor die Fertigstellung des A 4 als «besonders dringlich» eingestuft. Das Wehrwirtschafts- und Rüstungsamt im OKW bestätigte die Eingruppierung. 4000 Soldaten mit technischer Vorbildung wurden abkommandiert und als Arbeitskräfte in Peenemünde eingesetzt. Die Stahlzuteilung jedoch wurde im November 1939 und erneut im März 1940 gekürzt. Hitlers Forderung im Anschluß an den Polenfeldzug, die Munitionserzeugung vor der Westoffensive zu verdreifachen, zog die Einführung eines Systems strikter Kontingentierung der verfügbaren Rohstoffe nach sich. Einerseits entwickelte dieses System sich, nach dem Urteil Rolf-Dieter Müllers, «zu einem der wichtigsten Steuerungsinstrumente der Rüstung». Andererseits verringerte es den Zwang zu rationeller Produktion und Planung, weil es dem Ressortegoismus «rivalisierender Bedarfsträger», dem buchstäblichen «Kampf aller gegen alle» ausgeliefert blieb.

Dornbergers «Betteltouren», von denen er später schrieb, seine hartnäckig unterbreiteten «Vorträge, Denkschriften, Anträge» illustrieren dieses generelle Fazit am Peenemünder Beispiel. Das Stahlkontingent blieb zwar bestehen – aber der agile, mittlerweile zum Abteilungschef im Heereswaffenamt avancierte Dornberger erreichte, daß an der Dringlichkeitsstufe trotz manchen Hin und Hers bis zum Herbst 1940 nicht gerüttelt wurde. Der Preis, den er dafür zahlte, waren überzogene Versprechungen, was Entwicklungstermine und Zielgenauigkeit des «Aggregats 4» anging.

Die Konflikte um Quoten und Prioritäten, die dahinter zutage tretende Konkurrenz der Instanzen und Gruppen waren geeignet, Wernher von Braun vor Augen zu führen, welche Bedeutung im «organisatorischen Dschungel des NS-Regimes» (Broszat) Macht, aber auch Protektion besaß. Am 1. Mai 1940 trat er der SS bei – in einer Situation der Unsicherheit über den weiteren Fortgang des Raketenprojekts, keineswegs, wie Stuhlinger/Ordway glauben machen wollen, von Himmler auf dem Gipfel «erster Anzeichen des Erfolgs» der A4-Entwicklung «zur SS gelockt».

In der schon erwähnten, 1947 verfaßten Erklärung schrieb von Braun, sein Beitritt gehe auf den Besuch eines höheren SS-Offiziers zurück, der ihm Himmlers entsprechende Aufforderung übermittelt habe. Er habe sich an Dornberger um Rat gewandt, mit dem Resultat, daß sein Vorgesetzter ihm geantwortet habe, ihm «bliebe keine andere Wahl, als beizutreten», falls ihm «an einer Fortsetzung der gemeinsamen Arbeit gelegen sei». Nach zwei weiteren schriftlichen Aufforderungen seitens der SS habe er schließlich zugestimmt.

Von Brauns Aufnahme in die SS erfolgte unter der Mitgliedsnummer 185068 im Rang eines Untersturmführers (Leutnants). Binnen dreier Jahre beförderte Himmler ihn bis zum Sturmbannführer, was dem Rang eines Majors in der Wehrmacht gleichkam. Es entsprach der Politik der SS, Personen, an denen sie Interesse hatte, auf solche Weise an sich zu binden. Rüstungstechnische Projekte begann Himmler jedoch erst zwei Jahre später für seine Organisation zu reklamieren, wobei ihm die Ausbeutung der Konzentrationslagerhäftlinge als Entreebillet diente. Mit der Schaffung des SS-Wirtschafts-

Verwaltungs-Hauptamts wurde 1942 der Grundstein für die entsprechende Praxis gelegt.

Demgegenüber trat der «Drang zum eigenen Waffenamt» (Ludwig) schon Anfang 1940 zutage. Insbesondere der Waffen-SS war es darum zu tun, sich in ihrer technischen Ausstattung mit schwerem Gerät vom Heer unabhängig zu machen. Doch ging es bei der Frage des selbständigen Waffenamts um Beschaffung – nicht um Fertigung – in SS-eigener Regie. Und auch hier dauerte es zwei Jahre, ehe Himmler sein Ziel erreichte. 1940 gelang es dem OKW noch ohne Mühe, entsprechende Vorstöße der SS zurückzuweisen.

Diese Tatsache verweist auf die entscheidende Ungereimtheit in von Brauns Aussage, mit der er Dornberger die letztliche Verantwortung für seinen SS-Beitritt zuschob:

Die Wehrmacht hatte erfolgreich den ersten «Blitzkrieg» gegen Polen geführt. Der Westfeldzug stand unmittelbar bevor. Die SS als Machtgruppe konnte sich noch keineswegs stark genug fühlen, um ihre Interessen gegenüber dem Heer ohne weiteres durchzusetzen. Dornbergers angeblich dezidierte Warnung, die von Braun ihm nachträglich in den Mund legte, paßte in die politische Landschaft der Jahre 1942/43, nicht des Jahres 1940.

Einmal mehr dürfte Pg. Wernher von Braun sich eine Förderung seiner Pläne erhofft haben – diesmal durch den Beitritt zu Himmlers «schwarzem Orden». Überzeugter Nazi war von Braun nicht – Opportunist allemal. Doch Opportunismus konnte aus der oben umrissenen Einstellung des Ingenieurs situationsbedingt geboten – geradezu «sachlich» vernünftig – scheinen. Im Falle von Brauns bedeutete das unter den gegebenen Umständen, die Sache der Nazis zwar nicht zu vertreten, wohl aber faktisch zu betreiben.

Das Entstehen einer Terrorwaffe

Knapp einen Monat vor Wernher von Brauns Eintritt in die SS, am 8. April 1940, hatte sein früher Förderer Karl Becker, inzwischen zum General und Chef des Heereswaffenamts aufgerückt, sich erschossen. Sein Selbstmord stand in unmittelbarem Zusammenhang mit anhaltenden, erbitterten Auseinandersetzungen um die Lenkung der Rüstungswirtschaft zwischen Wehrmachtsbehörden, Industrie und dem neugeschaffenen Munitionsministerium unter Fritz Todt. Wie im letzten Kapitel angedeutet, waren «Kompetenzwirrnisse, Abgrenzungsschwierigkeiten und Organisationsfehler» (Ludwig) schon vor dem Westfeldzug typisch für die Lage auf dem Rüstungssektor. Im Vorfeld des Ostkrieges, vor allem aber nach dem Angriff auf die UdSSR spitzten die Konflikte zwischen den verschiedenen Machtapparaten der Rüstungsplanung sich erneut zu, bis ein zweiter hoher Militär keinen Ausweg mehr sah: Ende 1941 nahm auch Generalluftzeugmeister Ernst Udet sich das Leben. Erst Albert Speer, Todts Nachfolger im Amt des Rüstungsministers, sollte jene «totale Mobilmachung» tatsächlich einleiten, mit der das Regime sich stets propagandistisch gebrüstet hatte.

Als wesentliches Element des Neben- und Gegeneinanders erwies sich der Konkurrenzkampf der Waffengattungen. Dornberger plante nicht nur die *Entwicklung* des Aggregats 4. Er wollte gleichzeitig in Peenemünde auch eine eigene *Fertigungs*anlage des Heeres errichten. Damit rückte die Kriegsrakete als Großprojekt neben die Panzer-, U-Boot- und Kampfflugzeugfabrikation, bevor sie noch erprobt war – und das bei chronischem Rohstoffmangel der Rüstungswirtschaft. Unter diesen Umständen konnte es kaum wundernehmen, daß das Auf und Ab der Kriegslage zwischen 1940 und 1942 – Zusammenbruchs Frankreichs; Verlust der Luftschlacht um England; Überfall auf die Sowjetunion; «Wende» vor Moskau – sich niederschlug im Wechsel der Dringlichkeitsstufen für Peenemünde; daß Dornbergers «salesmanship», die von Braun ihm später bescheinigte – seine Fähigkeit, die neue Waffe als potentiell «kriegsentscheidend» zu verkaufen –, wiederholt an ihre Grenzen stieß; daß Dornberger deshalb schon Mitte 1941 anfing zu betonen, neben der «materiellen Wirkung» würde ein Raketenbeschuß «größte moralische Erfolge» erzielen. Im «Klartext» (Hölsken) hieß das: Die Rakete war in Dornbergers Augen «zur Terrorwaffe geworden». Ein Dreivierteljahr später wurde Dornberger noch deutlicher: Mit dem Einsatz der Fernrakete solle «durch Hervorrufen von Panik und Desorganisation wesentlich zur Beendigung des Krieges beigetragen werden».

Dornberger konnte damit rechnen, daß seine Argumente auf fruchtbaren Boden fielen. Bereits vor Einleitung des «Großkampfes der deutschen Luftwaffe gegen England» (Hitler) hatte der Chef des Wehrmachtführungsstabes, Generalmajor Alfred Jodl, «zeitweilige Terrorangriffe, *als Vergeltung erklärt*», zu den Mitteln gerechnet, die «den Widerstandswillen des (britischen) Volkes lähmen und endlich brechen» sollten. Der Weg «rücksichtslos(er) Terrorangriffe gegen Großstädte» wurde in der Luftwaffenführung erst immer wieder erwogen, dann zunehmend eingeschlagen. Die Freigabe Londons als Angriffsziel war dafür ebenso symptomatisch wie Hitlers Drohung im September 1940: «Wir werden ihre Städte ausradieren!»

Fazit: Von Anfang an diente der Begriff «Vergeltung» auf deutscher Seite als skrupelloses Täuschungs-, als Propagandainstrument. Und gerade das drastische Scheitern des militärischen Konzepts (Niederkämpfung der britischen Luftwaffe,

Ausschaltung der Rüstungsfabriken) forcierte den alsbaldigen Übergang zur Terrorisierung der Zivilbevölkerung – jenen inhumanen Weg, auf dem die alliierten Luftflotten Deutschland ab 1942 immer massiver folgen sollten.

Erheblich relativiert werden muß deshalb Wernher von Brauns Satz, «an der Behauptung, das A4 bzw. die V2 wäre ursprünglich als Waffe zur Verwüstung Londons konzipiert worden, [sei] kein wahres Wort». Für die allererste, umrißhafte Planung des Jahres 1936 mag diese Aussage noch zutreffen. Als es nach dem Erfolg des Aggregats 5 ab Ende 1939 jedoch an den *eigentlichen* Entwurf, an den Bau gar der Kriegsrakete ging, konnte über ihre Funktion kein Zweifel mehr bestehen. Schon im Juli 1941 spielte Dornberger, als er für die neue Waffe warb, auf die «nicht mehr vorhandene Luftüberlegenheit», sprich die verlorene Schlacht um England an. Und Ende März 1942, zweieinhalb Jahre vor dem Ersteinsatz der V2, erläuterte er ganz unverblümt, der Raketenbeschuß sei derart geplant, daß

> «bei Tag und Nacht in unregelmäßigen Zeitabständen, unabhängig von der Wetterlage, sich lohnende *Ziele wie London*, Industriegebiete, Hafenstädte pp. unter Feuer genommen werden».

Dornbergers Resümee: «Die moralische und tatsächliche Wirkung eines derartigen monatelangen Feuers, gegen das es keine Abwehr gibt, dürfte gar nicht abzusehen sein.»

Bereits jetzt begann bei nicht wenigen Hauptbeteiligten ein Realitätsverlust zutage zu treten, der gegen Ende des Krieges absurde Formen annehmen sollte. Dornbergers immer neue «phantastische Versprechungen» (Rolf-Dieter Müller); die irrealen Termine und Stückzahlen, die von Brauchitsch wiederholt festsetzte; Speers binnen kurzem geäußertes Vertrauen in die «Planung eines Wunders» durch die «rechnenden Romantiker» von Peenemünde: dies alles summierte sich zu Ansätzen der Regression in ein magisch-spekulatives Weltverständnis, das sich der Einsicht in eigene materielle Grenzen konsequent verweigerte. Bezüglich Englands war die Rechnung der NS-Führung nicht aufgegangen. Ein neuer kriegerischer Ausgriff, nun gegen die Sowjetunion, sollte das Problem überspielen, eine weitere Aggression dem Reich unermeßliche Ressourcen zuführen. Allerdings – inzwischen ging die englische Luft- und Flottenrüstung unbeirrt weiter. Wie, wenn die Flüssigkeitsrakete, massiert eingesetzt, doch erreichte, was der deutschen Luftwaffe mißlungen war?

Am 27. März 1941 wurde der A 4-*Entwicklung* die neu eingeführte oberste Priorität SS (Sonderstufe) zuerkannt. Für die A 4-*Fertigung* blieb es bei der zweithöchsten Rangstufe S. Das «Herumkurieren am Dringlichkeitssystem» (Müller), mit dem Wehrmacht, Rüstungs- und Wirtschaftsministerium ihre Konflikte einzudämmen trachteten, bewirkte jedoch letztlich nichts anderes als eine Umverteilung vorhandener Engpässe. Die Eingruppierung nach S bot der anvisierten Fertigungsstelle Peenemünde gegen Materialverknappung keinen zureichenden Schutz. Ein Vortrag Dornbergers und von Brauns bei Hitler am 20. August 1941 schuf Abhilfe. Vermittelt worden war der Empfang durch (den mittlerweile zum Generalfeldmarschall aufgestiegenen) von Brauchitsch. Vier Monate später, nach den ersten Rückschlägen an der Ostfront, sollte Hitler ihn als Oberbefehlshaber des Heeres ablösen, um sich selbst an seine Stelle zu setzen.

Wernher von Braun führte einen Film vor, der den Erfolg des A 5 veranschaulichte. Dornberger beschrieb die Leistungen der projektierten 12-Tonnen-Rakete und zählte auf, was die Heeresversuchsanstalt für ihr Vorhaben benötigte. Mit einer «eigenartigen Mischung aus Scharfsinn und Aberwitz» (Neufeld) kommentierte Hitler, bei einer solchen Waffe sei der Einsatz von «wenigen tausend Geräten pro Jahr unklug». Statt dessen müßten jährlich «hunderttausende» gefertigt und verschossen werden.

Ergebnis der Vorsprache bei Hitler war ein «Führerentscheid»: Mit «sofortiger Wirkung» wurde die gesamte Heeresversuchsanstalt – Entwicklungs- *und* Versuchsserienwerk (die neue Bezeichnung für die künftige Fertigungsstelle) – in die Priorität «SS» eingestuft. Das Gesamtprojekt war hinfort im Hinblick auf Transportmittel, Rohstoffe, Maschinen und Arbeitskräfte *«mit allen Mitteln»* zu unterstützen.

Angesichts der Bedeutung, die dieser Anordnung zukam, erscheint es schlichtweg unglaubhaft, daß Dornberger sie in seiner späteren Darstellung – mitsamt der Vorsprache bei Hitler – einfach unterschlug. Und doch war genau das der Fall. Bei der dramatischen Schilderung seines unablässigen Kampfes gegen die Kurzsichtigkeit vorgesetzter Dienststellen, vor allem aber der «obersten Führung» selbst, suggerierte Dornberger, buchstäblich nichts habe sich im Hinblick auf die geradezu erflehte Dringlichkeitseinstufung zwischen dem Frühling 1940 und dem Winter 1942/43 getan. Wernher von Braun schloß sich dieser Vision später an: «Zum letztenmal» vor der Begegnung mit Hitler Mitte 1943, von der noch die Rede sein wird, habe er «ihn 1939 in Kummersdorf gesehen» (als der «Führer» zusammen mit von Brauchitsch und Becker den Artillerieschießplatz besucht und von Braun ihm das Aggregat 5 am Modell erläutert hatte).

Bei der Auseinandersetzung mit Dornbergers Memoiren ist bislang ein Hinweis unberücksichtigt geblieben, der sich in dem Buch gleich eingangs findet. Erwähnt wird dort die «redaktionelle Mitarbeit von F. L. Neher». Franz Ludwig Neher verfaßte während der 30er und 40er Jahre ebenso Luftfahrtreportagen wie Fliegerromane. Nach dem Krieg war er elf Jahre lang, von 1951 bis 1962, Pressereferent der Gesellschaft für Weltraumforschung.

Neher bezeichnete sich selbst als «freien Schriftsteller». Die Annahme liegt nahe, daß seine Mitwirkung manche Retusche der Wirklichkeit um des Effekts willen noch gefördert hat. Denn einen Effekt wollte Dornberger beim Leser erzielen, als er sein Schlußkapitel mit der bombastischen Überschrift «Götterdämmerung über Deutschland» in die rhetorische Frage münden ließ:

> «Was wäre vielleicht eingetreten, wenn schon... ab Sommer 1942 jahrelang, Tag und Nacht, die Fernrakete mit ständig steigender Schußweite, Treffsicherheit, Zahl und Wirkung auf England gefallen wäre?»

Eine unzweideutige Antwort vermied Dornberger. Er machte allerdings auch kein Hehl daraus, welche Erklärung er sich zurechtgelegt hatte. «Zu spät!» urteilte er über den Einsatz des A 4. «Mangelnder Weitblick der führenden Reichsstellen und mangelndes Verständnis der technischen Gegebenheiten waren schuld.»

Auf diese Schuldzuweisung mußte der Argumentationsgang zugeschnitten werden. Dazu bedurfte es, wie noch an anderen Stellen, der Korrektur tatsächlicher Geschehnisse. Mit Nehers Unterstützung entstand eine Mischung aus Realität und Fiktion, eben der Mythos Peenemünde. Dieser Mythos war darauf angelegt, Distanz zu schaffen zwischen der verschworenen Gemeinschaft an der Ostsee und dem Staat Hitlers (ein Bemühen, das Wernher von Braun nur recht sein konnte, wie seine erwähnte Bekundung zeigt). Der aufgeklärte Geist der Ingenieure, schroff kontrastierend mit dem Unverständnis eines despotischen Regimes, fügte sich als zentraler Stein in ein solches Mosaik.

Tatsächlich stellten sich dem Übergang vom A5 zum A4 zwischen 1940 und 1942 noch erhebliche technische Hürden in den Weg. Deren Überwindung in Bereichen wie Steuerung, Aerodynamik, Meßtechnik, Flugbahnverfolgung gelang der Peenemünder Belegschaft keineswegs allein. Die Konstrukteure sicherten sich die Unterstützung mehrerer Dutzend Physiker, Chemiker, Ingenieurwissenschaftler aus Universitäten oder Technischen Hochschulen in Göttingen, Leipzig und Halle, in Darmstadt, Dresden, Hannover und

Stuttgart. Wernher von Braun und seine engsten Mitarbeiter suchten wiederholt deren Institute auf. Kooperationsverträge wurden abgeschlossen, Zusammenkünfte organisiert, weitere Spezialisten an die Heeresversuchsanstalt geholt.

Zu denen, die eine Anstellung in Peenemünde erhielten, gehörte Mitte 1941 auch Hermann Oberth. 1938 an die Technische Hochschule Wien berufen, war er 1940 mit dem Auftrag, eine Flüssigkeitspumpe für das A 4 zu entwickeln, an die TH Dresden versetzt worden. Auf eigenen Wunsch wechselte er nach Peenemünde, spielte dort jedoch nur eine Nebenrolle: Er hatte «alle für Deutschland greifbaren Patentanmeldungen» auf ihre Verwertbarkeit für die Raketentechnik zu prüfen. Oberth fühlte sich kaltgestellt und reagierte mit Verbitterung. In zwei Briefen an den Ingenieur Eugen Sänger und an Willy Ley lastete er Wernher von Braun nach Kriegsende an, gerade «in der Gesamtplanung» versagt zu haben. «Ein Kopf» habe «gefehlt, der das ganze Gebiet wirklich übersah und Vor- und Nachteile der von den einzelnen Spezialisten empfohlenen Maßnahmen gegeneinander abzuwägen in der Lage war».

Oberths Einschätzung stand in diametralem Gegensatz zu Dornbergers Urteil über von Braun. Zwar hielt der Heeresoffizier sich zugute, auf den siebzehn Jahre Jüngeren «formend» eingewirkt zu haben, wollte auch eine gewisse «Sprunghaftigkeit» bei ihm nicht ausschließen – jedenfalls so lange, bis von Braun sich eine «klare Vorstellung» über sein Ziel gebildet hatte. Dann jedoch habe er «hartnäckig, mit unendlicher Schlauheit alle Register ziehend», dieses Ziel angesteuert. Auf alle Fälle aber sei ihm, und hier widersprach Dornberger Oberth am deutlichsten, die «fast unglaubliche» Gabe zu eigen gewesen, aus einer Fülle von Einzelheiten – «Literatur, Besprechungen, Firmenbesuchen» – das Wichtigste herauszusieben, «durchzuarbeiten, gedanklich weiterzuentwickeln und an der richtigen Stelle einzusetzen».

Oberth dürfte das technische Neuland, das in der Versuchsanstalt betreten wurde, unterschätzt und seine eigenen Erfahrungen mit der «Ufa-Rakete» verdrängt haben, wenn er die Behauptung aufstellte:

> «Da sind ganz unglaubliche Fehler gemacht worden. Ich kann ohne Übertreibung sagen: Normalerweise hätte die Entwicklung kaum den tausendsten Teil kosten dürfen, und weiter hätte man die einzelnen Raketen mindestens 10mal so billig und um ein Mehrfaches wirksamer und leistungsfähiger bauen können.»

Man muß sich Oberths Urteile keineswegs gänzlich zu eigen machen, um festzustellen, daß es eben nicht zutrifft, wenn Biographen Wernher von Brauns betonen, Oberth habe «nie mit Lob gespart, wenn die Rede auf seinen... lebenslangen Freund kam». Fast zwanzig Jahre älter als von Braun, ursprünglich dessen Mentor, geriet Oberth infolge der Militarisierung der Raketentechnik zweimal in die Rolle des Untergebenen – 1941–43 in Peenemünde, später 1955–58 in Huntsville. Und Wernher von Braun besaß nicht nur Charme. Er war auch «sehr egozentrisch – ein Charakterzug, der seine Persönlichkeit deutlich prägte». Zudem

> «pflegte er seine Meinung zu wechseln, wenn er dies im Sinne der jeweiligen Sache für nützlich hielt. Wenn dann seine Mitarbeiter diesen Gesinnungswandel nicht schnell genug nachvollzogen, bewies er hinsichtlich seiner eigenen Positionen mitunter ein erstaunlich kurzes Gedächtnis».

Der junge Student des Jahres 1932 als Vorgesetzter Hermann Oberths – auf diesen Gedanken wäre selbst ein Experte vom Rang des emigrierten Willy Ley bis 1945 nicht verfallen. «Alles an der V2 kündet in großen Buchstaben von OBERTH», lautete sein Befund kurz vor Kriegsende. In diesem Punkt irrte Ley.

Mittlerweile war die Heeresversuchsanstalt technisch hervorragend ausgestattet. Ihr standen weit mehr Geld, Menschen und Material zur Verfügung, als Dornberger später wahrhaben wollte. Dennoch bedeutete die Konstruktion des A 4 einen technischen «Quantensprung» (Neufeld), gingen selbst nach Dornbergers Eingeständnis «Monate dahin, ohne daß Fortschritte sichtbar» wurden. Das erste A 4 explodierte am 18. März 1942 vor dem Start auf dem Prüfstand. Zwölf, dann acht Wochen vergingen, bis die nächsten Versuchsmodelle startbereit waren. Beide hoben ab, erreichten jedoch nur fünf beziehungsweise zwölf Kilometer Höhe, fielen zurück und detonierten unweit des Startgeländes.

Noch einmal zwei Monate, dann erfolgte am 3. Oktober 1942 der A 4-Erstflug über eine Strecke von 190 Kilometer – bei einer Seitenabweichung von 18 Kilometern. (Während der späteren Einsätze gegen England gelang es mittels anfänglicher Steuerung durch Leitstrahl im *günstigsten* Fall, diese Streuung auf vier Kilometer zu drücken.) Auch sonst konnte von technischer Reife des Geräts keine Rede sein. Zwar wurden während des nächsten Dreivierteljahres maximale Reichweiten bis zu 285 Kilometer erzielt. Überwiegend aber wechselten Teilerfolge mit «Steuerungsversagen, Heckbränden, Explosionen, Abkippen der Rakete auf dem Abschußtisch» (Engelmann) – ein Vorgeschmack auf die Schwierigkeiten, die auch nach Ingangsetzung der verfrühten Serienproduktion andauern sollten.

In einer – Dornberger zufolge – «entscheidenden Stunde» erwies die Rakete sich jedoch als funktionsfähig: Ende Mai 1943 beim Vergleichsschießen mit der strahlgetriebenen «Flugbombe», einer Konkurrenzentwicklung der Luftwaffe in Peenemünde-West. Wechselweise unter den Kürzeln FZG (Flak-Zielgerät) 76 oder Fi(eseler) 103 firmierend, sollte dieser «Kirschkern» – so die anfängliche Tarnbezeichnung – binnen wenig mehr als Jahresfrist die Goebbelssche Propaganda inspirieren zu ihrer «letzten großen Demagogie» (Ludwig), der Ankündigung eines deutschen «Waffenwunders»: Von Flugblättern drohten die schwarzen Balken eines wuchtigen V, herabstoßend auf England, während aus dem Süden der

Insel Flammen schlugen und dichter Rauch aufstieg: «Vergeltungs»waffe 1 – kurz: V 1.

Der Konstrukteur, der den entscheidenden Anstoß zum Bau dieses ersten Marschflugkörpers gegeben hatte, hieß Robert Lusser. Dreizehn Jahre älter als Wernher von Braun, wies er in seinem Werdegang manche Ähnlichkeit mit dessen Laufbahn auf: Studium der Elektrotechnik an der TH Stuttgart, Diplomingenieur, Sportflieger (auch von Braun besaß die Pilotenlizenz), Tätigkeit in der Rüstungsproduktion, 1937 Eintritt in die NSDAP (Mitgliedsnummer 5291784). Hermann Göring, Reichsmarschall des «Großdeutschen» Reiches, gratulierte ihm 1943: Er habe «verwirklicht, was das ganze deutsche Volk sehnlichst erwartete». Der Eloge auf Lussers – so Göring mit gewohnter Theatralik – «gigantische Idee» folgte die Verleihung des Ritterkreuzes zum Kriegsverdienstkreuz.

Die «gigantische» Idee: Das war Lussers Entwurf einer Flugbombe, deren Reichweite und Sprengstofflast kaum abwich von der des Aggregats 4. Ihren Schub verlieh ihr – und hierin bestand der deutliche Unterschied zum A 4 – ein Staustrahltriebwerk, das im Prinzip seit 1931 bekannte, inzwischen weiterentwickelte Schmidt-Argus-Rohr. Es war denkbar einfach konstruiert, arbeitete mit geringwertigem Benzin als Treibstoff, ermöglichte freilich auch nur begrenzte Höhen (unter zweieinhalb Kilometern) und Geschwindigkeiten (bis zu 650 km). Die Unkompliziertheit der Steuereinrichtung ging auf Kosten der Treffgenauigkeit. Wernher von Braun vergaß denn auch nicht, in einem von Dornberger angeforderten Bericht über die Konkurrenz diesen Punkt gebührend hervorzuheben. Tatsächlich aber glichen V 1 und V 2 sich damit nochmals in einer entscheidenden Hinsicht. Beim Flakregiment 155 (W), später zuständig für den V 1-Einsatz, benannte man sie ohne Umschweife: Wegen ihrer großen Streuung könne die V 1 «nur als Terrorwaffe eingesetzt werden, nicht zur Bekämpfung militärischer Ziele».

Lusser hatte Görings Ministerium das Projekt Anfang Juni 1942 im Auftrag der Fieseler-Werke unterbreitet. Zwei Wochen später bestimmte Erhard Milch, Udets Nachfolger als Generalluftzeugmeister, Entwicklung und Bau des Flugkörpers seien mit «höchster Priorität» in Angriff zu nehmen. Grund der – «allein nach einem mündlichen Vortrag über die künftige Waffe und Vorlage einer noch nicht sehr detaillierten Konstruktionszeichnung» (Hölsken) – getroffenen Entscheidung: das Zusammentreffen immer verheerenderer alliierter Bombenangriffe mit einem mittlerweile technisch desolaten Stand der deutschen Luftrüstung. Ein Prestigeobjekt war dringend vonnöten für die Luftwaffe.

Deren Waffenbeschaffung fiel noch nicht in Speers Zuständigkeit. Es bedurfte zweier weiterer Jahre, bis Görings Ansehen bei Hitler so weit gesunken war, daß es dem Minister gelang, ihn in diesem Bereich zu entmachten. Erst dann konnte von zentraler Rüstungslenkung wirklich die Rede sein. Bis dahin bildete die Einrichtung neuer Ausschüsse eines der erprobten Mittel bürokratischer Konfliktbewältigung. Zweieinhalb Monate nach dem erfolgreichen A 4-Flug begannen in Peenemünde-West die Versuche mit der Fi 103. Im Februar 1943 wurde die Entwicklungskommission für Fernschießen ins Leben gerufen, zusammengesetzt aus Vertretern des Heeres, der Luftwaffe, der einbezogenen Industriefirmen, schließlich der beiden zuständigen Ministerien.

Noch bevor das für den 26. Mai 1943 angesetzte Vergleichsschießen tatsächlich stattgefunden hatte, war man sich in der Kommission einig geworden, den Weg des geringsten Widerstandes aller Beteiligten zu beschreiten. Dornberger:

> «Die Kommission beschloß, dem Führer zu berichten, daß die beste Lösung die sei, beide Geräte möglichst bald mit höchster Dringlichkeit und möglichst großer Stückzahl in Massenherstellung gehen zu lassen. Zur Verstärkung der Wirkung werde gemeinsamer Einsatz befürwortet.»

Entscheidend war also weniger, daß in Gegenwart von Speer und Milch zwei A4-Starts gelangen, während die Fi 103 ebensooft versagte. Als ausschlaggebend erwies sich, daß beide, Heer wie Luftwaffe, ihre favorisierten Fernwaffen erhielten.

Bereits im Dezember hatte Speer mit Genehmigung Hitlers die Weichen für den Übergang zur Serienmontage des A4 gestellt. Für die Fertigungsplanung bedeutete das die Anwendung des teils auf Todt zurückgehenden, teils von Speer eingeführten Instrumentariums «industrieller Selbstverantwortung»: Ausschüsse für Waffenarten, Ringe für Zulieferungen bildeten die Grundlage einer Industrieorganisation, die als Gegenüber des Rüstungsministeriums an die Stelle der Militärbürokratien trat und von der namentlich große Konzerne profitierten.

In der ersten Februarwoche 1943 fand die Gründungssitzung des Sonderausschusses A 4 statt. Zum Leiter bestimmt hatte Speer den Geschäftsführer der Norddeutschen Maschinenfabrik Duisburg, Gerhard Degenkolb. Zeitweise Rüstungsbeauftragter für Belgien und Nordfrankreich, stand Degenkolb bereits dem Hauptausschuß Schienenfahrzeuge vor. «Energisch», «rücksichtslos», mit «unerbittlicher Beharrlichkeit» hatte er dort den Ausstoß an Lokomotiven erheblich gesteigert.

Der Sonderausschuß A4 bestand aus 21 Arbeitsausschüssen. Ihre Ressorts reichten von Rohmaterial-, Treibstoff- und Arbeitskräftebeschaffung bis zum Zusammenbau und zur Endabnahme des Geschosses. Zuständig für die Endabnahme war Wernher von Braun – weder das erste noch das letzte Indiz dafür, daß die Funktion des Entwicklungschefs die Befassung mit Problemen der Serienfertigung ohne weiteres einschloß.

Ein KZ für Peenemünde – und eine Professur für Wernher von Braun

Ins Auge gefaßt für die A4-Serienherstellung hatte man in Peenemünde spätestens seit Ende 1941 zwei Standorte: die Heeresversuchsanstalt selbst und die Friedrichshafener Zeppelinwerke.

Im September reisten Wernher von Braun, sein Stellvertreter Eberhard Rees sowie Major Gerhard Stegmaier vom Heereswaffenamt erstmals an den Bodensee. Eine Anschlußbesprechung fand im Dezember in Berlin statt. Resultat: Der Zeppelin-Konzern sollte zunächst Zubehörteile fertigen, später «den Aufbau kompletter Aggregate» übernehmen. Die beiden letzten Zeppeline waren 1940 auf Anordnung des Reichsministeriums der Luftfahrt gesprengt worden, und bei der Firma bemühte man sich um kriegswichtige Aufträge. Die Perspektive von 3000 Raketen pro Jahr ab April 1943, mitgeteilt bei von Brauns zweitem Besuch im Frühjahr 1942, mußte verlockend erscheinen. Wie so viele andere Termine und Stückzahlen erwiesen auch diese sich als unerreichbar.

Die Fertigungsstelle in Peenemünde, deren Errichtung das Heereswaffenamt bereits seit 1939 betrieb, fungierte (wie erwähnt) seit 1941 unter der Bezeichnung «Versuchsserienwerk» (VW). Für ihren Aufbau zuständig war die Gruppe VI der Abteilung Waffenprüfwesen (Ministerialrat Godomar Schubert). Als technischer Direktor vor Ort eingesetzt wurde ein Mann, der Wernher von Braun 1937 von Kummersdorf nach Peenemünde begleitet hatte, der «rasch» – so Stuhlinger/Ordway in ihrer Biographie – dessen «enger Freund» wurde «und blieb»: Arthur Rudolph.

Der sechs Jahre ältere Rudolph entstammte im Gegensatz zu von Braun einfachen Verhältnissen (er war der Sohn einer Bauersfamilie aus dem thüringischen Dorf Stepfershausen bei Meiningen). 1930 bei den Berliner Heylandt-Werken für Flüssigsauerstoff-Erzeugung als Ingenieur angestellt, hatte er sich Max Valier angeschlossen, der auf dem Heylandt-Gelände Versuche mit Raketenautos anstellte und noch im selben Jahr bei einer Brennkammerexplosion ums Leben gekommen war. Vier Monate später hatte die NSDAP bei den Reichstagswahlen 107 Mandate gewonnen und war zweitstärkste Fraktion hinter den Sozialdemokraten geworden. Am 1. Juni 1931 war Rudolph der braunen Partei beigetreten – Mitgliedsnummer 562007.

In einer Erklärung, die er 1947 gegenüber der US-Armee abgab, erläuterte Rudolph die Motive für seinen frühen Parteieintritt folgendermaßen:

> «Infolge der Massenarbeitslosigkeit wuchsen sowohl die Nationalsozialistische wie die Kommunistische Partei. Ich hatte den Eindruck, daß letztere an die Regierung kommen würde.»

Bis Mitte 1932 regierte bekanntlich das Präsidialkabinett Brüning in Deutschland. Die KPD hatte bei den Reichstagswahlen 1930 weniger Mandate erhalten als das katholische Zentrum. Ihre *legale* Regierungsbeteiligung war angesichts der politischen Konstellation undenkbar. Im übrigen entlud sich zwar die zunehmende Militanz nicht nur der SA, sondern auch des Roten Frontkämpferbundes in immer blutigeren Straßenschlachten, deren Eskalation ganz überwiegend auf das Konto der SA ging. An einen *Aufstand* aber dachte man weder bei der KPD, noch hätte ein solcher Versuch die geringste Chance besessen. Die NSDAP selbst freilich präsentierte sich in ihrer Propaganda als angeblicher «Ordnungsfaktor» gegenüber «marxistischem Terror».

Rudolph weiter:

«Nach gründlicher Überlegung entschied ich mich, der Nationalsozialistischen Partei (einer legalen Organisation) beizutreten, *um zum Erhalt der westlichen Kultur beizutragen.*

In den unmittelbar folgenden Jahren erwies meine Entscheidung sich *vom geschäftlichen Standpunkt aus* nicht als verfehlt... Ende 1934 erhielt ich eine Anstellung.»

Die Anstellung erfolgte durch das Heereswaffenamt – beim Schießplatz Kummersdorf, wo von Braun bereits arbeitete. Mitte 1932 hatte die Weltwirtschaftskrise Rudolph seine Stelle bei Heylandt gekostet. Nun hatte er sich auch in die SA aufnehmen lassen – gleichzeitig aber Kontakt mit dem VfR sowie dem Heereswaffenamt gehalten und selbst am Bau eines kleinen Flüssigkeitsraketenmotors gearbeitet. Beides hatte sich ausgezahlt. Rudolph, so Dornberger, «trat bei uns ein und wurde einer unserer besten Fachleute».

«Nutzanwendung für das V(ersuchsserien)W(erk)» war die vom 16. April 1943 datierte Schlußfolgerung aus einem Besuch überschrieben, den Arthur Rudolph vier Tage vorher dem Heinkel-Werk Oranienburg abgestattet hatte. Rudolphs Empfehlung: Zumindest ein Teil der A4-Serienfertigung könne «mit Häftlingen durchgeführt werden». Eine «entsprechende Anforderung» sei «mit der Bitte» zu verbinden, «einen Beauftragten der SS zur Besprechung zu entsenden, in welcher Einzelheiten über Verpflegung, Unterbringung, Umzäunung usw. geklärt werden sollen».

Kontaktaufnahme also von den Ingenieuren zur SS – nicht umgekehrt. Die Besichtigung des Heinkel-Werks hatte dem Einsatz von zuletzt 4000 KZ-Häftlingen aus Sachsenhausen gegolten, die dort seit Ende 1941 zur Fertigung und Montage von Flugzeugteilen gezwungen worden waren. Rudolph beschrieb akribisch die Bedingungen dieses Einsatzes: 54-Stunden-Woche plus 5 Stunden Sonntagsarbeit, Unterbringung in «jeweils 4 Betten übereinander und ganz eng nebeneinander», elektrisch geladener Stacheldrahtzaun, Türme mit Wachtposten, Scheinwerfern und MG. Exakt wie Himmler vier Monate später, im Vorfeld der Errichtung des Mittelwerks, wies Rudolph auf einen «erheblichen Vorteil» hin: KZ-Häftlinge böten gegenüber anderen Arbeitskräften «die größere Sicherheit für die Geheimhaltung».

Anderthalb Monate später war es dann soweit. Bei einer Besprechung mit Direktor Heinz Kunze, Vertreter (später Nachfolger) Degenkolbs als Leiter des Sonderausschusses A 4, übergab Rudolph am 2. Juni 1943 in Gegenwart zweier Offiziere des Heereswaffenamts die erste Anforderung, lautend auf «vorerst» 1400 Häftlinge – «berufsmäßig aufgegliedert». «Maximal 2500 Mann» sollten bei der Montage in Peenemünde zum Einsatz gelangen. Entsprechende Verhandlungen mit dem zuständigen Amtschef beim SS-Wirtschafts- und Verwaltungshauptamt waren eingeleitet. (Es handelte sich um Obersturmbannführer Gerhard Maurer, ursprünglich Buchhalter in einer Hallenser Nährmittelfabrik, bei der SS seit 1931, laut dienstlicher Beurteilung «scharfer Rechner», «korrekter Pflichtmensch», «geschickter Verhandlungspartner» mit Rüstungsindustrie und Wehrmacht.) Ein SS-Vorkommando sollte «Unterbringung und Einzäunung vorbereiten», damit die Häftlinge baldmöglichst «in direkter Zusammenarbeit des Lagerkommandanten mit Herrn Dir. Rudolph Zug um Zug» abgerufen werden konnten.

Anhand der von Ministerialrat Schubert erstellten Chronik des Versuchsserienwerks Peenemünde, die im Militärarchiv Freiburg des Bundesarchivs aufbewahrt wird, läßt sich verfolgen, wie die Anforderung Schritt für Schritt umgesetzt wurde. Mitte Juni, wenige Tage nach Dornbergers Beförderung zum Generalmajor, trafen die ersten 200 Häftlinge («zur Hälfte Deutsche, zur Hälfte Russen») in Peenemünde ein. Sie mußten um die Produktionshalle einen Drahtverhau errichten, für den im Juli eine elektrische Sicherung zum Preis von 8070 Reichsmark bestellt wurde. Gleichfalls im Juli, am 11.7., folgten die nächsten 400 Häftlinge, fast ausschließlich

Heeresanstalt Peenemünde - VW   Peenemünde, den 16. April 1943

Aktz. / 21/31   VW/T
Ru/De   105

Zu No 88

LR,

Aktennotiz T Nr. 10/43.

Betr.: Besichtigung des Häftling-Einsatzes bei den Heinkel-Werken, Oranienburg, am 12.4.43.

Teilnehmer: Dir. Kösters, Sonderausschuß A4
Versch. Vertreter von Lokomotiv - Fabriken
Dir. Rudolph, HAP/VW.

Führer seitens der Heinkel-Werke: Herr Hänßlein.

Die Heinkel-Werke Oranienburg hatten zur Durchführung ihrer Fertigung in starkem Maße ausländische Arbeitskräfte, wie Ostarbeiter, Franzosen, Holländer usw. eingesetzt. Unter diesen herrschte ein starker Wechsel, so daß der Betrieb stark litt.

Die Heinkel-Werke setzten sich daher mit der SS - Obersturmbannführer Maurer - ins Benehmen und baten um Zuweisung von Häftlingen aus Konzentrationslagern. Dem Ersuchen wurde stattgegeben und mit dem Einsatz im August 1942 versuchsweise in einer Halle begonnen. Zunächst gelangten 300 Mann zum Einsatz, mit denen die besten Erfahrungen gemacht wurden.

Anfangs begann man mit Umschulung; kam jedoch bald davon ab und setzte die Häftlinge sofort, oder nach ganz kurzer Zeit jedenfalls, an die richtige Arbeit. Nach und nach wurden die übrigen Hallen mit Häftlingen besetzt, so daß nunmehr in diesem Monat die letzte Halle auf Häftlingsbetrieb umgestellt wird. Die ausländischen Arbeitskräfte wurden in gleichem Maße abgeschoben.

Zur Zeit sind 4000 Häftlinge im Einsatz. Davon sind etwa 1000 Russen, 800 Franzosen, 800 Polen; der Rest setzt sich aus allen möglichen anderen Nationalitäten zusammen, darunter auch Deutsche. Die Nationalitäten werden nicht geschlossen eingesetzt, sondern bunt durcheinander. Entscheidend ist allein der Arbeitseinsatz. Das Mischen der Nationalitäten hat außerdem den Vorteil, daß damit Geheimbündelei erschwert wird.

Die Heinkel-Werke forderten die Häftlinge nach Berufsgruppen an, jedoch waren unter den Zugewiesenen vielleicht 20% Gelernte. Für etwa 10 Mann wird ein freier deutscher Gruppenführer als Aufsicht eingesetzt. Meister sind stets Deutsche ebenso die leitenden Ingenieure. Ein Teil der Vorarbeiter besteht aus Häftlingen. Häftlinge sind auch teilweise als Angestellte, z.B. Zeichner, Vorrichtungskonstrukteure, in den Hallen eingesetzt.

Die Häftlinge sind in der Teilefabrikation, in der Teilmontage, Gruppenmontage, Vormontage bei der elektrischen Verschaltung usw. beschäftigt. Sogar als Prüfer werden besonders zuverlässige Häftlinge verwendet. Auch in der Schweißerei haben sich die Häftlinge nach anfänglichen Schwierigkeiten bewährt. In der Teilefertigung sind etwa 20% deutsches Aufsichtspersonal, in den übrigen Fertigungen etwa 10%. Insgesamt sind für die 4000 Häftlinge an Aufsichtspersonal 600 Deutsche eingesetzt.

Die Arbeitszeit ist montags bis freitags von 7,20 Uhr bis 17,30 Uhr, sonnabends bis 13 Uhr. (54 Std./Woche.) Dazu kommen noch 5 Stunden Sonntagsarbeit. Gearbeitet wird in Tag- und Nacht-Schicht. Die Häftlinge sind in den Umkleideräumen des Werkes, welche sich jeweils / untergebracht.

direkt neben den Hallen, halb unterirdisch, befinden. Dort stehen jeweil 4 Betten übereinander und ganz eng nebeneinander.

Die Verpflegung, Bekleidung, sanitäre Betreuung usw., insbesondere natürlich auch die Bewachung, wird von der SS durchgeführt, so daß sich das Werk nur um den Arbeitseinsatz zu kümmern braucht. In jeder Halle sind SS-Leute eingesetzt, an die sich bei Schwierigkeiten der technische Vorgesetzte wenden kann.

Die Bezahlung wird ebenfalls von der SS durchgeführt. Die Heinkel-Werke haben von sich aus ein zusätzliches Bonsystem eingeführt, um den Häftlingen einen Leistungsansporn zu geben. Es ist abgestuft, so daß ein Mann / Woche höchstens 4,-- RM zusätzlich über sein Häftlingsgeld hinaus verdienen kann.

Es ist etwa folgendermaßen gestaffelt:

20%	können	4,--	RM/Woche	zuverdienen;		
20%	"	3,--	"	"	"	" ;
20%	"	2,--	"	"	"	" ;
20%	"	1,50	"	"	"	" ;
10%	"	1,--	"	"	"	" .

Dieses System hat sich gut bewährt, wie auch überhaupt der Häftlings-Einsatz gegenüber dem früheren Einsatz von Ausländern erhebliche Vorteile bietet, insbesondere alle nichtarbeitseinsatzmäßigen Aufgaben von der SS übernommen werden und die Häftlinge die größere Sicherheit für die Geheimhaltung bieten.

Der ganze Bereich, in dem die Häftlinge eingesetzt sind, ist eingezäunt und zwar ist zunächst ein Stolperdraht von 1 m Breite aus Stacheldraht gelegt, dahinter bedindet sich ein Stacheldrahtzaun, der elektrisch geladen wird, in 3 - 4 m Abstand befindet sich ein zweiter Stacheldrahtzaun. In dem Zwischenraum zwischen den beiden Stacheldrahtzäunen befinden sich in gewissen Abständen etwa 5 m hohe Holztürme, welche mit Wachposten besetzt und mit Scheinwerfern und MG ausgerüstet sind.

Innerhalb der Umzäunung können sich die Häftlinge frei bewegen. Für die Bewachung der 4000 Häftlinge sind z.Zt. etwa 130 SS-Männer eingesetzt, für die eine besondere Unterkunft vorhanden ist bezw. erstellt wurde.

Nutzanwendung für das VW!

Der Betrieb der F1 kann mit Häftlingen durchgeführt werden. VW wird daher eine entsprechende Anforderung über TDS an HAP/ZP richten, welche von dort an den Sonderausschuß A4, Arbeitsausschuß-Arbeitseinsatz, Herrn Jaeger, zu leiten ist mit der Bitte, einen Beauftragten der SS zur HAP/VW zur Besprechung zu entsenden, in welcher Einzelheiten über die Verpflegung, Unterbringung, Umzäunung usw. geklärt werden sollen.

Seitens TDS ist zuvor eine Klärung herbeizuführen, ob die Häftlinge bei der Gruppen- und Endmontage des Gerätes eingesetzt werden dürfen und ob sie demzufolge Einsicht in Zeichnungen mit Warnvermerk erhalten dürfen.

Term. Antwort hierzu wird bis 22.4.43 erbeten.

Die Umzäunung der Halle F1 wird inzwischen seitens VW längs der Straßen und den Schneisen zusammen mit BGS geplant, so daß bei Aufstellung der Bedarfsanmeldung auf Häftlinge eine Lageskizze für Herrn Jaeger beigefügt werden kann.

Rudolph

Verteiler: 1 x VW/LR
1 x HAP/Kdr. 1 x VW/TA
1 x HAP/ZP 1 x VW/TW
1 x HAP/Abw. 1 x VW/T2 TV, TP, TH, TP, TM z.K. Vorgelegen:
1 x TDS 1 x Transp. 1 x Entw. [illegible]
1 x VW/L 1 x SA/Aktenn.
1 x VW/LG

Original b.T₂.

Abschrift für: 1 x L
3 x Chr.

3.6.43.
136

42 Z. No 131

A k t e n v e r m e r k

über die Besprechung beim A 4 - Ausschuß (Arbeitseinsatz) am 2.6.1943 in Berlin (Lokomotivhaus).

Anwesend waren im Dienstzimmer des Herrn Dir. K u n z e :

1. Herr Dir. K u n z e
2. Herr J ä g e r (Arbeitseinsatz)
3. Herr Hauptmann S c h u l t e (Wa Prüf 11)
4. Herr Oberleutnant W a l u r a (Wa Prüf 11)
5.)Herr Dir. R u d o l p h (VW)
6. ein Vertreter der Baugruppe Schlempp
7. Herr K r ü g e r (TDS)
8. Herr Assessor S t o r c h .

Beginn: 10.00 Uhr Ende: 12.00 Uhr

1.) Häftlingseinsatz.

Herrn Jäger wird die vorerst auf 1400 lautende Anforderung an Häftlingen - berufsmäßig aufgegliedert - übergeben. Es wird festgelegt, daß sämtliche Verhandlungen mit dem SS-Verwaltungshauptamt (Oberstrumbannführer Maurer) ab jetzt der A 4 - Ausschuß (Arbeitseinsatz) führt.

Zunächst wird - nach Herrn Jäger - der Lagerkommandant mit einem Vorkommando nach Karlshagen kommen, Unterbringung und Einzäunung vorbereiten und durchführen, so daß nach Schaffung aller Voraussetzungen in direkter Zusammenarbeit des Lagerkommandanten mit Herrn Dir. Rudolph Zug um Zug die Häftlinge nach Karlshagen abgerufen werden können.

Der Maximile Häftlingseinsatz, der nach Aussage von Herrn Jäger sofort anläuft, soll 2500 Mann betragen und nur in VW/F1 stattfinden. Die Erfüllung der für zunächst 1400 Mann angeforderten Berufe soll möglichst erfolgen. .

Franzosen. Und unter dem Datum vom 16.7. vermerkte Schubert:

> «Die Mittelteilfertigung ist unter Einsatz von Häftlingen angelaufen... In der sogenannten Russenwerkstatt im Sockelgeschoß (der Fertigungshalle) sind jetzt Häftlinge eingesetzt zur Herstellung von Vorrichtungen.»

«Schlimmer als Vieh ausgeladen» worden seien die Häftlinge, die in Waggons zusammengepfercht auf dem Bahnhof Zinnowitz anlangten, erinnerte sich nach dem Krieg ein Angehöriger des Peenemünder zivilen Wachschutzes:

> «Als die schweren Schiebetüren geöffnet wurden, stürzten viele der sehr geschwächten Häftlinge vollständig kraftlos auf den Bahnsteig. Die Menschen lagen haufenweise auf dem Pflaster.»

In Peenemünde, nicht anders als in Buchenwald, wurden die KZ-Insassen «katastrophal» ernährt, waren «immer hungrig und sehr schwach» nach der Bekundung eines weiteren Zeugen (als Kraftfahrer zugeteilt Oberst Leo Zanssen, dem zeitweiligen Kommandeur der Heeresversuchsanstalt). Schlafen mußten sie zunächst dort, wo auch die Maschinen standen, an denen sie zu arbeiten hatten – im Untergeschoß der Fertigungshalle.

In Baracken untergebracht wurden die Häftlinge – bloße Verfügungsmasse für Ingenieure wie Offiziere – erst, als sich herausstellte, daß ihr Platz für Lagerzwecke gebraucht wurde. Anfang August konferierte Dornberger mit Degenkolb, Kunze und Zanssen über die Montageplanung. Beschlossen wurde, von Brauns Stellvertreter Eberhard Rees, Betriebsdirektor des Entwicklungswerks, zum zeitweiligen Fertigungsbeauftragten «mit diktatorischen Vollmachten» zu ernennen. Als Materiallager sollte ihm zusätzlicher Raum in der Fertigungshalle dienen. Folglich, so der weitere Beschluß, waren «die KZ-Häftlinge möglichst bald in einem (!) Barackenlager auf den freien Platz des Verwaltungsgebäudes des VW zu verlagern. Durchführung: durch Stab IIb in Verbindung mit Baugruppe Schlempp und SS-Bewachungstrupp.»

Baugruppe Schlempp: Dabei handelte es sich um ein Architektur- und Ingenieurbüro, tätig für das Rüstungsministerium, zu dessen Mitarbeitern der spätere Bundespräsident Heinrich Lübke gehörte. Die DDR-Regierung erhob wegen dieser Tätigkeit 1966 Vorwürfe gegen Lübke. Darauf erklärte der ehemalige Baugruppenleiter Walter Schlempp,

«in Peenemünde seien KZ-Häftlinge bis zur Bombardierung durch die Briten im Jahre 1944 (!) mit Sicherheit nicht eingesetzt gewesen.»

Anders als Schlempp – oder Dornberger – später glauben machen wollten, existierte seit Juni 1943 in Peenemünde ein Konzentrationslager. Ausdrücklich erwähnt wurde es in dem oben zitierten Protokoll sowie in einer vom 4. August datierten Zusammenfassung («Nur für den Dienstgebrauch») der am Vortag im Offiziersheim ausgegebenen Luftschutzrichtlinien. «Bewachung ... im KZ-Lager durch SS-Kommandoführer», hieß es dort in der Auflistung angeordneter Maßnahmen.

Das KZ findet sich im übrigen verzeichnet in der «Aufstellung nationalsozialistischer Lager und Haftstätten in Deutschland und den deutsch besetzten Gebieten 1939–1945», die nach Kriegsende vom Internationalen Suchdienst (ITS, International Tracking Service) in Arolsen erarbeitet wurde. Geführt wurde es als Außenkommando des (im Kreis Templin in der Uckermark gelegenen) Frauenlagers Ravensbrück, doch stammten die Häftlinge aus dem KZ Buchenwald – nicht anders als im Falle des Kommandos «Dora», das wenig später zur Errichtung des Mittelwerks eingesetzt wurde. Außer den beiden schon erwähnten sind dort noch zwei weitere Transporte mit 250 bzw. 55 Häftlingen unter dem 30. Juli und 10. Oktober 1943 aufgeführt.

Nach den Plänen der Ingenieure, des Rüstungsministeriums und der Wehrmacht wäre die Häftlingszahl weiter gesteigert worden auf «maximal» 2500 Menschen. So viele sollten, wie in der Besprechung Dornberger/Degenkolb/Zanssen/Kunze noch einmal bekräftigt wurde, als «Puffer» fungieren für Friedrichshafen und weitere, mittlerweile anvisierte Montagewerke. Angesichts immer höherer Produktionsanforderungen des NS-Regimes steht dahin, ob es endgültig bei dieser «Höchstzahl» geblieben wäre.

Wie läßt sich die Selbstverständlichkeit erklären, mit der Heeresoffiziere und Raketenkonstrukteure – einschließlich von Braun selbst – die Ausbeutung von KZ-Häftlingen initiierten, mittrugen, hinnahmen? Ein Bündel von Ursachen dürfte zusammengewirkt haben.

Nur im Mythos erscheint die Belegschaft von Peenemünde als «große Familie» – nüchterne Techniker und nichts sonst, eine weitgehend homogene Gemeinschaft, immun gegen ideologische Versuchungen, einig im Glauben an das von Dornberger in seinem Buch bedeutungsvoll zitierte Motto, das sich eingemeißelt fand im Vorraum zum Überschallwindkanal der Heeresversuchsanstalt:

> «Die Techniker, Physiker und Ingenieure gehören zu den Bahnbrechern auf dieser Welt.»

Wie jede derartige Organisation zu jener Zeit stellte das reale Peenemünde einen Mikrokosmos des Dritten Reiches dar, keineswegs eine «Traumwelt unter der Kontrolle der Wissenschaften» – auch wenn eine verklärende Erinnerung dies dem damaligen Obergefreiten Ernst Stuhlinger, 1943 von der Ostfront versetzt zur Heeresversuchsanstalt, bis heute vorspiegelt. Tatsächlich war Peenemünde tief verstrickt in die Funktions- und Herrschaftsmechanismen des NS-Regimes.

Unter seinen Ingenieuren befanden sich überzeugte Nazis – wie Arthur Rudolph, der noch 1947 unumwunden bekannte, ihm sei während der Jahre unmittelbar nach 1933 «das meiste von dem, was sich abspielte, vernünftig erschienen». Oder wie Kurt Debus, Leiter des A 4-Hauptprüfstands VII, später Direktor des Raketenabschußzentrums Cape Canaveral: 1933-36 SA-Mitglied, wechselte er Anfang 1939 zur SS (Mitgliedsnummer 426559). Vor seiner Versetzung von der TH Darmstadt nach Usedom zeigte er 1942 einen ehemaligen Kollegen, mittlerweile AEG-Chefingenieur, wegen «staatsabträglicher» Äußerungen bei der Gestapo an. Das Denunziationsopfer wurde nach dem Heimtückegesetz zu zwei Jahren Gefängnis verurteilt. Die Strafe abzusitzen, blieb ihm erspart, weil er von der AEG als unabkömmlich für kriegswichtige Arbeiten eingestuft wurde.

Unter den Peenemündern befanden sich Opportunisten – wie von Braun, wie Walter Dornberger. National bis nationalistisch gesinnt, fixiert auf den Bau der Rakete, zeigten sie sich bereit zu fortwährenden Konzessionen an die «Umstände», mithin an das Regime. Wernher von Braun ließ angeblich seine SS-Uniform «stillschweigend in einem Schrank verschwinden», so seine Biographen. In Wirklichkeit legte er sie an (siehe das Foto dieses Buchs), als Himmler Peenemünde zum zweitenmal besuchte – äußeres Indiz für eine tieferreichende Bereitschaft, notfalls mit den Wölfen zu heulen. Ganz entsprechend bekräftigte Dornberger seine «nationalsozialistischen Überzeugungen», als er Mitte 1943 das Kommando über die Heeresversuchsanstalt übernahm. Irmgard Gröttrup hat diesen Typus – unter Einschluß ihres eigenen Mannes, des Elektronikspezialisten Helmut Gröttrup – beschrieben als die «Besessenen», unweigerliche Instrumente der jeweils «Mächtigen».

Unter den Peenemündern befand sich schließlich die große Mehrzahl derjenigen, für die, wie Ernst Stuhlinger, «das Gefühl der Allgegenwart eines überragenden Führers» (gemeint ist von Braun) «vermutlich der wichtigste Faktor» war. Ihrem Leben verlieh *«das Projekt»*, wie Stuhlinger es rückblickend nennt, «Struktur und Stabilität und sogar eine gewisse Bedeutung». Dazu mußte – letztes Glied in der Kette – «das Projekt» in der Vorstellung der Beteiligten eine bestimmte Gestalt annehmen. Stuhlinger (zuvor Mitarbeiter Werner Heisenbergs, später Chefwissenschaftler am George-Marshall-Raumfahrtzentrum der NASA):

> «Wir hatten nicht das Gefühl, daß wir eine ‹Vergeltungswaffe› entwickelten... Unser Ziel war eine leistungsstarke, steuerbare, hochpräzise Rakete.»

Wozu Leistungsstärke und Steuerbarkeit dienen sollten, spielte bei dieser Betrachtungsweise keine Rolle. Es war und blieb bequemer – um an Oswald Spenglers eingangs zitierte Diagnose zu erinnern –, sich auf Leistungen und Kräfte zu konzentrieren statt auf Inhalte.

Erst recht nicht auf dieses Bild fallen durfte der Schatten der Konzentrationslager. Was Wunder, daß auch Stuhlinger einstimmte in den Kanon der kollektiven Verdrängung, als er beteuerte: «In den Peenemünder Labors und Werkstätten gab es keine KZ-Häftlinge.»

Nun läßt sich tatsächlich feststellen, daß die immer drastischere Ausbeutung von Zwangsarbeitern, KZ-Häftlinge eingeschlossen, im Deutschland des Jahres 1943 zwar als durchaus akzeptabel galt – daß sie aber zugleich, nur scheinbar paradoxerweise, bereits damals kein nachhaltiges Augenmerk in der Bevölkerung auf sich zog. Grund: die zunehmenden Zerstörungen durch alliierte Bombenangriffe, die Verschlechterung der Kriegslage im Osten – aber auch das frühe Bedürfnis, eigene Verantwortung wegzuschieben. Denn die lag im Falle des Häftlingseinsatzes ganz unübersehbar «nicht bei wenigen NS-Gewaltigen oder SS-Führern allein» (Herbert).

Der stetige Aderlaß der deutschen Niederlage an der Ostfront hatte das Arbeitskräftepotential der Rüstungsindustrie einschneidend ruduziert. Sklavenarbeit – Zwangsverschleppung von Ausländern aus den besetzten Gebieten, bis hin zu Massendeportationen – lautete seit 1942 die Devise, mit der die Machtapparate des Dritten Reiches dem Problem beizukommen suchten. «Reichseinsatz» – Zwangsverpflichtung Kriegsgefangener ebenso wie gewaltsam ausgehobener «fremdvölkischer» Zivilarbeiter – nannte sich das Rezept, mit dem die Rüstungsbetriebe ihre Engpässe zu überwinden trachteten. Und Sklavenarbeit – Ausbeutung der Konzentrationslagerhäftlinge – hieß schließlich die Eintrittskarte, mit der die SS sich Zugang zur Rüstungswirtschaft in großem Stil zu verschaffen trachtete.

Dabei scheiterte Himmler mit seiner Absicht, die Rüstungsfertigung in den Lagern selbst anzusiedeln. Ein durch Speer initiierter Führerentscheid vom September 1942 schrieb statt dessen einen anderen Regelfall fest: die «Ausleihe» der Häftlinge durch die SS an die Betriebe.

Das entsprach durchaus den Vorstellungen, die man in der Industrie hegte, seit die I. G. Farben, beginnend 1941, beim Aufbau einer Anlage zur Buna-Erzeugung in Schlesien Häftlinge des Lagers Auschwitz eingesetzt, später mit Auschwitz-Monowitz ein eigenes KZ in Betrieb genommen hatten. Der Heinkel- und der Messerschmitt-Konzern zogen um die Jahreswende 1941/42 nach; die SS teilte ihnen Häftlinge aus Sachsenhausen und Dachau zu. Als nächste wurden 1942 die Montankonzerne aktiv: Krupp, Klöckner, Otto Wolff, Vereinigte Stahlwerke. Etwa zeitgleich forderte das Volkswagenwerk die ersten KZ-Häftlinge zur Erbauung einer Leichtmetallgießerei an. Bei Daimler-Benz und Junkers endlich wandte man sich erst 1943 an Himmler.

Vereinfachung der betrieblichen Arbeitsabläufe und Anlernmaßnahmen sorgten ebenso für eine möglichst «effektive» Nutzbarmachung des Häftlingseinsatzes wie die Ausweitung unternehmensinterner Überwachungs- und Bestrafungssysteme. Rassistische Kriterien schlugen zusätzlich durch und schufen eine scharfe Hierarchie von Arbeits- und Existenzbedingungen der ausgebeuteten Häftlinge.

Was die Wehrmacht anging, so hatte man dort bereits nach dem Polenfeldzug den einsetzenden hemmungslosen Terror der SS gegen die polnische Führungsschicht und die Juden überwiegend widerspruchslos hingenommen. Nach dem Überfall auf die Sowjetunion wandelte sich die Passivität zur Mitverantwortung für einen rassenideologischen Ausrottungskrieg; Generalfeldmarschall von Brauchitsch vor den Oberbefehlshabern des Ostheeres: «Der Kampf wird von Rasse zu Rasse geführt... Die Truppe muß... mit nötiger Schärfe vorgehen.»

Millionen sowjetischer Kriegsgefangener und Zivilisten wurden dem Hungertod überantwortet. Wehrmachtseinheiten kooperierten mit SS- und SD-Einsatzgruppen bei der Erschießung Hunderttausender «ausgesonderter» Juden, kommunistischer «Triebkräfte» und willkürlich definierter (keineswegs nur tatsächlicher) Partisanen. Die von der Heeresführung angeordnete, vor Ort weitestgehend befolgte «enge Zusammenarbeit» von Heer und SS im Vernichtungskrieg gegen das «jüdisch-bolschewistische System», die «asiatisch-jüdische Gefahr», das «jüdische Untermenschentum» (Generalfeldmarschall von Reichenau) zersetzte gründlich die soldatischen Traditionen der Wehrmacht.

1941/42 übernahm das Oberkommando der Wehrmacht auch für die besetzten Gebiete Westeuropas Hitlers sogenannten «Nacht-und-Nebel»-Erlaß. Er ließ zu, daß des Widerstands Verdächtigte nach Deutschland verschleppt und, sofern nicht abgeurteilt, der Gestapo überstellt wurden. «Nacht-und-Nebel»-Häftlinge bildeten hinfort eine neue Kategorie in den Konzentrationslagern.

Solche Selbstentmachtung der Wehrmacht erfolgte nach dem Urteil des Historikers Christian Streit

> «zur Wahrung und zum Ausbau der eigenen Stellung im Hinblick auf die für die Zukunft erhoffte Position... Sie (glich) zugleich das Heer und die Wehrmacht insgesamt an die SS an.»

Der frühzeitige Versuch des Heereswaffenamtes, sich KZ-Häftlinge für den Einsatz in der Heeresrüstung zu beschaffen, erhärtet dieses Verdikt. Bereits zum Jahresbeginn 1942 wandte man sich dort an das SS-Führungshauptamt mit der Anfrage,

> «welche Zahl an KZ-Häftlingen als Arbeitskräfte und wieviel und welche Fachkräfte zur Verfügung gestellt werden können und welche KZ-Lager hierfür in Frage kommen.»

Als die Peenemünder Militärs bei der Anforderung von Häftlingen für die Heeresversuchsanstalt mitwirkten, setzten sie folglich nur einen Plan in die Tat um, den das Heereswaffenamt grundsätzlich längst verfolgte. Damit nicht genug, suchten Dornberger und Stegmaier die SS noch auf andere Weise ins Spiel zu bringen.

Keine zweieinhalb Monate nach dem A 4-Erstflug stattete Himmler Mitte Dezember 1942 (nicht erst im April 1943, wie Dornberger später behauptete) Peenemünde seinen ersten Besuch ab. Wenige Tage später richteten Dornberger und Stegmaier ihr im Eingangskapitel wiedergegebenes Gesuch an SS-Hauptamtschef Gottlob Berger: Der Reichsführer SS möge Dornberger und von Braun zu einem «offiziellen Vortrag» beim «Führer» verhelfen. Damit, so Speer, waren «direkte Fäden geknüpft», um «in bewußter Unterwanderung der Autorität» des Rüstungsministeriums an Himmler eine «unverhüllte Aufforderung zur Einmischung in Heeres- und Rüstungsangelegenheiten» zu richten.

Wenn allerdings der einflußreiche Speer, wie er selbst im nachhinein zugab, die terroristische Macht von SS und SD zu nutzen trachtete, sich einließ auf eine (obschon labile) «Koalition» mit Himmler, die seinerzeit als «eiserner Pakt» apostrophiert wurde – weshalb sollten andere, weniger Mächtige im Neben- und Gegeneinander der Instanzen des Hitler-Staats da zurückstehen?

Am 28. und 29. Juni – knapp 14 Tage nach dem Eintreffen der ersten Häftlinge aus dem KZ Buchenwald in Peenemünde – besuchte Himmler die Heeresversuchsanstalt zum zweitenmal. Wernher von Braun trug aus diesem Anlaß den schwarzen Rock, von dem der Reichsführer SS bekannt hatte, er habe durchaus «Verständnis» dafür, daß manchen Leuten in Deutschland «schlecht» würde, wenn sie ihn sähen. Himmler verlieh von Braun den Rang eines Sturmbannführers, obwohl dessen Beförderung zum Hauptsturmführer, dem nächstniederen Dienstgrad, erst ein halbes Jahr zurücklag. Im übrigen wurden Himmler zwei A 4-Abschüsse vorgeführt, von denen einer mißglückte.

Der einzige Effekt der Hofierung Himmlers durch die militärische Kommandospitze Peenemündes bestand darin, daß Dornberger sich damit «selbst die Macht ins Haus holte, die ihn später vor die Tür setzen sollte» (Hölsken). Bereits nach dem Vergleichsschießen A 4/Fi 103 hatte Speer eine Einstufung Peenemündes in die abermals neu eingeführte höchste Priorität (als DE bezeichnet) angeordnet.

Speer hatte also schon Fakten im Sinne der Heeresversuchsanstalt geschaffen, als Dornberger und von Braun für den 8. Juli zum Vortrag ins Führerhauptquartier befohlen wurden. Wernher von Braun erläuterte den A 4-Film mit der emphatischen Schlußzeile «Wir haben es doch geschafft!», von dem in diesem Buch schon die Rede war. Hitlers nunmehrige Einschätzung der Fernkampfrakete, die sich niederschlug in einem Führerentscheid, spiegelte deutlich jenes Wunschdenken, das durch eine «Qualitätsrüstung» das Blatt in letzter Stunde zu wenden meinte: Der «Höchstausstoß an A 4-Geschossen» sei «so rasch wie möglich» zu erzielen.

«Der Führer ... hält dies für eine – *mit verhältnismäßig geringen Mitteln durchführbare* – kriegsentscheidende und die Heimat entlastende Maßnahme.»

1936 hatte Hitler seinem bevorzugten Architekten Albert Speer (damals altersgleich mit dem Wernher von Braun des Jahres 1943) den Titel «Professor» verliehen. Nun veranlaßte Speer, daß dem Raketeningenieur die gleiche Ehrung widerfuhr. Von Braun rückblickend:

«Nach meinem Gespräch mit Hitler sah ich zufällig, daß Speer mit ihm – gleichsam hinter vorgehaltener Hand – etwas besprach. Wenige Augenblicke danach schritt Hitler auf mich zu, reichte mir die Hand und sagte:
‹Professor, ich möchte Ihnen zu Ihrem Erfolg gratulieren.›
Auf diese recht unkonventionelle Art kam ich zu dem Titel. Wenige Wochen später überreichte mir Dornberger eine große Urkunde über meine Ernennung zum Professor. Sie trug Hitlers eigenhändige Unterschrift.»

31jährig war Wernher von Braun damit auf dem Zenit seines Erfolges im Dritten Reich angelangt. Sein Name stand für die Schaffung einer Waffe, an der sich die Phantasie der Techniker wie der Nazis gleichermaßen entzünden konnte. Der *Techniker*: weil diese Waffe die geläufige Möglichkeit bot, vom Jetzt auszuweichen auf das imaginäre Morgen, vom tristen Heute auf die tröstende Vision: «Eines Tages werden wir die Rakete benutzen, um die Erde zu verlassen. Wir werden den Weltraum besitzen.» Der *Nazis*: weil sie mit dieser Waffe auf noch nie dagewesene Weise Menschen töten konnten. Was «eines Tages» geschehen könnte, stellte sich in ihren Spekulationen ganz anders dar: «Wenn die neuen Waffen fertig sind, werden wir den Amerikanern zeigen, was sie in Europa zu suchen haben ... Ein Bombenangriff, wie wir ihn auf London gemacht haben, auf New York würde verheerend wirken, eine Katastrophe!»

Die neue Waffe... 1944/45 sollten über 1000 Geschosse, mittlerweile V2 getauft, auf englischem Boden einschlagen, über 1200 die belgische Hafenstadt Antwerpen und ihre Umgebung verwüsten. Wernher von Braun beteuerte später stets, ihn und seine Mitarbeiter habe dieser Einsatz bestürzt. Ein Ingenieur, der an führender Stelle in Peenemünde gearbeitet hatte, gab Erik Bergaust andere Auskünfte: «Als die erste V2 in London einschlug, stießen wir mit Sekt an. Warum auch nicht? Seien wir doch ehrlich. Es herrschte Krieg, und auch wenn wir keine Nazis waren, kämpften wir doch für unser Vaterland.»

Die neue Waffe... Kaum waren die ersten Raketen geflogen, als in Peenemünde die Montage durch Arbeitssklaven einsetzte. Wie könnte *reaktionäre Modernität* – nicht allein im Sinne einer geistigen Einstellung, sondern eines fatal konkreten, fatal deutschen Handelns im 20. Jahrhundert – nachdrücklicher dokumentiert werden als durch solches Zusammentreffen? Hier das Projektil, das den ersten Schritt in eine technisch fortgeschrittene *Zukunft* verkörpern sollte – dort die Fertigung desselben Geschosses mittels brutaler Reduzierung von Menschen auf die rechtlosen Arbeitstiere einer fernen *Vergangenheit*. Diese Konstellation verleiht dem Begriff «reaktionäre Modernität» eine zusätzliche, unheimliche Dimension.

Wernher von Braun wird auf solche Fragen nicht viele Gedanken verwendet haben. Albert Speer hat den Mechanismus offengelegt, der auch in der Heeresversuchsanstalt am Werk gewesen sein dürfte:

> «Wenn ich heute die Empfindungen ergründen möchte, die mich damals bewegten, so kommt es mir vor, als habe... das besessene Starren auf Produktions- und Ausstoßzahlen alle Erwägungen und Gefühle der Menschlichkeit zugedeckt. Ich sehe, daß der Anblick leidender Menschen nur meine Empfindungen, nicht aber meine Verhaltensweise beeinflußte. Auf der Ebene der Gefühle

> kam nur Sentimentalität zustande; im Bereich der Entscheidungen dagegen herrschten weiterhin die Prinzipien der Zweckmäßigkeit. Im Nürnberger Prozeß war die Beschäftigung von Häftlingen in den Rüstungsbetrieben Gegenstand der Anklage und des Vorwurfs gegen mich.»

Unter den Bedingungen des Dritten Reiches stellte solche Sklaverei als Konsequenz des A 4-Erfolgs ganz real die andere, düstere Seite der Ehrungen dar, die von Braun gleichzeitig durch das Regime zuteil wurden.

Wernher von Braun hatte sich nie in derselben Weise auf Himmlers «Orden» eingelassen wie nationalsozialistische Akademiker vom Schlage eines Reinhard Höhn, Otto Ohlendorf oder Walter Schellenberg. Trotzdem war er binnen drei Jahren in den Rang eines SS-Majors aufgestiegen. Er hatte an führender Stelle dazu beigetragen, das aufwendigste Kriegsprojekt des Dritten Reiches zu verwirklichen, nach dem späteren Urteil Speers zugleich das sinnloseste. Dafür wurde ihm das Kriegsverdienstkreuz, 1944 zusätzlich das Ritterkreuz verliehen. Wissenschaftler sollten in ihm auch später stets den Ingenieur sehen – «ein sehr achtbarer Beruf, ansonsten zeigten sie kein Interesse». Dennoch hatte ihm das Dritte Reich zu einem Professorentitel verholfen.

Wernher von Braun hatte Eindruck gemacht – nicht zuletzt auf Hitler. Wenn der «Führer» gelegentlich von Alexander dem Großen sprach, der mit 23 Jahren ein Riesenreich besiegt, von Napoleon, der 30jährig seine Siege erfochten habe, dann «kam es vor, daß er wie nebenbei auf Wernher von Braun verwies, der in ebenso jungen Jahren ein technisches Wunder geschaffen habe». Vom Pendant Alexanders des Großen zum Kolumbus des Weltalls – Diktatur wie Demokratie wußten zu würdigen, was sie an von Braun hatten.

Zwischen Peenemünde und Mittelwerk

«1 : 15, höchstens 1 : 10»: So sollte, wie aus dem Eingangskapitel erinnerlich, das Verhältnis deutsche Arbeiter: KZ-Häftlinge in den A 4-Serienwerken aussehen. Festgelegt worden war diese Zahl wiederum in der Besprechung Dornbergers und Zanssens mit Degenkolb und Kunze Anfang 1943. Mittlerweile hatte die Zahl der für die Serienfertigung vorgesehenen Standorte sich auf vier erhöht: außer den Friedrichshafener Zeppelinwerken und der Heeresversuchsanstalt Peenemünde die Rax-Werke in Wiener Neustadt sowie die DEMAG-Fabrik in Berlin-Falkensee.

Bei allen vier Werken existierten spätestens seit Juni / Juli (in Falkensee bereits seit März) Konzentrationslager – mit Häftlingen aus Dachau (Zeppelin), Mauthausen (Rax), Sachsenhausen (DEMAG), Buchenwald (Peenemünde). Zwar sah Hitlers schon zitierter Führerentscheid vom Juli, wonach der «Höchstausstoß» an A 4-Geschossen zu forcieren sei, die Versorgung der Serienwerke mit ausschließlich *deutschen* Facharbeitern vor. Speer hat nicht verfehlt, diesen Umstand zu seiner eigenen Entlastung hervorzuheben: Hitlers Anweisung gehe auf ihn zurück, hätte doch der Einsatz zwangsverpflichteter Ausländer «die Einschleusung von Spionen geradezu gefördert». Freilich, so Hitlers einstiger Minister weiter, habe er binnen vier Wochen die Zuständigkeit verloren – an Himmler.

Speer unterschlägt nicht nur, daß er sich (wie oben erwähnt) im Grundsatz längst mit Himmler verständigt hatte, in der Rüstungsindustrie KZ-Häftlinge, und zwar *neben* ausländischen Zwangsarbeitern, einzusetzen. Er verschweigt gleichfalls, daß ihm und allen anderen Beteiligten – wie der laufende Transport von Häftlingen in die geplanten Fertigungsbetriebe seit Mitte/Ende Juni beweist – die Undurchführbarkeit des Führerentscheids klar sein mußte. Angesichts der Einberufung einer ständig wachsenden Zahl Wehrfähiger war, nach dem zutreffenden Urteil des österreichischen Historikers Florian Freund,

> «ohne ausländische Zwangsarbeiter, Kriegsgefangene und KZ-Häftlinge nicht nur der Bau und die Einrichtung der Serienwerke unmöglich, sondern auch die (Raketen-)Produktion selbst.»

Dieser Umstand kann nicht nachdrücklich genug hervorgehoben werden. Aus ihm, wie aus allen im Zusammenhang damit hier angeführten Einzelheiten, folgt:

Monate, ehe die Entscheidung zur Errichtung des unterirdischen Mittelwerks fiel – Monate, ehe Hand in Hand damit die Rolle der SS ausgeweitet wurde –, gehörte für die Militärs und Ingenieure von Peenemünde die Perspektive der gesamten Raketenmontage durch KZ-Häftlinge zur festen Planung. Sie erschien ihnen, mit anderen Worten, als durchaus normal – so «normal», daß sie offenbar von manchen gar nicht weiter registriert wurde. Der Satz in dem von Dornberger unterschriebenen Protokoll der Besprechung mit Degenkolb und Kunze, wonach «grundsätzlich» die Fertigung «in allen vier Serienwerken durch Sträflinge durchgeführt» werde – dieser Satz resümiert nur, was längst angebahnt war.

Keine Rede sein kann also – nochmals – von einem «Stand der Unschuld» irgendwelcher Beteiligter. Man war moralisch abgestumpft in Peenemünde; und jenes Urteil, das der britische Historiker Gordon Craig über das Gros der deutschen Armeekommandeure im Zweiten Weltkrieg gefällt hat, müssen auch die Raketenkonstrukteure, von Braun eingeschlossen, sich gefallen lassen: Technische Virtuosität legten sie an den Tag. Sittlichen Mut ließen sie vermissen.

Der Beauftragte des Wa A
für das A 4 - Programm
Geheime Kommandosache

Karlshagen, den 6. 8. 1943

Az.: 11 HAP/Kdr.
Bb.Nr. 667/43 g. Kdos.

15 Ausfertigungen.
8. Ausfertigung

Niederschrift über die Besprechung am 4.8.43
beim Heimat-Artillerie-Park 11.

Betr.: Serienfertigung A 4.

Anwesend:	Generalmajor Beißwänger	General bei Ch H Rüst
	Generalmajor Dornberger	OKH/Wa Prüf 11/HAP
	Oberst Zanssen	OKH/Wa Prüf 11
	Direktor Degenkolb	Sonderausschuss A 4
	Direktor Kunze	Sonderausschuss A 4.

1. Das Vordringlichste und Entscheidenste ist jetzt, daß
   1.) die Planung für die Montagefirmen,
   2.) der Plan für die Ausbildung des Anlernpersonals bei HAP/VW, die
   3.) die Planung für benötigten Maschinen und Vorrichtungen
   mit Termin ihrer Lieferung aufgestellt werden.

11. Grundsätzlich wird die Fertigung in allen vier Serienwerken durch Sträflinge durchgeführt. Je
    1500 bei LZ, Rax und Falkensee;
    2500 als Puffer beim HAP 11/VW für die anderen Werke.

12. Für Lagerzwecke für die Serienfertigung des VW erhält Direktor Rees Materiallager I und Materiallager II, sowie das Erdgeschoß der F 1.

13. Zu diesem Zweck sind die Kz.-Häftlinge möglichst bald in einem Barackenlager auf den freien Platz des Verwaltungsgebäudes des VW zu verlagern.

    Durchführung: durch Stab IIb in Verbindung mit Baugruppe Schlempp und SS-Bewachungstrupp.

14. Die dem HAP 11 in nächster Zeit durch Arbeitsausschuß "Arbeitseinsatz" zugewiesenen deutschen Verstärkungskräfte
    a) rd. 300 Mann durch Zurückholung aus der Wehrmacht,
    b) rd. 300 Mann durch Umsetzung aus anderen Fertigungen,
    c) rd.1200 Mann durch Umsetzung aus anderen Fertigungen,
    d) rd. 200 Mann durch Umsetzung aus anderen Fertigungen für die Prüfstände,
    e) rd. 100 Mann durch Zurückholung aus der Wehrmacht für die Prüfstände,

dienen in erster Linie als Stamm für die Fertigung und Prüfung im VW. Sie alle zusammen müssen ausreichen, um bei den vier Werken die Prüffelder (mit je 350 Mann) und die reine Fertigung führungsmässig zu besetzen, Prüffeld Raderach wird durch Wa Abn besetzt. HAP 11/EW erhält davon 350 Mann als Austausch für die abzugebende Einsatztruppe, Das Verhältnis der deutschen Arbeiter zu den Kz.-Häftlingen soll 1 : 15, höchstens 1 : 10 betragen.

Durchführung durch HAP 11/ZP/PA und Direktor Rees.

18. Zur Besetzung der Führungsstelle der Materialdisposition für das gesamte A 4 - Programm beim HAP 11/Z wird dringend um Namhaftmachung und Abstellung einer voll geeigneten Persönlichkeit gebeten.

Durchführung durch Sonderausschuß A 4.

Verteiler:

1. Ausf. = General bei Chef H Rüst
2. " = OKH/Wa Prüf 11
3. " = Sonderausschuß A 4
4. " = Sonderausschuß A 4 z.Hd.Herrn Dir.Degenkolb
5. " = Der Beauftragte des Wa A für das A4-Programm
6. " = Der Beauftragte für die Serienfertigung HAP/VW
7. " = HAP/Kdr.
8. " = HAP/EW
9. " = HAP/VW
10. " = HAP/TDS
11. " = HAP/ZB
12. " = HAP/ZP/PA
13. " = Dipl.-Jng.Sawatzki
14. " = Dipl.-Jng. von Heyking
15. " = Reserve

Seit der Einrichtung des Sonderausschusses A 4 Anfang Februar 1943 waren immer neue Produktionspläne entworfen worden, einer ehrgeiziger als der andere. Hatte der Leiter des Arbeitsausschusses «Fertigungsplanung», Direktor Detmar Stahlknecht, die ersten Montageprogramme vorgelegt, so zog der Ausschußvorsitzende Gerhard Degenkolb binnen kurzem die Planungszuständigkeit an sich, nur, um am Ende seinerseits von Speers Amtschef Karl Otto Saur überflügelt zu werden. Im Zuge der Kompetenzkonflikte wurde die Abfolge der Programme hektischer, wurden die anvisierten Stückzahlen zusehends irrealer – erst recht seit Hitlers Entscheid vom Juli (vgl. Tabelle S. 111).

Folgt man Dornberger, so führte der stetig sich steigernde Druck durch Sonderausschuß und Rüstungsministerium dazu, daß mehrere leitende Ingenieure rebellierten. Der Triebwerksspezialist Walter Thiel, Nachfolger des früh verunglückten Kurt Wahmcke, machte den Anfang. Im August ersuchte er um seine Entlassung. Rees und «nach einigem Zögern sogar Professor von Braun» schlossen sich an. Von Braun war freilich auch der erste, der Dornbergers Seelenmassage nachgab und einlenkte. Seine diplomatische, «alle Register ziehende» (Dornberger) Gewandtheit hatte er schon früher unter Beweis gestellt: Ende April wies er seine Mitarbeiter an, das bereits damals illusorische 1.Degenkolb-Programm als «einzige für die weitere Planung gültige» Vorgabe zu betrachten.

Degenkolbs und Saurs anhaltende Planungswut mutete um so absurder an, als erste alliierte Bombenangriffe auf Friedrichshafen (21. Juni) und Wiener Neustadt (13. August) zwar vorerst nur begrenzte Schäden bei den Zeppelin- und Rax-Werken anrichteten, die Verwundbarkeit der Serienwerke damit aber auf der Hand lag. Die Angriffe bewiesen einmal mehr, daß das Terrorwaffenkonzept nach einer gleichzeitigen Einschätzung aus berufenem Mund «abwegig» war. Das schroffe Urteil stammte von Görings Generalbevollmächtigtem für Fragen der chemischen Erzeugung, dem I. G. Farben-Direktor

	April–Sept. 1943	Okt.–Dez. 1943	Jan.–Sept. 1944
1. Stahlknecht-Programm (Febr. 1943)	200	300	2850
2. Stahlknecht-Programm (April 1943)	240	1300	8100
1. Degenkolb-Programm (April 1943)	680	2500	8100
2. Degenkolb-Programm (Juli 1943)	Verdoppelung, 3 Monate Vorverlegung		
3. Degenkolb-Programm (Juli 1943)		3400	15600
Saur-Programm (Juli 1943)		2000 monatl. (ab Dezember)	18000

Carl Krauch, damals bereits tief verwickelt in das Unternehmen «I. G. Auschwitz», in Nürnberg wegen Versklavung und Beteiligung am Massenmord verurteilt. Krauch empfahl die Forcierung von Defensivwaffen zur Brechung der alliierten Luftherrschaft und verwies auf die ebenfalls in Peenemünde entwickelte Flugabwehrrakete C 2 «Wasserfall».

Krauch erlag jedoch seinerseits einer Illusion, wenn er forderte, die «Wasserfall» müsse «schlagartig in größtem Maße» eingesetzt werden. Das knapp acht Meter lange und vier Tonnen schwere Geschoß – eine «verkleinerte Version des A 4, abgesehen von den vier Kreuzflügeln am oberen Rumpfende zur zusätzlichen Stabilisierung» (Engelmann) –, projektiert auf der Basis einer Vorstudie Wernher von Brauns vom November 1942, befand sich zu diesem Zeitpunkt noch in der Planung. Wie beim A4 traten auch im Falle der «Wasserfall» bei den Versuchsstarts während des Jahres 1944 erhebliche technische Probleme auf. Kurz nach Erreichen der Einsatzreife wurde die eben angelaufene Produktion Anfang 1945 eingestellt. Das um sich schlagende NS-Regime zog es vor, bis zum letzten Augenblick mit Angriffswaffen wie V1 und V2 sinnlose Verwüstungen bei seinen Gegnern anzurichten.

Speer freilich verbreitete nur eine abgewandelte Spielart der Legende von der ausschlaggebenden «Qualitätsrüstung», als er später behauptete, die «Wasserfall» wäre «bereits 1942» so weit entwickelt gewesen, daß eine «baldige» Serienfertigung hätte anlaufen können. Die alliierte Luftoffensive, redete Speer sich und seinen Lesern ein, wäre «zusammengebrochen», hätte man Peenemündes Kapazität nur voll auf die Flugabwehrrakete konzentriert.

Gravierendere Folgen als die Bomben auf Friedrichshafen und Wiener Neustadt sollte der britische Luftangriff auf Peenemünde haben. Am 3. August waren in der Heeresversuchsanstalt Luftschutzmaßnahmen angeordnet worden. Probealarme, Vernebelung, Tarnung sollten sich jedoch als unzureichend erweisen.

Der englischen Luftaufklärung waren die Konstruktionen auf der Halbinsel Usedom nicht verborgen geblieben. Auch lagen der britischen Regierung Berichte über deutsche Fernkampfwaffenversuche vor. In der Nacht vom 17. zum 18. August 1943 bombardierte die RAF Peenemünde.

Das unmittelbare Resultat des Angriffs war für die Anlagen noch ähnlich begrenzt wie in den Fällen Rax und Zeppelin. Es starben allerdings über 700 Menschen, von den führenden Konstrukteuren jedoch nur Walter Thiel (mit seiner gesamten Familie) und Hellmuth Walther. Die mit Abstand meisten Toten waren Zwangsarbeiter. Aus dem Konstruktionsbüro konnten von Braun, eine seiner Sekretärinnen, Hannelore Bannasch, und mehrere Mitarbeiter alle Unterlagen retten. Spreng- und Brandbomben trafen zwar das Versuchsserienwerk, richteten in der großräumigen Montagehalle aber nur geringe Schäden an. Die Prüfstände blieben unversehrt, ebenso der gesamte Luftwaffenteil Peenemünde-West mit den Anlagen zur Erprobung der Fi 103.

Ließen die direkten Auswirkungen des Luftangriffs sich also verhältnismäßig rasch beheben, so waren die indirekten Konsequenzen um so einschneidender. Die Eroberung zunächst Nordafrikas, dann Siziliens durch anglo-amerikanische Truppen hatte seit der Jahresmitte eine zweite Luftfront geschaffen, die den Alliierten Einflüge auch von Südosten ermöglichte. Der bisherige «Luftschutzkeller des Reiches», in den zahlreiche Rüstungsbetriebe verlegt worden waren, bot keine Sicherheit mehr. Als letzte Ausweichmöglichkeit wurde die Untertageverlagerung besonders wichtiger Teile der Rüstungsproduktion ins Auge gefaßt.

> «Es ist zweckmäßig, die gesamte Mittelteilefertigung und Heckfertigung sofort aus der F1 herauszuverlagern, da die hierzu benötigten Maschinen und Vorrichtungen besonders schwer zu beschaffen sind... Es wird jedoch (für) unzweckmäßig gehalten, diese Maschinen etwa bei den Raxwerken aufzustellen, da die Erfahrung gelehrt hat, daß die Raxwerke ebenso luftgefährdet sind wie Karlshagen. Hier müßte also schnellstens die Bereitstellung geeigneter Höhlen erfolgen.»

Das war das Fazit, zu dcm cxakt cinc Woche nach dem Luftangriff Peenemündes leitende Konstrukteure gelangten. Die Runde, bestehend aus Wernher von Braun, Eberhard Rees, Hans Maus (Versuchsfertigung), Hans Lindenmayr (Triebwerke), Karl Seidenstücker und zwei weiteren Ingenieuren, erörterte aber nicht nur Fragen der Auftragserteilung für die A 4-«Großserie», der Einzelteilfertigung, Betriebsmittelplanung und Materialdisposition. Kaltblütig faßte man auch die

Heimat-Artillerie-Park 11
Karlshagen /Pommern
Abtlg. TD

Karlshagen, den 25.8.1943

Niederschrift über die Besprechung in Karlshagen am 25.8.1943

Betr.: Anruf General Dornberger

Anwesend:
Prof.Dr.v.Braun
Dir. Rees
Dir.Maus
Dipl.Ing. Seidenstricker
Ing. Apel
Ing. Martin
Ing. Lindenmayer

Verteiler: ~~6~~ 5 Ausfertigungen

Zu den am 25.8.43 im Lokhaus zu erörternden Fragen wird wie folgt Stellung genommen:

Zu 8: Es ist zweckmäßig, die gesamten Mittelteilefertigung und Heckfertigung sofort aus der F1 herauszuverlagern, da die hierzu benötigten Maschinen und Vorrichtungen besonders schwer zu beschaffen sind. Damit wäre die gesamte Mittelteile- und Heckfertigung aus F1 zu verlagern.

Es wird jedoch unzweckmäßig gehalten, diese Maschinen etwa bei den Raxwerken aufzustellen, da die Erfahrung gelehrt hat, daß die Raxwerke ebenso luftgefährdet sind wie Karlshagen. Hier müßte also schnellstens die Bereitstellung geeigneter Höhlen erfolgen. Vorgeschlagen werden folgende Werke:
Die bei Saarbrücken gelegenen Höhlen sind nach Angaben von Dipl. Ing.Sawetzki in besonders geeignet, da sie Straßenbahn und Wasseranlagen haben. Es wäre sofort ein Einrichtungsplan für diese Höhlen aufzustellen. Die Portalschweißmaschine einschl.der zugehörigen Schweißwagen und Dorne wären umgehend in diese Höhlen hineinzustellen und nach Fertigstellung der Fundamente aufzustellen und in

136

Betrieb zu nehmen. Ebenso wären die für die Mittelteilefertigung und Heckfertigung benötigten Pressen im Hinblick auf ihre schwere Beschaffbarkeit umgehend in diese Höhlen zu schaffen und dort aufzustellen.

Die Belegschaft für diese bisher in VW vorgesehenen Mittelteile- und Heckfabrikation könnte aus dem Häftlingslager F1 gestellt werden. Das deutsche Führungspersonal ist dabei zuzugeben.

Da der Platz in der Saarbrückener Höhle ausreicht, wäre dort ferner umgehend die Fundamente der 3 Neben- und Haupttaktstraßen hineinzulagern sowie die Fundamente für die stehende Prüfung.

weitere «Nutzung» der aufgrund von Arthur Rudolphs Anforderung bereits vorhandenen KZ-Häftlinge ins Auge:

> «Die Belegschaft für ... Mittelteile- und Heckfabrikation könnte aus dem Häftlingslager F1 gestellt werden. Das deutsche Führungspersonal ist dabei zuzugeben.»

Als Zielort für die Verlagerung anvisiert wurde in der Besprechung ein Höhlensystem bei Saarbrücken, das bereits über Gleis- und Wasseranschlüsse verfügte. Die Anregung stammte von Albin Sawatzki, Produktionschef des Henschel-Konzerns für die «Tiger»-Panzerfertigung. Sawatzki war von Degenkolb zum Sonderausschuß A 4 herangezogen und mit der Leitung des Ende Juli eingerichteten Arbeitsausschusses «Serie» beauftragt worden. Zu seinem Stellvertreter wurde Rudolph bestimmt. Beide, Sawatzki wie Rudolph, sollten binnen kurzem Schlüsselpositionen bei der Untertagemontage einnehmen.

Sawatzkis Vorschlag jedoch, eine unterirdische Fertigungsstätte im Saarland aufzubauen, verfiel der Ablehnung. Der Leiter eines anderen Arbeitsausschusses («Zulieferung»), Paul Figge, war im Südharz auf ein bereits teilweise untertunneltes Gipsmassiv gestoßen: den Kohnstein im Nordwesten Nordhausens, unweit der Ortschaft Niedersachswerfen. In diesen Berg hatte die BASF während des Ersten Weltkrieges zwei Stollen getrieben, um Anhydrit zur Düngemittel- und Sprengstofferzeugung abzubauen. Mitte der 30er Jahre hatte die Wirtschaftliche Forschungsgesellschaft (Wifo) – ein zunächst Schacht, dann Göring unterstelltes Institut zur Rüstungsfinanzierung – gemeinsam mit der I. G Farben (in der die BASF 1925 aufgegangen war) die Untertunnelung fortgeführt. Für die I. G. verbilligte sich damit die Anhydritgewinnung; die Wifo konnte die ihr zugewiesene Aufgabe lösen, eine Rohstoffreserve anzulegen. 1943 lagerten in 42 Kammern riesige Mengen nicht nur an Treib-, sondern auch an chemischen Kampfstoffen für einen eventuellen Giftgaseinsatz (vor dem das NS-Regime dann doch zurückschreckte).

Die Entscheidung zugunsten des Kohnsteins fiel parallel zur erstmaligen Einbeziehung der SS in ein größeres Rüstungsprojekt. Bereits anderthalb Monate vor dem RAF-Angriff hatte Görings Staatssekretär Paul Körner im Anschluß an eine Sitzung der Zentralen Rohstoffplanung betreffend «Rüstungsprogramm R (neuartige Waffen)» Himmler um Unterstützung gebeten. Nun, nach den Bomben auf Usedom, erlangte der Reichsführer SS, bei der Gelegenheit von Hitler zum Minister des Innern ernannt, dessen Zustimmung zu dem Vorschlag, durch «starke Einschaltung seiner Kräfte aus den Konzentrationslagern» drei Probleme gleichzeitig zu lösen:

- den raschen Bau einer Untertagefabrik,
- die baldmöglichste Inangriffnahme der A 4-Serienfertigung,
- schließlich strikteste Geheimhaltung des gesamten Projekts.

Am 21. August teilte Himmler Speer brieflich mit, er habe «die Aufgabe (dem Chef des SS-Wirtschafts- und Verwaltungshauptamtes) SS-Obergruppenführer Pohl übertragen und unter ihm als verantwortlichen Leiter SS-Brigadeführer Dr. Kammler eingesetzt.»

Hans Kammler, zu dieser Zeit Leiter der Amtsgruppe Bauwesen des WHVA, 1942 zuständig für die Errichtung der Gaskammern des Vernichtungslagers Auschwitz-Birkenau, von Speer nach Brutalität und Rücksichtslosigkeit mit Heydrich verglichen: Seine Beauftragung mit der Anlage der A 4-Untertagefabrik bildete den Auftakt für eine Blitzkarriere als Sonderbevollmächtigter des Reichsführers SS, bei Kriegsende zuständig für sämtliche Fernkampfwaffen (nachdem Himmler im Anschluß an den 20. Juli 1944 von Hitler auch zum Chef der Heeresrüstung ernannt worden war). Als Generalleutnant der Waffen-SS und Kommandeur einer Armeedivision zbV ließ Kammler zwischen dem 20. und 25. März 1945 bei Warstein (Sauerland) 208 sowjetische Kriegsgefangene – darunter 77 Frauen – erschießen. Über sein weiteres Schicksal besteht keine restlose Klarheit. Er gilt als vermißt und ist wahrscheinlich bei den Kämpfen um Prag Anfang Mai 1945 umgekommen, möglicherweise durch Selbstmord.

Die Fixierung auf den «raubtierhaften» (Dornberger) Kammler als Personifizierung der SS in Darstellungen aus dem Umkreis der «alten Peenemünder» wurde durch seinen steilen Aufstieg wesentlich begünstigt. Teils unbewußt, teils willentlich half diese Fixierung, den Blick dafür zu verstellen, daß die Rolle Kammlers bzw. der SS Fragen der Produktions*durchführung* nicht einschloß, von einer säuberlichen Scheidung in zwei Welten – hier das forschungsfixierte «Team» von Peenemünde, dort Himmlers schwarzuniformierte Helfershelfer – folglich keine Rede sein konnte.

Die faktische Arbeitsteilung bei der Fertigung der binnen kurzem V 2 genannten Rakete hat Speer im nachhinein dahingehend charakterisiert, hier seien «die Techniker und Ingenieure der Rüstung unter Leitung der SS» tätig geworden:

> «Das Resultat war eine andere Effektivität... Gerade durch diese Teilverantwortung der Fachleute aus der Industrie stach das Produktionsresultat von den ständigen Mißerfolgen der SS in den von ihr auch technisch geführten Konzentrationslagern ab.»

Teilverantwortung: Der Begriff, allerdings in einem anderen Sinn aufgefaßt, als Speer ihn gebraucht, nennt den Tatbestand beim Namen, den die Raketenkonstrukteure beharrlich bemüht waren zu verdrängen.

Mit dem Transport von 107 Häftlingen nach Niedersachswerfen – wie im Falle Peenemündes aus dem KZ Buchenwald stammend – begann am 28. August 1943 die Existenz des Außenkommandos «Dora». Ein Jahr später, mit Wirkung vom 1. Oktober 1944, sollte dieses Kommando auf Weisung des SS-WVHA in ein selbständiges Konzentrationslager unter der Bezeichnung «Mittelbau» umgewandelt werden. Bis zur Montage der ersten drei A 4 Ende des Jahres war die Häftlingszahl rapide auf nahezu 11 000 gestiegen.

Die Zahl der monatlich registrierten Toten übertraf im November die Stärke des ersten Transports bereits um zwei Drittel. Im folgenden Monat schnellte sie auf über 600 hoch, um im März 1944 auf fast 750 zu steigen. Zwischen 2700 und 2900 Lagerinsassen verloren bis Ende März ihr Leben. Ein knappes Drittel davon war noch nicht 30, ein weiteres knappes Drittel noch keine 40 Jahre alt. Soweit überhaupt festgehalten, überwogen als Todesursachen – und daran sollte sich bis zum Ende des Lagerkomplexes Mittelbau-Dora nichts ändern – Tuberkulose, Lungenentzündung, Diarrhö sowie Zusammenbruch wegen totaler Erschöpfung. Zu zwei Dritteln – auch das sollte sich nicht verändern – waren die Toten entweder Russen, Franzosen oder Polen. De facto, so kann das zusammenfassende Urteil nur lauten, wurde hier «Vernichtung durch Arbeit» betrieben.

Während dieser Phase verfolgte Wernher von Braun nicht nur die ersten A 4-Schießversuche mit scharfem Sprengkopf, die auf einem SS-Versuchsgelände im besetzten Polen stattfanden. Er suchte auch nach eigenem Bekunden das entstehende Mittelwerk – mindestens einmal – auf. Und er war maßgeblich beteiligt an der Planung einer weiteren unterirdischen Fabrik (Tarnbezeichnung «Zement») im Salzkammergut, in der wiederum KZ-Häftlinge mit der Versuchsfertigung der Flugabwehrrakete «Wasserfall» sowie des projektierten A 4-Nachfolgemodells A 9 beginnen sollten. Von beidem wird später eingehender die Rede sein.

Über das Ausmaß der Vernichtung eingesetzter Häftlinge in der Aufbauphase des Mittelwerks täuschen die offiziellen Sterbeziffern hinweg. Die hohe Zahl kranker und erschöpfter Häftlinge wurde von der SS als «unproduktive» Belastung empfunden. Sie gestaltete sich überdies zu einer Quelle der Verlegenheit für die Lagerhaltung, weil sie gegen die «Wirtschaftlichkeits»vorschriften des WVHA verstieß. Um den 5. Januar, 8. Februar und 25. März 1944 wurden deshalb drei Transporte mit je 1000 Invaliden und Schwerkranken zusammengestellt. Die beiden ersten gingen nach Majdanek, der dritte nach Bergen-Belsen. Im Dora-Nordhausen-Kriegsverbrecherprozeß 1947 wurde ein Bild dieser Transporte gezeichnet:

> «Die körperliche Verfassung der selektierten Häftlinge war so bejammernswert, daß sie sich kaum beschreiben läßt. Vielen hatte man Arme und Beine ganz oder teilweise amputiert. Kleidung und Schuhe wurden ihnen abgenommen. Dafür erhielten sie alte Hosen oder Unterhosen; manche waren nackt... Die Häftlinge bekamen weder Verpflegung noch Wasser oder Decken.»

In jeden Waggon wurden 50 Häftlinge gepfercht. Als einer der beiden Transporte, die für Majdanek bestimmt waren, sein Ziel erreichte, lebten noch 146 Menschen. Insgesamt verdoppelte sich dadurch die Totenziffer gegenüber der offiziellen Lagerstatistik während der Aufbauperiode des Mittelwerks.

Der polnische Rechtsanwalt Wincenty Hein, der Ende November 1943 – ebenfalls von Buchenwald kommend – in «Dora» anlangte, beschrieb 1945 bei seiner Vernehmung durch die US-Armee, wie der Ausbau der Untertageanlagen unter schwerster körperlicher Beanspruchung der Häftlinge vonstatten ging.

Sämtliche Fabrikeinrichtungen, einschließlich tonnenschwerer Maschinen, mußten nach Entladung der Waggons durch menschliche Muskelkraft in das Tunnelsystem geschafft und aufgestellt werden, unterstützt nur durch Stangen, Rollen und Leinen. Der Stollenvortrieb erfolgte mit Hilfe schwerer Preßluftbohrer; der Abtransport auch massiver Steinbrocken mußte mit Händen und Schaufeln bewältigt werden. Ständig wurden Gesteinsstaub und Gase aufgewirbelt. Ventilationsanlagen existierten nicht. Der kreislauf- und atmungsbelastenden Belüftungsverhältnisse ungeachtet, hatten die Häftlinge während der gesamten Schichtdauer unablässig «in Bewegung» zu bleiben. Ob während der Arbeit oder zu den Mahlzeiten, beim Wecken wie beim Antreten wurde aus Anlaß geringster «Ordnungs»verstöße geprügelt:

> «Das Schlagen durch SS-Männer, einen bedeutenden Teil der Blockältesten und der Kapos (bildete) die Lebensgrundlage des Lagers.»

Die Feststellungen der amerikanischen Revisionsinstanz im Kriegsverbrecherprozeß 1947 ergänzten Heins Darstellung:

> «In den Stollen gab es weder Wasch- noch Trinkwasser. Bis zu vier Monaten lang lebten und arbeiteten die Häftlinge ohne irgendeine Wasch- oder Bademöglichkeit. Ein Teil urinierte aus Verzweiflung in die Hände, um sich den Kalkstaub wenigstens aus dem Gesicht zu waschen. Die Abortanlagen bestanden aus halbierten Benzinfässern. Diese Latrineneimer waren nach Zahl und Beschaffenheit so unzureichend, daß man allerorten in den Stollen auf menschliche Exkremente stieß...
>
> Die Bettstellen waren aus Brettern gefugt und 4fach übereinander montiert, bei einem Abstand von nur 60 cm, der es den Häftlingen unmöglich machte, sich aufzusetzen. Als Unterlage dienten Strohsäcke, die infolge der unbeschreiblich schmutzigen und unhygienischen Verhältnisse in den Stollen sowie der mangelnden Entlausungsmöglichkeiten binnen kurzem von Ungeziefer wimmelten.»

Speer hatte das «grausige Bild» (seine *spätere* Formulierung), mit dem er bei einer Besichtigung der Tunnelanlagen am 10. Dezember 1943 konfrontiert worden war, nicht gehindert, auf den Tag eine Woche nach diesem Termin ein Schreiben folgenden Wortlauts an Kammler zu richten:

-15408

Deutsches Generalkonsulat
German Consulate General

New Orleans, La. 70130
319 John Hancock Bldg.
1055 St. Charles Ave.
Tel.: 524-0356

Az./File Nr. ..../91.36-24

Bitte bei Antwort obiges Aktenzeichen angeben.
When replying please quote above mentioned file number.

New Orleans, den 7. Februar 1969

Gegenwärtig: Konsul Franz-Josef Meurer, zu Amtshandlungen nach § 20 Konsulargesetz ermächtigt.
Frau Liselotte Trudell als Protokollführerin

In dem Strafverfahren gegen die deutschen Staatsangehörigen Helmut Bischoff, Erwin Busta und Ernst Sander wegen Mordes anhängig beim Landgericht-Schwurgericht-Essen
Geschäfts-Nr. 29 a Ks 9/66
22 (19/66)

erscheinen

1. Der Vertreter der Staatsanwaltschaft,
Staatsanwalt Hans Schuster,
2. a) Die Verteidiger des Angeklagten Bischoff

Wilhelm aus dem Siepen
Fritz Steinacker

b) Die Verteidiger des Angeklagten Busta

Dr. Helmut Weber
Claus Benning

c) Die Verteidiger des Angeklagten Sander

Rüdiger Henze
Herr Grawert

3. Der nachbenannte Zeuge:

Dr. Wernher von Braun.

Die Verhandlung fand in Anwesenheit des Vorsitzenden des Schwurgerichts, Landgerichtsdirektor Hans Hückel, statt.

Nachdem der Zeuge zur Wahrheit ermahnt und auf die Bedeutung des Eides hingewiesen war, wurde er wie folgt vernommen:

Zur Person:

"Ich heiße Wernher von Braun, bin am 23. März 1912 in Wirsitz, Kreis Wirsitz, Provinz Posen, geboren, jetzt 56 Jahre alt. Ich bin von Beruf Entwicklungsingenieur, speziell auf dem Raketengebiet. Zur Zeit bin ich Direktor des George C. Marshall Space Flight Center in Huntsville, Madison County, im Staate Alabama, USA. Mit den Parteien bin ich weder verwandt noch verschwägert.

In dem Häftlingslager Dora bin ich nie gewesen.

Ich bin im Sommer 1943, als die Sprengarbeiten für den Ausbau bereits begonnen hatten, die Produktion aber noch nicht angelaufen war, in den Stollen gewesen. Damals waren einige Häftlinge in diesen Stollen untergebracht. Ich bin mit der besichtigenden Besuchergruppe durch diese temporären Unterkünfte durchgegangen. Später habe ich diese Unterkünfte im Stollen mit Bestimmtheit nicht mehr gesehen. Ich nehme an, daß sie nach Fertigstellung des Lagers Dora außerhalb der Stollen entfernt worden waren.

Das Protokoll wurde dem Zeugen vorgelesen, von ihm genehmigt und wie folgt unterschrieben:

Wernher von Braun

(Dr. Wernher von Braun)

Der Zeuge wurde ordnungsgemäß vereidigt.

Franz-Josef Meurer — gez. Trudell

(Franz-Josef Meurer) Konsul

(L. Trudell) Protokollführerin

GENERALKONSULAT DER BUNDESREPUBLIK DEUTSCHLAND NEW ORLEANS 2

«Der Leiter des Sonderausschusses A 4, Degenkolb, berichtet mir, daß Sie es fertiggebracht haben, die unterirdischen Anlagen in Nie.(-dersachswerfen) aus dem Rohzustand in einer fast unmöglichen Zeit von 2 Monaten in eine Fabrik zu verwandeln, die ihresgleichen in Europa kein annäherndes Beispiel hat und darüber hinaus selbst für amerikanische Verhältnisse unübertroffen dasteht.

Ich nehme deshalb Veranlassung, Ihnen für diese wirklich einmalige Tat meine höchste Anerkennung auszusprechen, mit der Bitte, Herrn Degenkolb auch weiterhin in dieser schönen Form zu unterstützen.»

Diesen Brief unterschlug Speer, als er nach dem Krieg seine «Auseinandersetzungen mit der SS» betonte. Jetzt bezeichnete er die Art, in der Kammler seine Aufgabe angegangen war, in einer für ihn typischen Wendung als «skandalös *und zudem noch produktionshemmend*». Nun wies er hin auf den Fäkaliengestank, die feucht-kalte, verbrauchte Höhlenluft, den unterernährten Zustand der Häftlinge.

Dies war die Welt, die auch Wernher von Braun betrat, als er – laut seiner schon erwähnten Aussage vom 7.2.1969 – zu einem Zeitpunkt in den Stollen war,

«als die Sprengarbeiten für den Ausbau bereits begonnen hatten, die Produktion aber noch nicht angelaufen war... Damals waren einige (!) Häftlinge in diesen Stollen untergebracht. Ich bin mit der besichtigenden Besuchergruppe durch diese temporären Unterkünfte durchgegangen.»

Öffentlich wiederholte von Braun seine Bekundung nie. Zu leicht hätte sie kritische Fragen danach auslösen können, *was genau* er gesehen hatte. Jedenfalls hinderten seine Eindrücke ihn nicht, wenige Monate später bei der Auswahl von Buchenwald-Häftlingen für das Mittelwerk mit der SS zu kooperieren.

Konstrukteure und KZ-Häftlinge in der unmenschlichen Fabrik

«Direktor Rudolph übernimmt die Einrichtung des Mittelwerks», lautete die Eintragung für den 8. September 1943 in der Chronik des Versuchsserienwerks Peenemünde. Zunächst wurden die unzerstörten Maschinen aus der Montagehalle abtransportiert. Und unter dem 13.10. vermerkte die Chronik lakonisch den «Abzug» auch der Häftlinge.

Zum Zeitpunkt der ersten Notiz existierte die Firma mit der Tarnbezeichnung «Mittelwerk» (MW) juristisch überhaupt noch nicht. Sie wurde erst 14 Tage später als Tochtergesellschaft der reichseigenen Beschaffungsfirma Rüstungskontor ins Leben gerufen. In der personellen Zusammensetzung ihres Vorstandes erwies sie sich als buchstäbliches Spiegelbild des Zweckbündnisses Speer – Himmler. Dieser Pakt schloß seitens der Industrie die in «Selbstverantwortung» tätigen Betriebe der jeweiligen Branche ein – praktisch also deren kaufmännische Vertreter bzw. technische Fertigungsspezialisten.

Als Industrieunternehmen sollte bald auch die Heeresversuchsanstalt figurieren – Symbol für die einsetzende Zurückdrängung des Heereswaffenamts. Am 1. Juni 1944 erfolgte die Umwandlung in eine reichseigene Firma, die Elektro-Mechanischen Werke (EW) Karlshagen. Als Generaldirektor wurde Paul Storch (Siemens) eingesetzt. Für Wernher von Braun freilich und die übrigen Konstrukteure, soweit sie nicht zum Mittelwerk abgestellt wurden, änderte sich nichts. Von Braun blieb Forschungs- und Entwicklungschef.

Die Mittelwerk GmbH zur «Herstellung und Bearbeitung von Eisen- und Metallwaren sowie Geschäften ähnlicher Art» wurde durch Gesellschaftsvertrag vom 24.9.1943 mit einem Grundkapital von einer Million Reichsmark begründet. Als Geschäftsführer fungierten zunächst

- Direktor Kurt Kettler, NSDAP-Mitglied seit 1937, in die SS jedoch schon 1934 eingetreten (Nr. 254033), Reichsbahnrat, geschäftsführendes Vorstandsmitglied der Borsig-Lokomotivwerke, sowie

- SS-Sturmbannführer Otto Förschner, SS- und NSDAP-Beitritt zeitgleich mit Kettler, Kommandeur eines SS-Totenkopf-Sturmbanns im KZ Buchenwald, Träger des Ehrendegens des Reichsführers SS.

Zum Jahresende folgte

- Direktor Otto Bersch, anfangs tätig bei den Steyr-Werken in Wien, 1933 Beitritt zur illegalen österreichischen NSDAP, mehrere Monate Haft wegen nachrichtendienstlicher Tätigkeit für die Partei, 1935 Flucht nach Deutschland und Aufstieg zum Geschäftsführer der Fahrzeug- und Motorenwerke Breslau. Wegen seiner «besonderen Verdienste» war Bersch der Titel eines Wehrwirtschaftsführers verliehen worden – eine 1938 eingeführte Auszeichnung «hervorragender», «charakterlich den Anforderungen des nationalsozialistischen Staates entsprechender Persönlichkeiten», die zuvor den Trägern so bekannter Namen wie Carl Bosch, Friedrich Flick oder Hermann Röchling zuteil geworden war.

Den Abschluß bildete der 1944 zum Generaldirektor des Mittelwerks ernannte

- DEMAG-Geschäftsführer Georg Rickhey, wie Arthur Rudolph bereits 1931 der NSDAP beigetreten (Mitgliedsnummer 664050), 1942 befördert zum Oberbereichsleiter des Gaues Essen der Partei, gleichzeitig vom Prokuristen eines Essener Bergbaubetriebs avanciert zum Vorstandsmitglied der DEMAG.

Außer der Geschäftsführung wurde ein Beirat gebildet. Neben Degenkolb als Vorsitzer gehörten ihm Kunze, Dornberger und Kammler an, ferner der Betriebsführer des Rüstungskontors, Heinz Schmidt-Loßberg (zugleich Direktor der Berliner GmbH für Luftfahrtbedarf), schließlich dessen Leiter, Speers Generalreferent für Wirtschaft und Finanzen, Prof. Dr. Karl Maria Hettlage, Führer beim Stab des SS-Hauptamts (SS-Nr. 276909, Mitglied seit 1936), Vorstandsmitglied der Commerzbank, Aufsichtsratsvorsitzender der Hansa-Bank Riga/Reval, nach dem Krieg (1959 und wieder 1967) Staatssekretär im Bundesfinanzministerium.

Anfang 1944 wurde Albin Sawatzki (NSDAP-Beitritt 1933, für seine Verdienste um die Panzerfertigung bereits mit dem Ritterkreuz ausgezeichnet) als Technischem Direktor die Zuständigkeit für die A 4-Fertigungsplanung und -steuerung übertragen. Die Montage selbst unterstand, ebenso wie der zivile und Häftlingsarbeitseinsatz, dem von Peenemünde zum Mittelwerk übergewechselten Arthur Rudolph als einem von zwei Betriebsdirektoren.

Läßt man die Besetzung von Vorstand, Beirat und Betriebsleitung Revue passieren, so schält sich ein deutliches Muster heraus. Ideologische Zuverlässigkeit, gekoppelt mit entweder rüstungswirtschaftlicher oder rüstungstechnischer Effizienz, lieferte den Maßstab bei der Zusammenstellung der ausschlaggebenden Gremien für die A 4-Fabrikation. Zu dem Zeitpunkt, als sie der NSDAP beitraten, teils kaum über zwanzig wie Sawatzki und Rudolph, teils knapp über dreißig wie Rickhey, Bersch oder Kettler, hatten die Ingenieure, die die Rakete in Serie bauen sollten, früh auf eine Bewegung gesetzt, die den «technisch-schöpferischen Menschen» gezielt ansprach, ihm «Befreiung» verhieß «aus den Klauen des Interessenstaates». Das Dritte Reich als Ära großer technischer Projekte, die dem Ingenieur ein angemessenes Wirkungsfeld sicherten, somit auch materiellen Aufstieg – hatte sich diese Hoffnung nicht erfüllt? Noch einmal Rudolph:

«Vom geschäftlichen Standpunkt aus erwies meine Entscheidung sich nicht als verfehlt.»

Mit Wirkung vom 1.6.1944 wurde im Mittelwerk folgende Aufgabenverteilung* festgelegt:

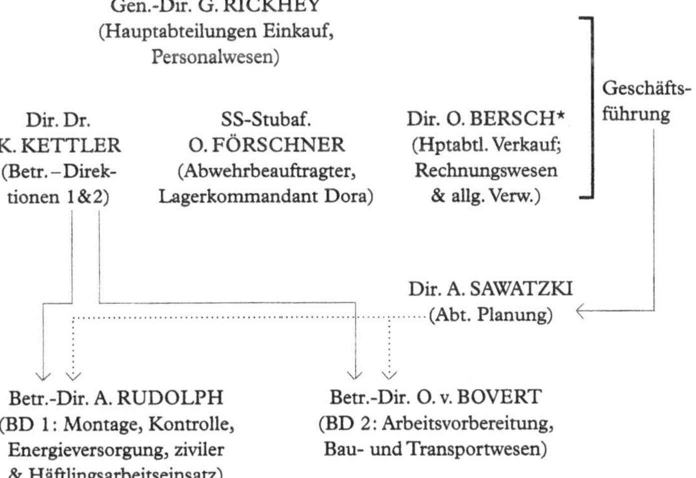

Gleichzeitig umriß Speer nochmals die bereits bestehende «Aufgabenverteilung A 4». Unmißverständlich hieß es in seinem an Rickhey, Degenkolb und Kammler gerichteten Schreiben:

«Der Arbeitseinsatz der Häftlinge erfolgt durch die Betriebslei-

* Zum Jahresanfang 1945 schied Bersch aus. Kettler wurde Kaufmännischer, Sawatzki als Technischer Direktor zugleich Mitglied der Geschäftsführung. Eine dritte Betriebsdirektion, zuständig für die V 1-Fertigung, wurde unter Johannes Winkler (NSDAP seit 1937, Mitgliedsnummer 4045114) eingerichtet – namensgleich, doch nicht identisch mit jenem Johannes Winkler, der den «Verein für Raumschiffahrt» mitbegründet hatte, ebenfalls 1937 der NSDAP beigetreten war (Mitgliedsnummer 5719973), aber in einer Forschungsanstalt des Reichsluftfahrtministeriums arbeitete.

Unfall: 299

Feuer: 375

[illegible], Werk		**555**
" Napola	**Na**	**2**
Strom, Werk		**308**
" Napola	**Na**	**91**
Heizung und Lüftung		**442**
Wasser und Preßluft		**307**
Kranwerkstatt		**330**

KL-Mittelbau	„Lager Hans"	„Lager Erich"
387—89 Fernruf 1143	387—89	391—98 und 387—89

Geschäftsführung:

Richhey, Gen.-Dir. (DO) **573**
Kettler, Dir. Dr. (D1) **500**
Sawatzki, Dir. (P10) **456/510**

Betriebs-Direktionen:

Rudolph, Dir. (BD1) **551/316**
v. Bovert, Dir. (BD2) **548/449**
Winkler, Dir. (BD3) **469**

A

Adeska E 32 Na 30
Abstimmstelle b. Feldpostn. 59656 219
Abwehrbeauftragter Ostf. Schwohn 340
" Büro [illegible]
[illegible] [illegible]
Ahrens, Vorz. Dir. Neu 594
Akku-Ladestation Tl 282
Alm KO/M 5 423
Allmannsberger Av 6 441
Ambulanz Dr. Welter 299
Anderlitschka E 11 Na 16
Anders W 2 A 10 549
Anlagen- u. Inventarverwaltung 511
Annecke E 60 579
Apenburg Av 2 271
Arbeitsausschuß Dr. Simon, ABB 569
Arbeitskräftebeschaffung P 2 b 520
Arbeitseinsatzing. Kuhlmann DO/AJ 358
Arbeitseinsatz-Häftlinge DO/AJ 368
Armaturenwerkstatt Av 2/8 215
Arnold, Dr., Ze 504
Arvedsen B 003 564
Arvedsen, Dr. Zahnarzt Na 10
Aufenthaltsraum f. Kraftfahr. Werk 568
Aufsicht Vermittlung, WE 7 472
Auskunft Fernsprechzentrale 575
Ausweisstelle Cramer 293
Autogaragen-Napola 259

B

Badeanstalt 366
Barr, ℌ-Sturmbannf. 501
Bahnhof Wo. 344

Biehl KO/F 3 214
Biermann Bemi 202
Biesmer E 50 Na 29
Bigalski, DO/AJ Na 52
Binder FA/El 481
Birnbreier W2/A 10 549
Bischoff, ℌ-Obstf. SD 581
Bittner Av 2 224
Blechlager L 30 231
Blömer E 52 Na 47
Böffel [illegible] 394
Böhm, [illegible] 314
Börner [illegible] 376
[illegible] Na [illegible]
[illegible]
Bode, [illegible] Na 5
Bode, Heeresabnahme 341
Balke, DO Na 83
Botenmeisterei Silberkuhl Na 4
v. Bovert, Dir. BD 2 548
v. Bovert, Dir., Wohnung Amt 517
Boy, Av 6 441
Brandt Av 3/1 537
Brandt Av 3/1 Na 27
v. Braun B 2 289
Braun L 43 487
Breeß WD/A 10 549
Bremehe, KP 0 Na 77
Breidenbach Tl 276
Breitkopf WE/5 478
Breitsameter B 5 202
Brodersen Av 6 441
Broszat B 003 420
Bröker E 43 Na 40
Büdde KO/M 5 264
Büma L 60 Na 90
Bullerjahn L 10 252
Bullerjahn DO Na 1
Burgmer Av 6 441
Burkhardt, E 60 579
Busch, WE 5 590
Buschmann W 2/B 452
[illegible]

tung des Mittelwerkes. Bewachung, Betreuung und Disziplinierung obliegt der SS.»

Daß die tatsächliche «Arbeitsteilung» zwischen SS und Ingenieuren dieser Anordnung Speers entsprach, bestätigte Arthur Rudolph 1982 bei seiner Vernehmung durch amerikanische Justizbeamte.

Frage: Über den Einsatz dieser Zwangsarbeiter müssen Sie doch eine gewisse Kontrolle ausgeübt haben?
Antwort: Über den Einsatz, ja.
Frage: Das war so?
Antwort: Ja.
Frage: Sie konnten weitere Zwangsarbeiter anfordern?
Antwort: Ja.
Frage: Haben Sie sie angefordert?
Antwort: Ja, das habe ich.

Der deutsche Personalbedarf sei gedeckt, teilte Sawatzki Mitte April 1944 in einem Schreiben mit. KZ-Häftlinge müßten derzeit «noch 1850 gestellt werden.» Die erste Ausfertigung des Briefs ging an Kammler, die zweite an Rickhey, die dritte an Wernher von Braun. Räumliche Trennung Entwicklungswerk – Mittelwerk, wo wurde einmal mehr deutlich, bedeutetete keineswegs sachliche Trennung. Es blieb denn auch nicht bei brieflichen Unterrichtungen von Brauns, die – wie man mit Grund annehmen kann – laufend erfolgten. Knapp drei Wochen später, am 6. Mai 1944, stand die Zahl benötigter Zwangsarbeiter auf der Tagesordnung einer Besprechung bei Rickhey. Dornberger war in Begleitung mehrerer Offiziere des Heereswaffenamts zugegen, der Mittelwerks-Vorstand einschließlich des SS-Lagerkommandanten Förschner, Wernher von Braun nahm mit vier seiner Konstrukteure (darunter Ernst Steinhoff und Hans Lindenberg) teil, ebenso Arthur Rudolph und eine Anzahl weiterer

Ingenieure des Mittelwerks. Noch 1800 Häftlinge seien bei Kammler angefordert, hieß es im Protokoll der Zusammenkunft, und weiter:

> «Maschinen und Arbeitskräfte müssen aus Saarbrücken und Frankreich aus Gründen der Luftgefahr schnellstens zum MW. Einsatz französischer Arbeiter im MW nur bei Einkleidung möglich.»

Nur bei Einkleidung – das bedeutete im seinerzeitigen, unmißverständlichen Sprachgebrauch: unter der Bedingung, daß sie in Zebrakleidung gesteckt, folglich als Zwangsarbeiter ins KZ eingewiesen wurden.

Unterrichtung über den Einsatz von KZ-Insassen – Anwesenheit, als in nüchternem Ton die Deportierung französischer Zivilisten erörtert wurde – am Ende Mittäterschaft: Drei Monate nach der Konferenz bei Rickhey, am 15. August 1944, schrieb Wernher von Braun an Albin Sawatzki jenen Brief, aus dem bereits zitiert wurde. Die «gute fachtechnische Vorbildung verschiedener (ihm) und dem (KZ) Buchenwald zur Verfügung stehender Häftlinge» zu nutzen, um «zusätzliche Entwicklungsarbeiten» sowie «einen Musterbau in kleinen Stückzahlen aufzuziehen», hatte Sawatzki ihm vorgeschlagen – und von Braun zögerte nicht, die Angelegenheit unverzüglich selbst in die Hand zu nehmen:

> «Ich bin auf Ihren Vorschlag sofort eingegangen, habe mir gemeinsam mit Herrn Dr. Simon im Buchenwald einige weitere geeignete Häftlinge ausgesucht und bei Standartenführer Pister entsprechend Ihrem Vorschlag ihre Versetzung ins Mittelwerk erwirkt.»

Im weiteren Verlauf seines Briefs spielte von Braun an auf vermutete Rivalitäten zwischen einigen Mittelwerks-Ingenieuren, durch die er die Einrichtung der neuen Werkstatt gefährdet sah. Die Passage endete mit dem Satz:

«Derartige Sentiments sind bei der Wichtigkeit dieser Aufgabe m. E. nicht am Platze.»

Dieselbe Einstellung sollte Wernher von Braun an den Tag legen, als kurz vor Kriegsende, im März 1945, durch Kammler die Zusammenfassung sämtlicher mit Fernkampfwaffen befaßter Werke – rund 30 Firmen bzw. Firmengruppen – zur «Entwicklungsgemeinschaft Mittelbau» sowie deren Verlagerung in den Raum Nordhausen angeordnet wurde. Von Braun, mit den Planungen für die Verlagerung beauftragt, errechnete, daß rund 7000 «Gefolgschaftsmitglieder» – der Nazi-Jargon für Betriebsangehörige – untergebracht werden müßten. Jedoch seien 3000 Flüchtlinge in der Gegend zusammengeströmt und blockierten einen Großteil des Raumbedarfs. Seine Schlußfolgerung, mitgeteilt an Kammler und Dornberger am 6. 3. 1945:

«Eine völlige Evakuierung dieser zusätzlichen Belegung scheitert an der Unmöglichkeit anderweitiger Unterbringung. Sie dürfte bei Anwendung härterer Maßnahmen jedoch zum Teil möglich sein.»

Sentiments nicht am Platze – Anwendung härterer Maßnahmen: Der Charme von Brauns, seine Überzeugungs- und Organisationsfähigkeit machten nur die eine, sichtbarere Seite seines Charakters aus. Die andere, die sich aus den Dokumenten erschließt, war eine technokratische Rigorosität, eine gefühlskalte Fixiertheit auf die «Meisterung» selbst- oder fremdgestellter Aufgaben. Sie machte ihn blind für die moralischen Grundsätze, die er später verkündete. Er sei stets im Mittelwerk gewesen, «um irgendwelche technischen Fragen zu besprechen», erklärte Wernher von Braun 1947 in seiner schriftlichen Aussage zum Nordhausen-Dora-Prozeß. Er hätte hinzufügen können, daß es für ihn letzten Endes *immer* nur um technische Fragen ging.

«Sie machten mich mit einem Häftling bekannt, der als

MITTELWERK G.M.B.H.
Generaldirektor Rickhey
Ir/Ss.

Halle/Saale (2), den 6. Mai 1944
Postschliessfach : 1525

31.5. bei TD eingegangen

Geheime Reichssache!

1. Dies ist ein Staatsgeheimnis im Sinne des § 88 RStGB in der Fassung des Ges. v. 24. 4. 1934 (RGBl. I S. 3..)
2. Nur von Hand zu Hand oder an persönliche Anschrift in doppeltem Umschlage gegen Empfangsbescheinigung weitergeben.
3. Beförderung möglichst durch Kurier oder Vertrauensperson, bei Postbeförderung als Wertbrief (Wert 1000 RM)
4. Vervielfältigung jeder Art sowie Herstellung von Auszügen verboten.
5. Empfänger haftet für sichere Aufbewahrung. Verstoß hiergegen zieht schwerste Strafe nach sich.

F 52/44 g R

HVP/EW
Eing. 31 MAI 1944
Bb. Nr. E 2002/44 gK
Bearbeiter TD

Geheime Reichssache (11 Blatt)
15 Ausfertigungen
~~3.~~ Ausfertigung
1. Ausfertigung

N i e d e r s c h r i f t
über die Besprechung am 6.5.1944 im Büro
Generaldirektor R i c k h e y

Anwesenheitsliste s. Anlage.

Herr Generaldirektor Rickhey streift in einleitenden Worten kurz die Entwicklung des Werkes und geht dann auf das gestellte Programm ein. Der für April vorgesehene Ausstoß konnte aus später noch zu erläuternden Gründen nicht erreicht werden; es wurden 3o1 Stück fertiggestellt. Nach einer Forderung von HDL S a u r ist die Kapazität für 1 ooo Geräte zu erstellen. Es muss unter allen Umständen dafür gesorgt werden, dass diese Kapazität durch andere Programme nicht beeinträchtigt wird. Die im April fehlenden Geräte werden im Mai nachgeholt, so dass in diesem Monat 45o Geräte zur Auslieferung kommen.

Herr Direktor S a w a t z k i macht hierzu noch einige ergänzende Angaben. Die im April aufgetretenen Schwierigkeiten sind auf unzureichende Anlieferung von T u r b o a g g r e g a t e n, T - Anlagen, Armaturen, Gerüsten zurückzuführen, die zuvor aufgrund der seinerzeitigen Karlshagener Besprechungen einer konstruktiven - und fertigungstechnischen Änderung unterzogen werden mussten. Entscheidend für die Innehaltung des Programms ist ferner die Gestellung der noch erforderlichen Arbeitskräfte, wofür bei Gruppenführer K a m m l e r noch 1 8oo Häftlinge angefordert sind.

- 2 -

9

TD 851/44 gK

übernommen. Muss später noch erweitert werden. Fertigung in Litzmannstadt soll noch weiterlaufen. Direktor K u n z e schlägt vor, die Umlagerung so schnell wie möglich vorzu - nehmen, solange die Gerätemontage noch nicht den Höchst - stand erreicht hat, da später die Überbrückung des derzeitigen Engpasses noch schwieriger sein dürfte.

Direktor S t o r c h ist hiermit einverstanden, sobald es gelungen ist, die unvermeidliche Lücke bei der Umla - gerung durch einen entsprechenden Vorlauf zu überwinden. Die Konstruktion der Rudermaschinen braucht nicht geändert zu werden. Der frühere Anfall an 7o % nacharbeitungsnot - wendigen Maschinen ist jetzt auf 2o % gesunken. Rudermaschinen wiesen noch Fehler auf, wodurch das Gerät beim Schiessen zu pendeln begann. Dies ist auf falsche Handhabung durch die Truppe zurückzuführen.
Im Mai sollen im MW 8oo Rudermaschinen herausgebracht werden.

Mit den dort augenblicklich vorhandenen Arbeitskräften können 1 5oo Stück monatlich gefertigt werden. Maschinen und Arbeitskräfte müssen aus Saarbrücken und Frankreich aus Gründen der Luftgefahr schnellstens zum MW. Einsatz französischer Arbeiter im MW nur bei Einkleidung möglich. Verlagerungsmaßnahmen sollen in einer Sitzung am 12.5. in Berlin geklärt werden. Sechs besondere mit Rudermaschinen neuer Ausführung (Litzmannstadt) ausgestattete Abtriebe werden beschleunigt im MW montiert und am 7.5.44 zum HAP geschafft, damit dortseits umgehend die Erprobung und Frei - gabe der neuen Rudermaschinenausführung erfolgen kann.

b) G r a p h i t r u d e r .

Auf Anordnung von Staatsrat Dr. S c h i e b e r war die Fertigung der Graphit - Druckstücke für einen Monat stillgelegt. Direktor S t o r c h ist mit der Stillegung bis 31.5. einverstanden.

c) R i c h t g e b e r .

Schwierigkeiten beim Horizont und Vertikant. Bei LGW

- 7 -

14

Anwesenheitsliste

zur Besprechung am 6.5.1944 im Büro

Generaldirektor Rickhey

Lfd. Nr.	Name	Dienststelle
1.	Generalmajor Dr. Dornberger	B.z.b.V. Heer
2.	Generalmajor Dipl.Ing. Rossmann	Wa A Wa Prüf 10
3.	Oberst Reissinger	Wa A Chef d.Stabes
4.	Oberst Dr. Stammbach	Wa A WuG
5.	Major Dr. Kühle	Wa A WuG 10
6.	Major Dr. Starkloff	Wa A WuG 10
7.	Hptm. Dr. v.d.Tann	Wa A WuG 10
8.	Oberltn. Dr. Kastens	Wa A WuG 10
9.	Oberltn. Dr. Lotze	Wa A WuG 10
10.	Direktor Kunze	Sonderausschuss A 4
11.	Direktor Figge	Sonderausschuss A 4
12.	Direktor Litzinger	Sonderausschuss A 4
13.	Direktor Storch	Sonderausschuss A 4
14.	Prof. v. Braun	HAP 11
15.	Dr. Steinhoff	HAP 11
16.	Dr. Friedrich	HAP 11
17.	Ing. Lindenberg	HAP 11
18.	Dr. Simon	HAP 11
19.	Generaldirektor Rickhey	Mittelwerk G.m.b.H.
20.	Direktor Dr. Kettler	Mittelwerk G.m.b.H.
21.	SS-Sturmbannführer Förschner	Mittelwerk G.m.b.H.
22.	Direktor Bersch	Mittelwerk G.m.b.H.
23.	Ing. Limper	Mittelwerk G.m.b.H.
24.	Sievers	Mittelwerk G.m.b.H.
25.	Direktor Sawatzki	Mittelwerk G.m.b.H.
26.	Direktor Rudolph	Mittelwerk G.m.b.H.
27.	Becker I	Mittelwerk G.m.b.H.
28.	Dipl.Ing. Arvedson	Askania

M25

15. August 1944

Herrn Direktor
A. S a w a t z k i
Mittelwerk G.m.b.H.

Lieber Herr Sawatzki!

Bei einem meiner letzten Besuche im Mittelwerk machten Sie mir von sich aus den Vorschlag, die guten fachtechnischen Vorbildung verschiedener Ihnen und dem Buchenwald zur Verfügung stehender Häftlinge dazu zu verwenden, zusätzliche Entwicklungsarbeiten und einen Musterbau in kleinen Stückzahlen aufzuziehen. Sie machten mich dabei mit einem Häftling bekannt, der als französischer Physikprofessor bisher in Ihrer Mischgerätekontrolle gearbeitet hat und für eine fachliche Führung einer solchen Werkstatt besondere Eignungen mitbringt.

Ich bin auf Ihren Vorschlag sofort eingegangen, habe mir gemeinsam mit Herrn Dr. Simon im Buchenwald einige weitere geeignete Häftlinge ausgesucht und bei Standartenführer Pister entsprechend Ihrem Vorschlag ihre Versetzung ins Mittelwerk erwirkt. Ferner habe ich unseren Dipl.-Ing. Röhner mit der Übernahme der Gesamtaufgabe und der künftigen Führung dieser Werkstatt beauftragt und umgehend zu Ihnen ins Mittelwerk entsandt.

Herr Röhner ist inzwischen im Besitze sämtlicher Bauunterlagen und sämtlicher Bereitstellteile für die ihm bekannten Bodenfahrzeugprüfgeräte, deren Bereitstellung bis zum Beginn des Einsatzes eine besonders vordringliche Aufgabe ist, von der der Erfolg unseres Einsatzes weitgehend abhängen kann. Herr Röhner müht sich nun seit dem 28.7. bis heute darum, im Mittelwerk einen geeigneten Arbeitsplatz zu bekommen. Man hat ihm bisher jedoch nur einen Platz von 10m x 3,90m plus 3,70m x 5m zur Verfügung gestellt, der für die gestellten Aufgaben absolut unzureichend ist. Sein Vorschlag, eine kleine Erweiterung dieses Raumes entsprechend beiliegender Skizze zu erwirken durch die auf der Skizze enthaltenen Eintragungen des Herrn Seidenstücker abgetan.

Bei meinem letzten Aufenthalt im Mittelwerk sagten Sie mir nun auf meine diesbezügliche Bitte erneut zu, daß in der Halle 28 für Herrn Röhner der erforderliche Platz geschaffen werden könne. Sie sagten dabei, daß in dem von Herrn Röhner zusätzlich benötigten Raum zur Zeit ein Hauptverteilerlager untergebracht ist, das durch

-2-

"einen Ruck nach links" verschoben werden könnte, so daß der von Herrn Röhner geforderte Platz frei werden kann.

Damit nun keine weitere Zeit mehr verloren geht und die geforderten Bodenprüfgeräte wirklich zum 1.9. komplett für alle Einheiten zur Verfügung stehen, bitte ich Sie, Herrn Röhner nunmehr persönlich zu helfen und ihm den nötigen Platz und evtl. weitere Unterstützung zukommen zu lassen.

Ich habe den Eindruck, daß bei Herrn Seidenstücker und dem zuständigen Hallenleiter eine gewisse Rivalität Herrn Röhner gegenüber entstanden ist, Sie vermuten, in der neuen Werkstatt einen Pfahl in ihrem Fleische zu erhalten. Derartige Sentiments sind bei der Wichtigkeit dieser Aufgabe m.E. nicht am Platze.

Ich würde es noch für zweckmäßig halten, wenn der bewußte französische Professor im Rahmen der bestehenden Bestimmungen gewisse Erleichterungen (evtl. Zivilgenehmigung anstelle Häftlingskleidung) erhalten würde, damit seine Einsatzfreudigkeit zur selbständiger Mitarbeit gesteigert weden kann. Könnten Sie etwas derartiges vielleicht bei Sturmbannführer Förschner beantragen?

Mit herzlichem Gruß und

Heil Hitler!

Ihr ergebener

französischer Physikprofessor bisher in Ihrer Mischgerätekontrolle gearbeitet hat», schrieb von Braun in dem erwähnten Brief an Sawatzki. «Ich würde es noch für zweckmäßig halten, wenn der bewußte französische Professor im Rahmen der bestehenden Bestimmungen gewisse Erleichterungen (evtl. Zivilgenehmigung anstelle Häftlingskleidung) erhalten würde, damit seine Einsatzfreudigkeit zu selbständiger Mitarbeit gesteigert werden kann.» Von Braun mußte den deportierten Wissenschaftler immerhin als Kollegen empfinden – und als einen nützlichen «Produktionsfaktor» außerdem. Von den übrigen KZ-Insassen, die er rekrutiert hatte, war im Zusammenhang mit eventuellen Erleichterungen nicht die Rede.

Ob dies am Ende der verschleppte Gelehrte war, auf den später Albert Speer in seinen Erinnerungen zu sprechen kam?

> «Nicht vergessen kann ich einen Professor am französischen Pasteur-Institut, der als Zeuge im Nürnberger Prozeß aussagte. Auch er war in jenem ‹Mittelwerk› beschäftigt... Sachlich, ohne jede Erregung, erläuterte er die unmenschlichen Bedingungen in dieser unmenschlichen Fabrik: unvergeßlich und bis heute mich beunruhigend durch seine Anklage ohne Haß, nur traurig und gebrochen und auch verwundert über so viel menschliche Entartung.»

Kein anderer Umstand war nach dem Krieg so geeignet, abzulenken von argwöhnischen Mutmaßungen über das Ausmaß der Zusammenarbeit Wernher von Brauns mit der SS wie seine kurzzeitige Inhaftierung durch die Gestapo Mitte März 1944. Ebenfalls festgenommen wurden Klaus Riedel und Helmut Gröttrup. Die gegen sie erhobene Beschuldigung lautete auf Rüstungssabotage. Der SD, der die Konstrukteure überwachte, hatte Himmler und Jodl informiert, sie hätten sich «in Gesellschaft» skeptisch über einen «schlechten Kriegsausgang» geäußert, die Rakete als «Mordinstrument» bezeichnet und ihre «Hauptaufgabe» in der Schaffung eines Raumschiffs erblickt. Gröttrup und Riedel, vor 1933 durch «starke demokratische Neigungen» aufgefallen, bildeten ein «edelkommunistisches Nest»; von Braun, mit beiden wie auch mit Irmgard Gröttrup «sehr befreundet», sei darin verwickelt.

Die Verhaftung der Ingenieure und ihre Überführung nach Stettin war von Himmler ersichtlich als – so Speer – «drastischer Versuch» gedacht, sich das A 4-Projekt «durch Einschüchterung botmäßig zu machen». Kurz zuvor hatte Wernher von Braun, von dem Reichsführer zu sich zitiert, nach eigenem Bekunden abgelehnt, vom Heer zur SS zu wechseln. Himmlers Vorgehen fügte sich passend in den Rahmen einer umfassenderen Intrige, bei der ihn, Göring und Bormann die Absicht vereinte, die Machtstellung des zeitweise erkrankten Speer zu untergraben. Zudem hatte Hitler sich in Speers Abwesenheit Bedenken gegen die Aufwendigkeit der A 4-Fertigung vorübergehend zu eigen gemacht und eine genaue Ermittlung der dadurch gebundenen Kräfte befohlen. Auch deshalb mußte die Stunde dem Reichsführer günstig scheinen.

Als Dornberger die Konstrukteure bei Himmler freizubekommen versuchte, weigerte sich dieser, ihn zu empfangen, und auch Generalfeldmarschall Keitel, der Chef des OKW, zeigte sich unzugänglich. Es bedurfte einer Erklärung Dornbergers über die Unersetzlichkeit der Inhaftierten und der Intervention Speers bei Hitler, um ihre provisorische Freilassung zu erwirken. Zwei Monate später sagte Hitler dem Minister schließlich zu, von Braun werde, «solange er für [ihn] unentbehrlich sei, von jeder Strafverfolgung ausgeschlossen» bleiben.

Wernher von Brauns Erfahrung mit der SS änderte, wie schon gezeigt, nichts daran, daß er keine Skrupel über Anforderung und Einsatz von KZ-Insassen empfand. Erst recht galt dies für die Ingenieure, die im Mittelwerk selbst arbeiteten. Jeder im Werk habe gewußt, so Arthur Rudolph später, daß die eingesetzten Häftlinge starben – an Krankheit, an Unterernährung, an Erschöpfung. «Ich wußte es... Sawatzki wußte es ... Ich denke, Rickhey wußte es ... Jeder wußte es.» Als Albin Sawatzki am 14. April 1945 zum ersten und einzigen Mal vernommen wurde – dem Totenschein zufolge starb er am 1. Mai desselben Jahres in Warburg (Westfalen), laut handschriftlichem Zusatz durch einen Bauchschuß –, gab er einen kleinen Teil seines Wissens zu Protokoll:

> «Diejenigen, die zu schwach waren, um weiterzuarbeiten, wurden zu anderen Lagern geschafft, z. B. Auschwitz, aber ich weiß nicht, was dort mit ihnen geschah ... Ich ging jeden Tag durch das Werk, um den Fortgang der Arbeit zu verfolgen. Dann und wann habe ich manchem Arbeiter einen Tritt versetzt ... Es ist mir nicht möglich, die Zahl derjenigen zu schätzen, die in meinem Lager umgebracht wurden, weil ich meist in meinem Büro zu tun hatte.»

Wohl hatte mit der Fertigstellung der Untertagefabrik, der einsetzenden Waffenmontage, schließlich der schrittweisen Verlegung der Häftlinge zwischen März und Mai 1944 aus den Stollen in das mittlerweile errichtete eigentliche Baracken*lager* «Dora» eine trügerische Phase relativer Besserung eingesetzt. Bis Ende Oktober – dem Zeitpunkt, als das Stammlager unter der Bezeichnung «Mittelbau» auch faktisch unabhängig wurde und zugleich zahlreiche Nebenlager angegliedert erhielt – stieg die Zahl der Insassen nochmals um 4000. Die dokumentierte Todesrate sank ab April bis einschließlich Oktober auf einen Monatsdurchschnitt von rund 140. Insgesamt starben während dieser sieben Monate weitere tausend Menschen.

Das war der Zeitraum, dessen täglich gemeldete Totenzahl Georg Rickhey im Dora-Nordhausen-Kriegsverbrecherprozeß 1947 mit der zynischen Äußerung kommentierte:

> «Ich bin überzeugt: Selbst der Ankläger würde diese Meldung in seinem Stadtanzeiger, wenn er in einer Stadt mit 12000 bzw. 14000 Einwohnern leben würde, nicht als ungewöhnlich empfinden.»

Rickhey «vergaß» nicht nur das Alter der umgekommenen Häftlinge. Er überging ebenso die Ursachen ihres Todes, einschließlich der anhaltenden Exekutionen durch die SS auch während der Phase relativer Existenzbesserung («gehenkt 8; erschossen 1; totgeschlagen 1» – April 1944: «gehenkt 4; erschossen 1» – Mai; «auf der Flucht erschossen 1; Exekution 3; elektr. Stromtod [im Zaun] 1» – Juli).

Bezüglich des Mittelwerks selbst suchte Rickhey zu suggerieren, die Häftlinge seien während der Arbeit nicht anders behandelt worden als das zivile Personal. Die hochsensible Raketenfertigung habe sich «weder durch ein Antreibersystem noch gar durch Schläge steigern» lassen – ein Umstand, der «auch den rücksichtslosesten Vorarbeiter gezwungen hätte, Rücksicht zu üben».

Das Argument klang vordergründig einleuchtend und entsprach doch nicht der Wahrheit, denn, so Rickhey selbst in einer Sonder-Direktionsanweisung vom 22. Juni 1944:

> «Seitens des Lagerarztes des Arbeitslagers Dora wurde wiederholt die Feststellung getroffen, daß Häftlinge, die in Büros oder im Betrieb des MW eingesetzt sind, von Gefolgschaftsmitgliedern wegen irgendwelcher Vergehen geschlagen oder sogar mit spitzen Instrumenten gestochen wurden, so daß sich die Häftlinge z. T. in ärztliche Behandlung begeben mußten. Derartige Eingriffe ... haben unter allen Umständen zu unterbleiben.
>
> Hat sich ein Häftling eines Verstoßes schuldig gemacht oder eine strafbare Handlung begangen, so ist der Vorfall ... schriftlich dem Lagerkommandanten SS-Sturmbannführer Förschner zur Kenntnis zu bringen ... Vom Lagerkommandanten wird dann das weitere gegen den Häftling unternommen.»

Die Schlußfolgerung kann nur lauten, daß Übergriffe und Willkürmaßnahmen der Meister oder Vorarbeiter – ob aus Schikane oder zur Forcierung des Arbeitstempos – im Mittelwerk ebenso gang und gäbe waren wie andernorts in der Industrie.

Er habe gehört, «einige Häftlinge» seien im Werk geschlagen worden, räumte Arthur Rudolph 1947 vage ein. Der Kapo Georg Finkenzeller wurde deutlicher. Er beschuldigte Rudolphs Stellvertreter Karl Seidenstücker und «praktisch das gesamte Personal» der Abteilung «Betriebsarbeitseinsatz», insbesondere die Ingenieure Kuhlmann, Weckbrodt und Raschdorf, Häftlinge entweder selbst mißhandelt oder ihre Bestrafung angeordnet zu haben. Seidenstückers – zusammen mit Sawatzkis – Namen hatte schon Mitte April 1945 der aus Nordhausen stammende, im Mittelwerk als Friseur beschäftigte Gerhard Hobert einem amerikanischen Vernehmungsoffizier im selben Zusammenhang genannt.

Demgegenüber wollte Dieter Huzel, technischer Direktionsassistent von Brauns, der 1952 in seinem Buch *From Peenemünde to Canaveral* die Existenz des KZ gänzlich unterschlagen hatte, im nachhinein bei einem Besuch im Mittelwerk Anfang 1945 nur bemerkt haben, daß die im Büro eingesetzten Häftlinge «gelegentlich miteinander plauderten und leise lachten». Und Seidenstücker konnte sich später weder an Weckbrodt und Raschdorf noch überhaupt an die Rudolph und ihm unterstellte Abteilung «Arbeitseinsatz Häftlinge» erinnern. Kuhlmann allerdings kenne er; er habe ihn «abgestellt als Arbeitseinsatzingenieur», wisse aber nicht mehr, «welcher Abteilung [Kuhlmann] zugeordnet worden» sei.

Mittlerweile war die Stückzahl montierter Raketen von einem Monatsdurchschnitt um 150 während der ersten Jahreshälfte 1944 auf 300 im August gestiegen. Während der Monate September und Oktober hatte sie sich nochmals mehr als verdoppelt – eine Ziffer, die auch im November und Dezember nicht wieder unterschritten wurde.

Hinter den Durchschnittszahlen verbarg sich ein drastischer Produktionsrückgang im Juni und Juli. Er hatte seine Ursache in Hitlers (freilich bald widerrufener) Weisung, die Flugbomben- auf Kosten der Raketenfertigung zu steigern. Anfang März 1944 war die Serienherstellung der Fi 103 beim

Volkswagenwerk Fallersleben – gleichfalls unter Einsatz von KZ-Häftlingen – angelaufen. (Auch sie sollte im Laufe des Jahres zunehmend ins Mittelwerk verlagert werden, als Fallersleben mehrfach bombardiert wurde.) Eine Woche nach der alliierten Landung in der Normandie am 6. Juni hatte der Einsatz der Flugbombe gegen London begonnen, war Goebbels' Propaganda dazu übergegangen, der Bevölkerung die Existenz einer «revolutionären» Vergeltungswaffe V 1 vorzugaukeln.

Im Herbst 1943 hatten auf dem SS-Übungsgelände Blizna nordöstlich von Krakau (später infolge des sowjetischen Vorrückens verlegt in die Tucheler Heide bei Bromberg) die A 4-Schießversuche mit scharfem Sprengkopf ihren Anfang genommen. Noch monatelang wiesen die Raketen jedoch «zahllose Fehlerquellen» (Speer) auf, obwohl Wernher von Braun am 9. September 1943 der Kommission für Fernschießen erklärt hatte, die Entwicklung des A 4 sei «praktisch zum Abschluß gekommen» – eine vorschnelle Festlegung, der die anhaltenden Mißerfolge in Blizna nach Hölskens berechtigtem Urteil «Hohn sprachen».

Die wichtigste Ursache solcher Mißerfolge waren «Luftzerleger», Abstürze infolge Auseinanderbrechens der Rakete beim Wiedereintritt in die dichte Atmosphäre, die erst im Spätsommer 1944 weitgehend behoben werden konnten. Nur zehn bis 20 Prozent der abgefeuerten Geschosse schlugen zunächst regulär ein. Durch immer neue Änderungen bei aufeinanderfolgenden Versuchsreihen suchte von Brauns Entwicklungswerk die Schwächen zu beheben. Als am 8. September 1944 die erste gegen London gerichtete Rakete den Vorort Chiswick traf, handelte es sich auch nach Dornbergers Eingeständnis um eine «unzureichende Waffe».

Dennoch wurde das A 4 in Goebbels' Ministerium unverzüglich umgetauft in V 2. Wiederum sollte der Mythos deutscher Technik, sollte eine weitere rätselumwitterte Waffe Unbesiegbarkeit, Rettung in letzter Sekunde vor der drohenden

Niederlage suggerieren. «V 2, die ‹Blitz-Rakete›» – «Die furchtbaren Wirkungen von V 2» – «V 2 hinter der Schweigewand» – «V 2: Der lange Arm unserer Offensive» – «Panik auf den USA-Nachschubstraßen»: Mit immer neuen Schlagzeilen hämmerte der «Völkische Beobachter», hämmerte in seinem Gefolge die Soldatenzeitung «Front und Heimat» ihrer Leserschaft die Legende ein von der «qualitativen Überlegenheit» eines Deutschland, das USA wie UdSSR bei sämtlichen Wehrmachtsteilen – Luftwaffe, Heer, Marine – waffentechnisch längst überflügelt hatten.

Es konnte kaum ausbleiben, daß die NS-Spitze selbst dem Wunschdenken verfiel, das sie zu verbreiten trachtete. Der Symbolwert der «Vergeltungswaffen» wuchs – psychologisch leicht nachvollziehbar – in dem Maße, in dem die materielle Überlegenheit der Alliierten dem Regime die eigenen, unüberschreitbaren Grenzen immer erdrückender vor Augen führte. Solche Flucht in die Illusion war nicht neu in Deutschland: Angesichts der drohenden Niederlage im Ersten Weltkrieg hatte man sich schon einmal beim Generalstab der trügerischen Hoffnung hingegeben, «die zahlenmäßige Überlegenheit des Gegners durch höhere technische Qualität der Waffen zu kompensieren» (Trischler). Noch katastrophaler fiel die Selbsttäuschung der NS-Größen aus: Der militärische Wert der Fernwaffen war gleich null – aber Himmler wie Goebbels phantasierten sich zurecht, ihr Einsatz zehre an den britischen «Nerven», an Englands «Kraft» gar zur Kriegführung.

Um so rücksichtsloser bemächtigte Hans Kammler, nach dem Attentat vom 20. Juli von Himmler mit Sondervollmachten ausgestattet, sich der Zuständigkeit auch für den Fronteinsatz der letzten prestigeträchtigen Waffen des Dritten Reiches. Und um so brutaler reagierte die SS, als waggonweise defekte Raketen von der Front ins Mittelwerk zurückgesandt wurden, häufig begleitet von Sabotageberichten – durchstochene, durchschnittene und verstopfte Druckleitungen, Holzkeile oder lose Schrauben im Geräteteil.

Im Stammlager des neuen KZ «Mittelbau» hatten sich russische, französische und deutsche Widerstandsgruppen gebildet. SS und SD war ihrerseits der Aufbau eines Spitzelsystems aus kriminellen Häftlingen gelungen. Im Oktober und November setzten Massenverhaftungen ein. Insbesondere sowjetische Insassen wurden im «Bunker» bei «verschärften» Vernehmungen unmenschlich gefoltert, 21 Häftlinge bereits im November/Dezember «sonderbehandelt» – hingerichtet.

Zahlreiche Nebenlager (Ellrich, Harzungen, Rottleberode, Niedersachswerfen, Blankenburg, Osterode) sowie SS-Baubrigaden (besonders Wieda und wiederum Ellrich) waren im Oktober in den Konzentrationslagerkomplex «Mittelbau» eingegliedert worden. Für sie galt keine durch das «Produktionsinteresse» von Mittelwerk und SS bedingte Milderung des Terrors bei der Arbeit. Von entsprechender Grausamkeit, analog zur Aufbauphase des Mittelwerks, waren die Existenzbedingungen der Häftlinge. Auf das Gesamtlager bezogen, stieg die Sterblichkeit denn auch bereits im Dezember gegenüber dem Vormonat aufs Doppelte; gegenüber der des Stammlagers betrug sie das nahezu Neunfache.

Am 12. Januar 1945 begann die sowjetische Generaloffensive, die die deutsche Ostfront zerschlug. Zwischen dem 17. und 20. Januar wurden Auschwitz und das I. G. Farben-KZ Monowitz geräumt. Stutthof, Kulmhof, Majdanek waren schon vorausgegangen, Groß-Rosen folgte. Riesige Häftlingsströme schleppten sich, zu Fuß vorwärtsgetrieben, oder rollten, mit Waggons verfrachtet, ins Reichsinnere und wurden dort in die KZs gepfercht.

Im Januar trafen über 3000 Häftlinge aus Auschwitz und Monowitz in Mittelbau ein, im Februar/März folgten fast 15000 aus Auschwitz und Groß-Rosen. Obwohl im selben Zeitraum 7000 Insassen aus Mittelbau nach Sachsenhausen, Bergen-Belsen und anderen Lagern geschafft wurden, hatte die Lagerstärke bis Ende März auf über 40000, die Belegung des Stammlagers auf fast 16000 Menschen zugenommen.

«Gruppenbild mit Führer», aufgenommen bei Hitlers Besuch des Artillerieschießplatzes Kummersdorf bei Berlin, Versuchsstelle West, am 23. März 1939: 5. Reihe Wernher von Braun, 2. Reihe von rechts Walter Dornberger

Archiv des Autors

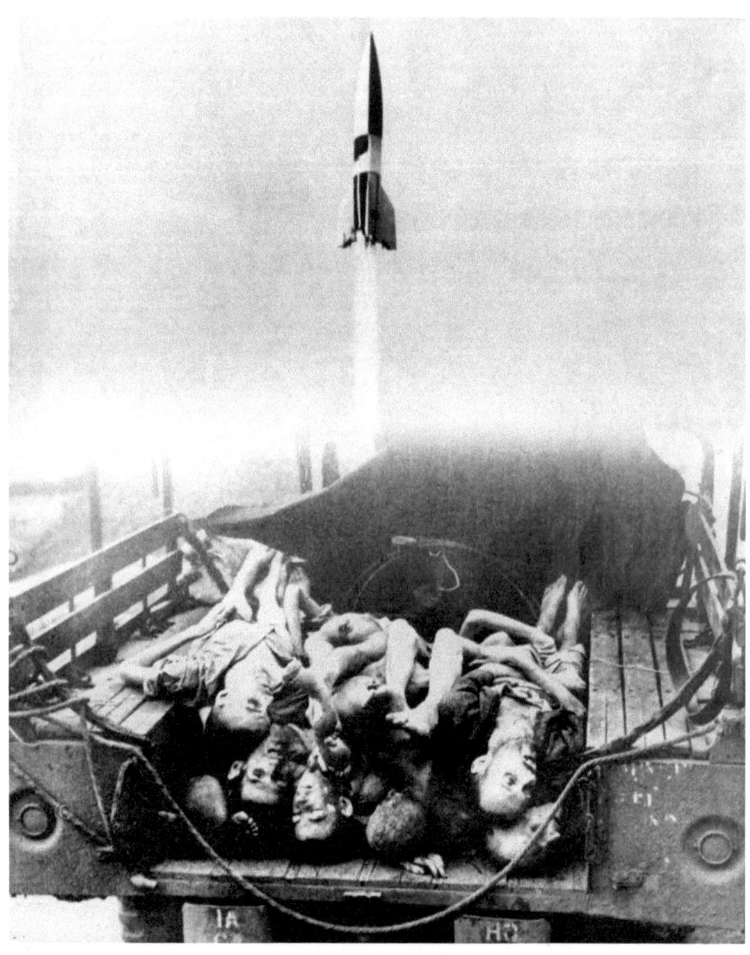

«Schreit ein Bild auf wie ein toter Körper? Die Leichname derer, die die Rakete nie kommen hörten, verrotten inmitten der Trümmer, doch das Bild gräbt sich ein bei allen, die Augenzeugen waren. Heute sind wir ausnahmslos Augenzeugen – Betrachter der Zeugnisse einer Zivilisation, die alles Leben der Macht unterordnete.» (Alvin Gilens)

Startende V 2 (1943); Abtransport toter Häftlinge aus dem Krematorium des KZ Mittelbau-Dora (1945).

Montage: Alvin Gilens

Eine weiterentwickelte V 2 mit Kernsprengkopf: Redstone – die mobile taktische Rakete, die Wernher von Brauns Ruf in den USA begründete. Gebaut für die amerikanische Armee, 1958 einsatzbereit, wurde sie unverzüglich in der Bundesrepublik stationiert (und 1963 durch die Pershing 1 abgelöst). Die V 2 war noch nach Westen geflogen. Die potentiellen Ziele der Redstone lagen im Osten.

U. S. Army

Fußend auf der Redstone: das Mittelstreckengeschoß Jupiter (Reichweite 3000 km), die nächste Vernichtungswaffe, die Wernher von Braun und seine Mitarbeiter in Huntsville (Alabama) konstruierten. Die Jupiter wurde 1960 in Italien und der Türkei stationiert (30 bzw. 15 Raketen), drei Jahre später abgezogen und durch Polaris-bestückte Atom-U-Boote im spanischen Flottenstützpunkt Rota ersetzt.

U. S. Army

Wernher von Braun (1912–1977) und Walter Dornberger (1895–1980), beide von Hitler mit dem Ritterkreuz dekoriert, bei der Verleihungsfeier Ende 1944 im Peenemünder Offizierskasion. Bereits anderthalb Jahre zuvor hatte der «Führer» Wernher von Braun den Professorentitel verliehen, als er der Produktion des Aggegats 4 (von Goebbels V 2 getauft) die höchste Dringlichkeitsstufe zuerkannte.

Deutsches Museum, München

Der britische Luftangriff auf Peenemünde am 18. August 1943 löste den «Führerbefehl» aus zur Untertageverlagerung der V2-Fertigung. Die Wahl fiel auf ein bereits teilweise untertunneltes Gipsmassiv im Südharz, den Kohnstein bei Nordhausen. Hier entstand die unterirdische Produktionsstätte mit der Tarnbezeichnung «Mittelwerk». Am 28. August 1943 trafen aus Buchenwald die ersten 107 KZ-Häftlinge ein, um mit dem Werksaufbau zu beginnen; Zehntausende sollten folgen. Die Aufnahme zeigt den getarnten Eingang zum Tunnelsystem nach dem Einrücken der amerikanischen Truppen im April 1945. *U. S. Army*

Links: Albin Sawatzki (1909–1945), NSDAP-Mitgl. 2054317 (1933), Produktionschef des Henschel-Konzerns für die Tiger-Panzerfertigung, 1943 Direktor (Abt. Fertigungsplanung) des Mittelwerks, versetzte «dann und wann manchem Arbeiter einen Tritt», kam 1945 unter ungeklärten Umständen ums Leben.

Rechts: Arthur Rudolph (1906–1995), NSDAP-Mitgl. 562007 (1931), forderte KZ-Häftlinge für Peenemünde an, 1943 Betriebsdirektor (Abt. Montage, ziviler & Häftlingsarbeitseinsatz) des Mittelwerks, stieg in den USA zum Entwicklungsleiter des Saturn-V-Mondraketenprogramms auf.

Links: Georg Rickhey (1898–1970), NSDAP-Mitgl. 664050 (1931), DEMAG-Geschäftsführer, 1943 Generaldirektor des Mittelwerks, fand die monatliche Totenzahl im KZ Mittelbau-Dora zwischen April und Oktober 1944 «nicht ungewöhnlich», wurde 1947 als Kriegsverbrecher angeklagt und freigesprochen.

Nur mit Muskelkraft mußten die Häftlinge während der Aufbauphase des Mittelwerks tonnenschwere Maschinen in das Tunnelsystem schaffen und aufstellen. Der Stollenvortrieb erfolgte mit Hilfe schwerer Preßluftbohrer; der Abtransport auch massiver Steinbrocken mußte mit Händen und Schaufeln bewältigt werden. Ob während der Arbeit oder zu den Mahlzeiten, beim Wecken wie beim Antreten wurde aus Anlaß geringster «Ordnungs»verstöße geprügelt.

Skizze: Werner Brähne
(techn. Zeichner «Mittelwerk»)

Bis zum März 1944 vegetierten die Häftlinge in den Stollen ohne Belüftungsanlagen, Trink- oder Waschwasser. «Vernichtung durch Arbeit» hieß die unvermeidliche Konsequenz. Ein knappes Drittel der Lagerinsassen, die starben, war noch nicht 30, ein weiteres Drittel noch keine 40 Jahre alt. Massentransporte mit «unproduktiven» Schwerkranken und Invaliden gingen nach Majdanek und Bergen-Belsen.

Skizze: Werner Brähne
(techn. Zeichner «Mittelwerk»)

V 2-Serienfertigung im Tunnelsystem des Mittelwerks. «Das Durchmarschieren und Betreten des B-Stollens von Halle 24–41» – so die Anordnung der Betriebsdirektion auf der Tafel links vorn – war «allen nicht darin beschäftigten Gefolgschaftsmitgliedern (= Betriebsangehörigen) und Häftlingen strengstens verboten.»

Smithsonian Institution
Washington

Massenerhängung sowjetischer KZ-Insassen zur «Vergeltung» nach einem Ausbruchsversuch am 20. März 1945. Zuvor wurden die skelettartig abgemagerten Häftlinge durch SS-Wachen und Kapos zum Verstummen gebracht: Kantige Holzstücke, quer in den Mund gepreßt und mit Draht im Nacken zusammengezogen, dienten als Knebel. Die Opfer wurden bei niedriger Fallhöhe langsam stranguliert, einigen der noch Lebenden vom Lagerhenker der Schädel eingeschlagen. Die heimlich angefertigte Zeichnung stammt von dem überlebenden französischen Häftling Léon Delarbre.

Unter infernalischen Bedingungen spielte sich die «Evakuierung» des Lagers Mittelbau-Dora beim Näherrücken der alliierten Truppen ab. In der Kreisstadt Gardelegen, zwischen Stendal und Wolfsburg, fanden amerikanische Soldaten in und um eine Lagerscheune die Leichen von 1016 verbrannten oder niedergemähten Häftlingen.

Life

Joseph Goebbels, *Die Tagebücher*, Eintrag vom 6. September 1944

«Abends bin ich bei Dr. Ley zu Besuch und lerne dort Professor Braun, den Erfinder der A 4-Waffe, kennen. Er hält mir ausführlich Vortrag über das neue Gerät. Er weiß noch nicht, daß es in der Nacht zum Einsatz kommen soll, und ist über meine diesbezügliche Mitteilung sehr erfreut. Professor von Braun schildert mir die Wirkung der Waffe im einzelnen, die er bei einem Schuß aus hundert Meter Entfernung selbst hat beobachten können. Sie muß geradezu sensationell sein. Allerdings ist sie noch nicht in bebautem Gelände, wie in einer Stadt wie London oder Paris ausprobiert worden; das bleibt noch abzuwarten.»

Alles andere als ein «weltfremder» Ingenieur, gefragt auch bei Nazigrößen: Wernher von Braun. Ende 1944, als der Kriegseinsatz der V 2 anlief, war er eingeladen bei Robert Ley, dem Reichsorganisationsleiter der NSDAP. «Ausführlich» beschrieb er Goebbels dort die Wirkung der Rakete, die dieser bald zur «Wunderwaffe» stilisieren sollte. Annähernd 6000 V 2 produzierte die Häftlingsbelegschaft des Mittelwerks. «Erfolgreich» abgefeuert, hauptsächlich gegen London und Antwerpen, wurde knapp über die Hälfte. Die Waffenfertigung ging bis kurz vor Ende des NS-Regimes weiter. Am 27. März 1945 fanden die letzten Abschüsse statt.

Die Tagebücher von Joseph Goebbels, Teil II, Band 13, hg. von Elke Fröhlich (im Auftrag des Instituts für Zeitgeschichte), München: K. G. Saur 1995, S. 424

14. RICKHEY, Georg Johannes
Born: 29 August 1898
Occupation: Engineer

General-Manager of "MITTELWERK"
Nazi Party member since 1 Oct. 1931.
Party number 664,050

Activities:

End April 1944 – April 1945 — **General-Manager of "MITTELWERK" GMBH, at ILFELD-NORDHAUSEN. Special firm for production of V-1 and V-2 rockets.**

This defendant is accused of:

Instituting a production speed-up system which over-taxed the strength of the prisoners to such an extent that hundreds died from exhaustion.

Making accusations of sabotage to the SD and Gestapo for the most trifling things which resulted in the execution of the prisoners by hanging inside and outside the tunnels.

By failing to use the power inherent in his position, taking a consenting part in the death by exhaustion and other means of many hundreds of prisoners.

Quotation from a statement of RICKHEY.

An internal regulation assigned to me the task of representing MITTELWERK as its "Foreign Minister" towards government authorities and offices; towards the SS, Sawatzki kept his exceptional position, as well as towards the Special Board for V-weapons. In case two managers would have discrepancies of opinion, or votes were even, my vote was supposed to decide. Each manager was responsible for his department. When I started my job I was in the position to choose my departments and picked the main purchasing section and the personnel section; purchasing because of its dominating importance to production, and personnel for the purpose of creating regular working conditions by successively employing better staff members.

Quotation from an interrogation of RICKHEY.

. . . .

Q We refer now to the contract which you mentioned; what did the contract say your duties were to be?
A The contract said I was appointed chief-manager of the "MITTELWERK" GMBH and that the duties between the three other managers and myself were to be assigned according to my suggestions, although legally all managers are on the same level. The contract stated that I was to be the representative of MITTELWERK in all actions with other instances concerning all armament matters.

. . . .

Q When was the first time you were in camp DORA?
A The middle of May 1944.
Q What did you do in DORA?
A I visited FOERSCHNER.

. . . .

Q Did you know that prisoners were beaten and hanged in DORA for certain things which they were alleged to have done?
A I never got any news about what was going on in camp DORA, because that was sealed off from me, but once when I came back from a trip I was told by Mr. Sawatzki that some action had been taken inside the tunnels against some espionage cases.

. . . . . You see? Even Mr. RICKHEY, the boss, "did not know".

Einziger Ingenieur der V 2-Fertigung, der jemals vor Gericht gestellt wurde, war der DEMAG-Geschäftsführer Georg Rickhey, Generaldirektor des Mittelwerks. 1947 im «Dora-Nordhausen»-Kriegsverbrecherprozeß angeklagt, vermochte er den Richtern zu suggerieren (erfolgreich, wie sein Freispruch bewies), während der Arbeit seien die Häftlinge nicht anders behandelt worden als das zivile Personal. Erst später tauchte ein von Rickhey selbst unterzeichnetes Dokument auf, aus dem das Gegenteil hervorging.

AT WHITE SANDS, N. MEX., DR. WERNHER VON BRAUN (CENTER), ORIGINATOR OF THE V-2 PROGRAM, DESCRIBES THE TAIL ASSEMBLY OF A ROCKET (FOREGROUND)

NAZI BRAINS HELP U.S.

Hunderte deutscher Naturwissenschaftler und Techniker, darunter Wernher von Braun und zahlreiche weitere Peenemünder Ingenieure, wurden nach 1945 im Rahmen des Geheimunternehmens «Büroklammer» (Paperclip) in die USA gebracht, die NS-Vergangenheit nicht weniger gezielt verschleiert. Die breite Öffentlichkeit erfuhr Ende 1946 von der Rekrutierungspraxis. «Nazi-Geistesgrößen unterstützen die Vereinigten Staaten», lautete die Überschrift des entsprechenden Artikels in der Illustrierten *Life*, der unter einem halbseitigen Foto Wernher von Brauns begann.

Life

Wernher von Braun mit Generalmajor John B. Medaris, seinem Vorgesetzten von 1956 bis zu seiner Zuordnung zur Raumfahrtbehörde NASA 1960. Medaris war nach Dornberger und Toftoy der dritte Armeeoffizier, der auf von Braun setzte in dem Bestreben, die Fernwaffenentwicklung voranzutreiben und dem Heer dabei einen führenden Platz zu sichern. Rechts Kurt Debus, Leiter des Hauptprüfstands VII in Peenemünde, später Direktor des Raketenabschußzentrums Cape Canaveral. Die amerikanische Militärregierung hatte Debus, nacheinander Mitglied der SA und der SS, ebenso wie Arthur Rudolph zunächst als «eingefleischten Nazi» beurteilt.

Erst kam der Sputnik-Schock Wernher von Braun zu Hilfe, dann das Pech der Konkurrenz: Nachdem Anfang Dezember 1957 die zivile Vanguard-Rakete explodiert war, erhielt die Jupiter C – eine Redstone mit gebündelten Feststoffraketen als zweiter und dritter Stufe – ihre Chance. Am letzten Januartag 1958 startete sie den ersten amerikanischen Erdsatelliten, Explorer I. Er entdeckte die nach dem Physiker James A. Van Allen benannten Strahlungsgürtel der Erde.

U. S. Army

«Wir haben eine vorzügliche Chance, den Sowjets zuvorzukommen», erklärte Wernher von Braun dem amerikanischen Vizepräsidenten Lyndon B. Johnson, «und zwar bei der ersten Landung einer Besatzung auf dem Mond.» Das war es, was der neugewählte Präsident John F. Kennedy nach dem Debakel in der kubanischen Schweinebucht hören wollte: Amerika sollte «gewinnen» bei einem Raumprogramm, das «dramatische Ergebnisse» verhieß. Am 25. Mai 1961 verkündete er vor dem amerikanischen Kongreß das Mondprojekt Apollo. Im Herbst 1963, kurz vor seiner Ermordung, besuchte Kennedy (Mitte) zusammen mit Johnson (rechts) das George-Marshall-Raumfahrtzentrum der NASA in Huntsville, zu dessen Direktor Wernher von Braun noch unter der Regierung Eisenhower ernannt worden war.

Die hoffnungslose Überfüllung sorgte dafür, daß Unterbringungs-, Ernährungs- und sanitäre Verhältnisse erneut denen der Anfangsphase glichen. In den beiden Monaten Februar und März starben zusammen rund 5000 Häftlinge. Die Verstorbenenmeldungen lesen sich wie ein einziger endloser Kommentar zu dem Tatbestand «Vernichtung durch Arbeit und Unterernährung» – Herz- und Kreislaufversagen infolge allgemeiner Körperschwäche, Tuberkulose, fiebrige Darmkrankheiten, Lungenentzündung, die die Opfer buchstäblich in Abständen von Minuten dahinrafften. Das Krematorium reichte nicht mehr aus. Die Leichen wurden zusammen mit Holzscheiten zu riesigen Würfeln gestapelt, mit Benzin übergossen und angezündet. «Der Feuerschein der brennenden Leichenpyramiden in Dora und einigen Nebenlagern konnte von den Zivilisten (des Mittelwerks) gesehen werden» (Dieckmann).

Unter den Lagerinsassen wuchs die Verzweiflung, bei den SS-Bewachern die Brutalität. Als eine Häftlingsgruppe im März einen Ausbruchsversuch aus dem «Bunker» unternahm, wurden elf noch am selben Tag exekutiert. Zur «Vergeltung» erfolgten am nächsten Tag sowie am 20./21. März zwei Massenhinrichtungen, die insgesamt 118 sowjetische Häftlinge das Leben kosteten – die erste auf dem Appellplatz des Lagers, die zweite in der Untertageanlage des Mittelwerks.

Die skelettartig abgemagerten, von den erlittenen Mißhandlungen gezeichneten Häftlinge wurden zuvor geknebelt, indem man ihnen kantige Holzstücke quer in den Mund preßte und mit Draht im Nacken zusammenzog. Auch die sonstigen Umstände der Exekutionen waren von barbarischer Grausamkeit. Der Lagerhenker, der Berufsverbrecher Josef Kilian, hat sie für die zweite Massenerhängung, die mit Hilfe auf Schienen montierter Laufkräne in einem der beiden Hauptstollen des Untertagewerks stattfand, selbst beschrieben:

«Es sind je 30 Häftlinge in zwei Partien erhängt worden... Mit herbeigeschafften Ketten habe ich die beiden Enden eines T-Trägers an den Zügen der Laufkräne befestigt. Anschließend habe ich 30 Stricke in gleichmäßigen Abständen um den Eisenträger geschlungen... Die Häftlinge mußten in zwei Reihen Rücken an Rücken Aufstellung nehmen. Dann habe ich den Eisenträger in Schulterhöhe heruntergelassen und die Schlingen umgelegt. [Auf Knopfdruck ging der elektrisch gesteuerte Laufkran in die Höhe]... Auf diese Weise sind die 30 Häftlinge stranguliert worden... Auf Befehl der SS mußten die Zuschauer in Sechser- oder Achterreihen an den Erhängten vorbeimarschieren... Ich weiß mit Bestimmtheit, daß SS-Leute auf diejenigen einschlugen, die den Kopf abwandten.»

Dies war die Exekution, von der im einleitenden Kapitel bereits die Rede war. Den Häftlingen war die Anwesenheit befohlen worden. Anders verhielt es sich mit einem Teil des zivilen Personals, wie Arthur Rudolph zugab, als er – schon in den USA – zu diesem Punkt vernommen wurde:

Frage: Wurden sie ebenfalls in den Tunnel befohlen?
Antwort: Die Anwesenheit von Zivilpersonen wurde nicht angeordnet, aber einige nahmen teil. Ich war nicht die ganze Zeit anwesend...
Frage: Waren (die Häftlinge) tot, als sie eintrafen? Haben sie sich bewegt?
Antwort: Ich weiß es nicht – ich weiß nur, daß einer nach meinem Eintreffen noch mit den Knien zuckte...
Frage: War Dr. Rickhey unter den Anwesenden?
Antwort: Ich weiß es nicht...

Kilian sagte während des Dora-Nordhausen-Kriegsverbrecherprozesses aus, Rickhey sei mit zahlreichen anderen Zivilpersonen ebenfalls zugegen gewesen. Rickhey bestritt dies.

Die Waffenfertigung im Mittelwerk ging zu Ende. Die letzte Rechnung für 362 montierte V 2 war drei Tage zuvor, am 18. März, ausgestellt worden. Eine Gruppe technischer und kaufmännischer Spezialisten aber verfolgte kurz vor Toresschluß noch eine grausame Hinrichtung – freiwillig und in Gegenwart von Häftlingen, die zum Teil nur durch Mißhandlungen dazu gebracht werden konnten, den Blick nicht abzuwenden.

Oberammergau und Gardelegen: Die fundamentale Ambivalenz der Raketenrüstung

«Mit der Einnahme deutscher Konzentrationslager häufen sich Beweise für eine Barbarei, die den Tiefpunkt menschlicher Verkommenheit erreicht», betitelte die amerikanische Illustrierte *Life* in ihrer Ausgabe vom 7. Mai 1945 einen sechsseitigen Bericht. Die Fotos zeigten neben Leichenbergen entkräftete, zu Skeletten abgemagerte Häftlinge aus Buchenwald, Bergen-Belsen und Mittelbau-Dora. «Höllische Fabrik» hatte das Nachrichtenmagazin *Newsweek* zwei Wochen zuvor seine Reportage überschrieben, und «Höllenloch Nordhausen» lautete die Titelzeile eines Armeezeitungsberichts vom 11. April über die Befreiung Mittelbau-Doras:

> «... Hunderte von Leichen lagen über das Lagerareal verstreut. Die Baracken waren mit weiteren Hunderten vollgestopft. Sie bildeten verkrümmte Haufen, bloße Fetzen am Leib, die Münder aufgerissen in Schmutz und Stroh; oder man hatte sie nackt, wie Stapelholz, in Ecken und unter Treppen aufgetürmt.
>
> Allerorten lagen zwischen den Toten die Lebenden – ausgezehrte Gestalten, deren fiebrig glänzende Augen passiv auf die Erlösung des Todes warteten. Ein gräßlicher Gestank nach Verwesung hing in der Luft, und wie ein hoffnungsloses Klagelied erschollen, anschwellend und verklingend, die schwachen Rufe der Unglücklichen. Hier und da torkelte eine einzelne Gestalt entlang, langsam schlurfend wie im Traum.»

Kein anderes Bild bot sich den amerikanischen Truppen am 6. Mai, zwei Tage vor der deutschen Kapitulation, bei der Einnahme des Lagers Ebensee im österreichischen Salzkammergut. Hier hatte die SS, wiederum unter dem Befehl des Brigadeführers Hans Kammler, Häftlinge aus dem KZ Mauthausen eingesetzt zur Verwirklichung des zweiten unterirdischen Großprojekts im Zusammenhang mit Peenemünde: Wie die Fertigung ins Mittelwerk, so sollte die Entwicklung verlagert werden in eine Stollenanlage auf österreichischem Gebiet mit der Tarnbezeichnung «Zement».

Dabei ging es um die bereits erwähnte Flugabwehrrakete «Wasserfall» – vor allem aber um das A 4-Nachfolgemodell A 9, Zweitstufe der projektierten «Amerika-Rakete» A 9/A 10, an der Hitler sich schon 1942 berauscht hatte. «Wir wollten Tausende von Kilometern zurücklegen», strich Dornberger später heraus, und Engelmann kommentierte stolz, das «erfolgreiche» Muster sei bereits «auf dem Wege» gewesen zur Interkontinentalrakete.

Dieser Weg endete freilich bei einem einzigen Start des A 9-Vorläufers A 4b im Januar 1945. Nicht anders als beim A 4 sollte er über die Zwangsarbeit Tausender von KZ-Insassen führen – so die gemeinsame Planung Speers, Dornbergers, Degenkolbs und Kammlers zwischen August und Dezember 1943. Laut Dienstanweisung vom Dezember mitverantwortlich für deren Umsetzung in Detailentwürfe: Wernher von Braun in seiner Funktion als Chef des Entwicklungswerks.

> «Nach Prüfung durch den Leiter des Verbindungsstabes werden die Unterlagen 1) zwecks Einverständniserklärung durch Prof. v. Braun und 2) zwecks Genehmigungsvermerkes durch den Herrn Kommandeur Oberst Zanssen vorgelegt. Nach Eintragung der Vermerke werden diese Unterlagen dem Verbindungsstabe wieder zugeleitet zwecks Übergabe an die Bauleitung des SS Hauptwirtschaftsamtes am Verlagerungsort und gilt erst dann als verbindliche Unterlage.»

Planungsziel für «Zement», illusionär wie schon im Falle des A 4: die Versuchsfertigung von monatlich 20 «Wasserfall» und ebenso vielen A 9. Als die anglo-amerikanischen Luftangriffe jedoch an Schärfe ständig zunahmen, die alliierte Invasion Erfolg hatte, der Einsatz des A 4 sich aber immer wieder verzögerte, rückten Speer und Hitler Mitte 1944 von sämtlichen weitreichenden Programmen ab. Priorität erhielt statt dessen die Unterbringung von Raffinerieanlagen, nachdem die Alliierten die systematische Bombardierung sämtlicher Treibstoffabriken eingeleitet hatten. Bis zum letzten Augenblick wurden die Ebensee-Häftlinge bei «längst sinnlos gewordener» Arbeit (Freund) in den unterirdischen Stollen geschunden, die sie ab Herbst 1943 ausgesprengt hatten. Überfüllung des Lagers gegen Kriegsende sorgte für ähnlich unerträgliche Verhältnisse wie in Mittelbau-Dora.

In beiden Lagern hatte die SS-Wachmannschaft die Anweisung erhalten, den näherrückenden amerikanischen Truppen dürfe kein Häftling lebend in die Hände fallen. Den nationalen Widerstandsgruppen, die sich zu einem illegalen Lagerkomitee zusammengeschlossen hatten, gelang es im Falle Ebensees, durch einheitliches Auftreten die geplante Vernichtung abzuwenden. In Mittelbau-Dora dagegen war die Kraft der Widerstandsbewegung durch die Massenhinrichtungen gebrochen worden. Ein Teil der Wachen setzte sich ab. Nur Konflikte unter den verbliebenen SS-Chargen verhinderten die Ausführung des Befehls, die Insassen entweder in den Stollenanlagen zu vergasen oder auf dem Appellplatz zu erschießen. Nicht verhindern konnten sie die Räumung des Lagers.

In jenen Tagen, während derer das Dritte Reich zusammenbrach, trat die fundamentale Ambivalenz der Raketenrüstung noch einmal unverhüllt zutage. Für die Häftlinge, die von der Evakuierung Mittelbau-Doras betroffen waren, sollten Grauen und Terror sich neuerlich in kaum vorstellbarem Maße steigern. Wernher von Braun dagegen, Walter Dornberger, Arthur Rudolph und anderen Technikern des NS-Staates, die Mitverantwortung trugen für den verbrecherischen Arbeitseinsatz dieser selben Häftlinge, sollte ein Beschluß zugute kommen, den die USA und England nach der Invasion gefaßt hatten – nämlich Wissenschaft und Technik des besetzten Deutschland auszubeuten, zunächst für die weitere Kriegführung gegen Japan, danach zum eigenen industriellen Vorteil. Dies schloß die «Nutzung des Talents» deutscher Wissenschaftler oder Ingenieure ein – auch, wie sich erweisen sollte, um den Preis von Praktiken, welche (nach dem jüngst noch einmal gefällten, wohlbegründeten Urteil des amerikanischen Historikers John Gimbel) «die amerikanische Entnazifizierungspolitik zur Farce machten». Damit war das Fundament gelegt für die Nachkriegskarriere der «Raketenpioniere», die von den Siegermächten «ohne eine Spur von Scham» (Mittelbau-Häftling Jean Michel) in ihre Dienste gestellt wurden – ihres Anteils ungeachtet an der (noch einmal Michel) «unerhörten Summe an Elend, Leid und Tod» in Mittelbau-Dora wie in Ebensee.

Im KZ Mittelbau wurde zur Verstärkung der SS ein bewaffnetes Häftlingskommando aus Berufsverbrechern gebildet und vom 4. bis 7. April 1945 die Evakuierung des Lagerkomplexes durchgeführt. In Form von Transporten, die jeweils Tausende von Häftlingen umfaßten, spielte diese Evakuierung sich unter wahrhaft infernalischen Bedingungen ab:

> «Wir fuhren in Sonderzügen drei Tage lang in der Gegend herum, ohne ein Auffahrtgleis zu finden, da viele Strecken durch Tiefflieger inzwischen zerstört waren. In den Viehwaggons, in die wir bis zu 150 Mann hineingepreßt waren, trugen sich furchtbare Szenen zu. Die Häftlinge durften nicht austreten, um ihre Notdurft zu verrichten. Viele erstickten in der qualvollen Enge. Dabei hatten die Häftlinge seit vielen Tagen nicht die geringste Nahrung mehr bekommen. In den Russenwaggons fielen die Häftlinge über ihre sterbenden Kameraden her und schnitten sich Fleischstücke heraus, die sie roh verzehrten.»

Schließlich mußten die Transporte zu Fuß fortgesetzt werden. Wer aus Erschöpfung zurückblieb, wurde von SS und kriminellen Häftlingen erschossen oder erschlagen. Hauptziel der Märsche war das bereits hoffnungslos überfüllte Lager Bergen-Belsen, für das es – wie der französische, nach Deutschland deportierte Widerstandskämpfer Bruder Birin (Alfred Untereiner) rückblickend schrieb – «einer wortgewaltigeren Sprache als der unseren bedürfte, um mit Strichen aus Feuer und aus Blut die Schrecken einer solchen Leichengrube zu beschreiben». Seit Februar hatte in Bergen-Belsen als Folge planmäßiger Unterernährung und gewollter Seuchen ein Massensterben eingesetzt. Niemand kümmerte sich mehr um die Lagerinsassen. In den Worten des Tagebuchs einer Überlebenden:

> «Die Menschen verfaulen und zersetzen sich im Schmutz. Die düsterste Sklaverei, die man sich vorstellen kann, hat bewirkt, daß das Leben im Lager nichts mehr mit einer menschlichen Auffassung vom Leben gemein hat. In Wirklichkeit handelt es sich darum, den teuflischen und sicheren Tod Tausender menschlicher Lebewesen herbeizuführen.»

Am 11. April erreichten die Reste des Evakuierungsmarsches aus dem Stammlager Mittelbau das KZ Bergen-Belsen. Am selben Tag trafen die überlebenden Insassen des Nebenlagers Rottleberode in der Kreisstadt Gardelegen, auf der Mitte zwischen Wolfsburg und Stendal, ein.

Hier ordnete der 35jährige Bürgermeister und NS-Kreisleiter von Gardelegen, Gerhard Thiele (zuvor Lehrer in Pommern, 1931 der NSDAP beigetreten) zusammen mit dem SS-Transportkommandanten an, über 1000 Häftlinge abzusondern und in eine Lagerscheune zu treiben. In einem Massaker, dessen planmäßige Bestialität an die Vernichtung des französischen Ortes Oradour-sour-Glâne durch die Waffen-SS erinnert, wurde die Scheune von SS-Männern und bewaffneten Kriminellen, von Angehörigen der Wehrmacht, des Volkssturms und des Reichsarbeitsdienstes umstellt und in Brand gesteckt. Wer zu entkommen versuchte, wurde durch MG- und Gewehrfeuer niedergemäht. Die wenigen Überlebenden berichteten später von infernalischen Szenen: Menschen verloren den Verstand, während andere um sie verkohlten oder umkamen, als sie verzweifelt trachteten, sich unter den schweren Türen durchzuzwängen. Erst die Hälfte der später gezählten 1016 Opfer war auf Befehl des Kreisleiters verscharrt worden, als am Abend des 14. April die 102. amerikanische Infanteriedivision Gardelegen überrannte.

Annähernd 6000 Raketen hatte die Häftlingsbelegschaft des Mittelwerks produziert. «Erfolgreich» abgefeuert worden war knapp über die Hälfte – hauptsächlich auf die belgische Hafenstadt Antwerpen und auf London, aber auch gegen andere Städte in England und Westeuropa wie Norwich, Lüttich, Lille oder Maastricht. Die letzten Geschosse schlugen am 27. März in London und Antwerpen ein.

Allein in England tötete die V2 fast 3000 Menschen und verletzte mehr als die doppelte Zahl schwer. Mindestens ebenso hoch waren die entsprechenden Zahlen der Opfer in Belgien; eine Aufschlüsselung nach Raketen- bzw. Flugbombenangriffen fehlt dort.

Im Lagerkomplex Mittelbau-Dora, auf Liquidations- oder sogenannten Evakuierungstransporten wurden nach zurückhaltenden Schätzungen 16000 bis 20000 Menschen zwischen September 1943 und April 1945 vernichtet – binnen eines Zeitraums von wenig mehr als eineinhalb Jahren. Die Feststellung der amerikanischen Anklage im Nürnberger Kriegsverbrecherprozeß gegen Oswald Pohl (den Leiter des SS-Wirtschafts- und Verwaltungshauptamtes), die Fertigung der sogenannten V-Waffen sei «von jenen Ausländern mit dem Leben bezahlt worden, deren Länder dadurch zerstört werden sollten», traf exakt zu.

Während die Häftlingsströme aus dem Osten seit Ende Januar das KZ Mittelbau anschwellen ließen, traf in Peenemünde Kammlers Evakuierungsbefehl ein: Die einstige Heeresversuchsanstalt, mittlerweile Elektro-Mechanische Werke Karlshagen, sollte weitgehend verlagert werden in den Raum Nordhausen-Bleicherode als Teil der schon erwähnten, in letzter Stunde anvisierten «Entwicklungsgemeinschaft Mittelbau». Die Anordnung betraf ungefähr 3000 der knapp viereinhalbtausend noch in Peenemünde Beschäftigten – hauptsächlich jene, die bei der Verbesserung des A 4 und der Entwicklung der «Wasserfall» eingesetzt waren. Wernher von Braun, der vorausflog und nach eigener Aussage im Februar zum letztenmal das Mittelwerk aufsuchte, brach sich Mitte März bei einem Autounfall den linken Arm und die Schulter. Sein Wagen war nachts von der Straße abgekommen, weil der übermüdete Fahrer eingeschlafen war. Am Ende erwiesen zwei Operationen sich als notwendig, damit die Brüche heilten, und von Braun sollte immer noch einen massiven Gipsverband tragen, als er und Dornberger sich am 2. Mai den amerikanischen Truppen ergaben.

Im Chaos des Zusammenbruchs dauerte die Verlagerung von Menschen und Material in den Harz bis Mitte März. Dornberger, der als «Beauftragter z.b.V. Heer» nach dem 20. Juli 1944 Kammler unterstellt worden war – wie auch das Heereswaffenamt seitdem Himmler unterstand –, verlegte seinen Arbeitsstab gleichfalls in den «Mittelraum». Das Vorhaben «Entwicklungsgemeinschaft» erwies sich freilich ebenso als Seifenblase wie andere irreale Rüstungsprojekte der letzten Monate des NS-Regimes. Die Aktivität, die die Techniker in Bleicherode entfalteten, diente nur noch der «Aufrechterhaltung einer Fassade» (Huzel).

Der ausschlaggebende Grund für diese Fassade hieß Kammler. Mochte dessen tönender letzter Titel «Bevollmächtigter zur Brechung des Luftterrors» nichts als Wortgeklingel bedeuten – noch verlieh sein SS-Rang ihm reale Macht. Als er Anfang April befahl, Dornberger und von Braun hätten sich mit fünfhundert ausgewählten Fachleuten zurückzuziehen in jene ominöse «Alpenfestung», aus der der Kampf «weitergeführt» werden sollte, wurde seine Anordnung wiederum befolgt – allerdings nicht, ohne daß die Peenemünder Gruppe diesmal vorgesorgt hätte:

Auf Anweisung Wernher von Brauns beförderten die Ingenieure Dieter Huzel und Bernhard Tessmann vierzehn Tonnen technischer Dokumente, in Kisten verpackt, mit Lastwagen zu dem Ort Dörnten zwischen Goslar und Salzgitter. Dort wurden die Kisten in einem stillgelegten Bergwerk eingelagert und der Stolleneingang gesprengt.

Unter SS-Bewachung fanden die fünfhundert Techniker sich in Oberammergau wieder. Falls Kammler jedoch wirklich vorhatte, wie Speer von ihm erfahren haben will, den amerikanischen Truppen das Wissen der Konstrukteure als «Gegenleistung für seine Freiheit» anzubieten, bleibt sein weiteres Handeln unerklärlich. Er verließ den Ort sogleich wieder, ohne noch einmal zurückzukehren. Erst zwei Wochen lag sein Befehl zurück («Dezimieren, kräftig dezimieren!»), der bei Warstein die Ermordung von über 200 sowjetischen Kriegsgefangenen ausgelöst hatte. Bis zum Schluß hielt Kammler verbissen an der Vorstellung fest, er allein könne mittels der Waffen, über die er zu guter Letzt unumschränkt gebot, «den bevorstehenden Zusammenbruch vermeiden, die Entscheidung aufhalten, ja die Lage wenden» (Dornberger). Daß er auf einen «Handel» der erwähnten Art spekuliert haben soll, mutet wenig wahrscheinlich an.

Nachdem Kammler Oberammergau den Rücken gekehrt hatte, erreichte Wernher von Braun mit dem Argument der Gefährdung durch Luftangriffe zunächst, daß die SS-Wachen einer Aufteilung der Techniker auf die umliegenden Ortschaften zustimmten. Er selbst wählte Weilheim, um sich einige Tage später dann zu Dornberger abzusetzen, der sich unweit von Sonthofen, in Oberjoch, mit dem Rest seines Stabes einquartiert hatte.

Noch Jahre später schwärmte Wernher von Braun von der anschließenden zweiwöchigen Idylle in den Allgäuer Alpen:

> «Wir genossen herrliches Frühlingswetter, und in unserem Hotel gab es noch eine ausgezeichnete Küche und einen gepflegten Weinkeller. Während das Deutsche Reich zerfiel und überall das Chaos herrschte, lebten wir am ruhigsten und beschaulichsten Platz, den man sich in dieser Turbulenz nur vorstellen konnte.»

Die Idylle von Oberjoch bildete den denkbar krassesten Gegensatz zu den Schreckensszenen von Ebensee, Nordhausen und Gardelegen – den ausgemergelten oder verkohlten Körpern, Leid und grauenhaftem Tod. Dennoch waren Idylle und Schrecken verknüpft: durch das opportunistische Bündnis zwischen Intelligenz und Barbarei, durch die Verstrickung der Ingenieure in die Anforderung, die Beaufsichtigung, die Ausbeutung schließlich der KZ-Häftlinge, ohne die keine Rakete die Taktstraße verlassen hätte. Hinfort spielten die Häftlinge keine Rolle mehr. Die Ingenieure aber hatten dem Westen noch etwas zu bieten.

Dornberger, von Braun und mehrere ihrer Mitarbeiter – darunter Huzel, Tessmann sowie von Brauns Bruder Magnus (seit Herbst 1944 im Mittelwerk eingesetzt) warteten, bis der Rundfunk Hitlers Tod gemeldet hatte. Am nächsten Tag beschlossen sie, sich der 3. Armee General George Pattons zu ergeben, die aus Frankreich nach Süddeutschland vorgestoßen war. Die Verbindungsaufnahme zu den amerikanischen Truppen gelang ohne Zwischenfälle. Man schaffte die Gruppe zum Verhör in ein Gefangenenlager nach Garmisch-Partenkirchen, ebenso wie die mehreren hundert Peenemünder Ingenieure, nach denen Oberbayern nun systematisch durchkämmt wurde. Das Motiv, das einer von ihnen für seine Bereitschaft zur Zusammenarbeit angab, ist überliefert:

> «Wir verachten die Franzosen; wir haben Todesangst vor den Russen; wir glauben nicht, daß die Briten sich uns leisten können; also bleiben nur die Amerikaner.»

Wernher von Braun formulierte dieselbe Überlegung in anderen Worten, doch ebenso unverblümt: «Mein Land hat zwei Weltkriege verloren. Diesmal möchte ich auf der Seite der Sieger stehen.»

Vertuschung im Zeichen des Kalten Krieges

Drei Wochen zuvor, am 11. April, hatte die 3. US-Panzerdivision Nordhausen besetzt. Die Wut auf das «ungemein tüchtige deutsche Herrenvolk», die der Anblick der Greuel bei den GIs ausgelöst hatte, bekam Albin Sawatzki zu spüren. Noch im März hatte ihm Hitler «in Anerkennung seiner Verdienste um die deutsche Rüstung» eine Dotation von 30 000 Reichsmark bewilligt, die erheblich über dem Durchschnitt lag (fünf- bis zehntausend Reichsmark waren die Regel). Anders als Rickhey und Rudolph hatte er darauf verzichtet, sich aus dem Mittelwerk abzusetzen. Nun wurden er und drei seiner Mitarbeiter gezwungen, an den langen Reihen toter Häftlinge entlangzukriechen, die man nebeneinander gebettet hatte, um sie anschließend in Massengräbern beizusetzen. Zwei Wochen später kam Sawatzki unter ungeklärten Umständen im westfälischen Warburg ums Leben.

Freilich wurde sehr schnell deutlich, wie leicht andere Empfindungen die Empörung über das Los der KZ-Insassen verdrängen konnten, als Oberst John C. Welborn, Kommandant des Kampfverbandes, der über Nordhausen zum Kohnsteinmassiv vorgedrungen war, das unterirdische Mittelwerk betrat:

> «Was wir erblickten, war einfach faszinierend. Wir sahen eine phantastische Folge von Laboratorien und Werkstätten, modernen Arbeitshallen und Werkbänken. Die Szene erinnerte uns an die Unwirklichkeit eines utopischen Romans. In der Mitte des Labyrinths lag eine riesige Halle mit einer Taktstraße für die Rake-

tenmontage. Hunderte elektrischer Glühbirnen verströmten gleißendes Licht. Alles war völlig intakt... Was uns am meisten beeindruckte, waren natürlich die teils fertigen, teils nur halbfertigen Raketen. Zum erstenmal in unserem Leben standen wir staunend und bewundernd vor der ‹V 2›...»

Von der Bewunderung für die Leistung war der Schritt nicht groß zur Freisprechung ihrer Urheber von aller moralischen oder sonstigen Schuld. Für den Nachrichtenoffizier Robert Staver, der Welborn auf dem Fuße folgte, waren die Raketenkonstrukteure «hochtalentierte, geniale Männer». Sie hatten nach seiner Einschätzung «nur ihren Befehlen gehorcht, nur getan, was man ihnen vorschrieb, vom Nazi-Staat unterdrückt wie alle Deutschen». Ob Staver ahnte, wie oft dieser Satz während der nächsten Jahre und Jahrzehnte als Schutzbehauptung wiederholt, von Gerichten und dem überwiegenden Teil der Öffentlichkeit als wahr akzeptiert werden sollte?

Die Majore Robert Staver, William Bromley und James Hamill waren durch Colonel Holger N. Toftoy, den Leiter des technischen Nachrichtendienstes beim amerikanischen Heereswaffenamt, nach Nordhausen entsandt worden. Im Zusammenhang mit Wernher von Brauns Tätigkeit im Dienst der amerikanischen Armee sollte Toftoy eine ebenso zentrale Rolle während der nächsten zwölf Jahre spielen wie Dornberger bei dessen Arbeit während der dreizehn vorangegangenen. Erneut war es das Militär, das von Braun ein Angebot machte, und wieder fand sich mit Toftoy ein ehemaliger Artillerieoffizier, der auf ihn setzte im Bestreben, die Fernwaffenentwicklung voranzutreiben und dem Heer dabei einen führenden Platz zu sichern.

Möglich wurde diese Konstellation durch die Entschlossenheit der westlichen Alliierten, von einem Deutschland, das die menschlichen und materiellen Ressourcen Europas systematisch geplündert hatte, Entschädigung zu verlangen. Im Unterschied zu den Wiedergutmachungsleistungen nach dem

Ersten Weltkrieg sollte es sich um «versteckte», «indirekte», «intellektuelle» Reparationen handeln – um eine «systematische Ausbeutung des wissenschaftlichen und technischen Know-hows für militärische wie für wirtschaftliche Zwecke» (Gimbel). Dazu wurde Mitte 1944, im Anschluß an die britisch-amerikanische Landung in der Normandie, ein institutionelles «Dach» geschaffen unter der Bezeichnung «Gemeinsamer Unterausschuß für nachrichtendienstliche Zielauswahl» (Combined Intelligence Objectives Subcommittee, CIOS). Die Gemeinsamkeit schloß Rivalität nicht aus; tatsächlich arbeitete eine Vielzahl britischer und amerikanischer Einsatzgruppen im Auftrag der jeweiligen Waffengattungen wie auch verschiedener Behörden neben- und gegeneinander. In diesem organisierten Wirrwarr fiel den Offizieren der Dienststelle Toftoys die Aufgabe zu, Einzelteile für einhundert V 2 aus dem Mittelwerk in die USA zu schaffen. Die Raketen sollten in New Mexico, auf dem neu eingerichteten Versuchsgelände White Sands, zusammengebaut und abgefeuert werden.

Staver, Bromley und Hamill standen unter erheblichem Zeitdruck. Bis Ende Mai mußten die nach Sachsen und Thüringen vorgedrungenen amerikanischen Truppen sich zurückziehen. Durch den Harz sollte die britisch-sowjetische Zonengrenze verlaufen. Der Auftrag der Nachrichtenoffiziere verstieß eindeutig gegen die alliierte Abmachung, wonach Fabriken, Forschungseinrichtungen und Erfindungen der jeweiligen Besatzungsmacht unangetastet zu übergeben waren. Die Hunderte von Güterwagen, die die V 2-Teile nach Antwerpen brachten, und die 16 Schiffe, die sie weiter nach New Orleans beförderten, enthielten die größte illegale Fracht, die aus dem besetzten Deutschland abtransportiert wurde.

In Garmisch-Partenkirchen hatten die Befragungen der Ingenieure durch eine CIOS-Gruppe mittlerweile Hinweise auf die vergrabenen Unterlagen erbracht, ohne daß Wernher von Braun und seine Leute schon bereit gewesen wären, das Versteck preiszugeben. Staver gelang es, den Geschäftsführer der Elektro-Mechanischen Werke, Karl Otto Fleischer, aufzuspüren, den Huzel und Tessmann eingeweiht hatten, und ihm sein Wissen zu entlocken. Er ließ den gesprengten Stolleneingang bei Dörnten räumen, die Kisten mit den Papieren bergen und ebenfalls in die USA schaffen.

Währenddessen wurden Wernher von Braun und ein Mitglied des CIOS-Teams in Garmisch, Richard Porter, kurzfristig nach Thüringen geflogen. Porter war beim General-Electric-Konzern beschäftigt, der von der US-Armee den Auftrag zur Entwicklung einer taktischen Rakete unter der Bezeichnung «Projekt Hermes» erhalten hatte. Er leitete eine Ingenieursgruppe des Unternehmens, die dem Heereswaffenamt zugeordnet worden war. Mit von Brauns Unterstützung organisierten er und Staver den Abtransport der im Gebiet um Bleicherode verbliebenen Peenemünder Fachleute – unter Umständen, die Züge einer Zwangsevakuierung aufwiesen und sowjetische Proteste auslösten.

Wernher von Braun hatte zuvor in Garmisch für seine Befrager eine Abhandlung mit dem umständlichen Titel «Übersicht über die bisherige Entwicklung der Flüssigkeitsrakete in Deutschland und deren Zukunftsaussichten» verfaßt. Darin hieß es einleitend:

> «Wir sind überzeugt, daß eine vollständige Beherrschung der Raketentechnik die Weltlage auf ungefähr die gleiche Weise verändern wird, wie das bei der Vervollkommnung der Luftfahrt der Fall war, und daß diese Veränderung sich sowohl auf die zivile wie die militärische Seite ihrer Anwendung beziehen wird.»

Anschließend listete von Braun sämtliche Peenemünder Projekte auf, vom A 4 über das zweistufige Interkontinentalgeschoß A 9/A 10, das von der französischen Küste aus New York erreichen sollte, bis zu Unterwasserabschüssen von Pulverraketen sowie Plänen, England und die Vereinigten Staaten mit V 2 anzugreifen, die von tauchfähigen Schwimmbehältern im Schlepp von U-Booten verschossen wurden. Am Ende kam er auf «kommerzielle Fernflugzeuge und Fernbomber von ultrahoher Geschwindigkeit» zu sprechen, auf eine erdumkreisende Beobachtungsstation, ausgerüstet mit dem Oberthschen Weltraumspiegel, schließlich auf Flüge zum Mond und zu den Planeten.

Die Mischung von Gegenwarts- und Zukunftsorientierung, militärischen und zivilen Bezügen stellte eine gezielte «Verkaufsstrategie» der Art dar, wie Dornberger und von Braun sie bei ihrer Werbung für das A 4 erfolgreich erprobt hatten. Noch ein weiteres Element gehörte zu dieser Strategie: Bereits nach James McGoverns Urteil in seiner frühen Studie über den alliierten Wettlauf um die deutsche Kriegsbeute

> «enthüllte die gesamte deutsche Gruppe in Garmisch während der ersten Zeit nur das, was Dornberger, sein Stabschef Oberstleutnant Axster und von Braun für wünschenswert hielten. Diese Männer warteten darauf, daß die amerikanischen oder britischen Vernehmenden mit einem umfassenden, langfristigen Vorschlag kamen, ehe sie bereit waren, alles zu sagen.»

Die Freigabe geheimer Dokumente im Laufe der Jahre hat diese Einschätzung in vollem Umfang bestätigt. «Es handelt sich», faßte der Abwehroffizier Walter Jessel Mitte Juni 1945 das Ergebnis einer Reihe von Vernehmungen zusammen,

> «nicht um eine Ansammlung einzelner Fachleute, die jeder für sich als mehr oder weniger vertrauenswürdig eingestuft werden könnten, sondern um eine eng verbundene Arbeitsgemeinschaft, sorgfältig ausgewählt und nachhaltig gelenkt durch Dr. Dornberger und Prof. von Braun. Diese beiden Männer... sehen die einzige Aussicht, sich ihre Position zu erhalten und ihre Arbeit fortzusetzen, in einem Geschäft mit den Vereinigten Staaten... Die Auffassung der Mehrheit, ihr Auskommen hinge gänzlich ab von weiterer Arbeit im Rahmen der Gruppe um Dornberger, trägt zur Gruppendisziplin zusätzlich bei.»

Jessel meinte, die Einstellung Dornbergers und von Brauns gegenüber den US-Behörden «ähnle vielleicht in gewisser Weise ihrem Verhältnis zur SS nach dem 20. Juli 1944». Sein Fazit: Zur «Entwicklung humanerer Züge» bestünde nur «bei Herauslösung aus der Gruppe» eine Chance:

> «Das gilt für Personen mit Nazi-Hintergrund, wie von Braun, nicht anders als für solche, deren Vergangenheit und Einstellungen wir nicht kennen. Einzelüberprüfungen können auf diese Möglichkeit lediglich hinweisen. Der Gruppe als solcher eine Unbedenklichkeitsbescheinigung auszustellen, wäre offenkundig absurd.»

Schon Jessel deutete an, Abweichler von der vorgegebenen Linie äußerten Sorge vor «Maßregelungen durch die Gruppe». Vier Monate später hielt Oberst Ralph M. Osborne, Leiter der bei der Militärregierung angesiedelten Einsatzbehörde zur Beschaffung technischer Informationen (Field Information Agency, Technical, kurz FIAT), in einem Memorandum fest, die Drohung mit dem Ausschluß von der eventuellen Weiterarbeit in den USA werde von der «Führungsclique» als Druckmittel gegen «renitente» Ingenieure eingesetzt.

Mitglieder dieser «Clique», so Osborne unter Berufung auf drei namentlich genannte Gewährsleute: von Braun, Herbert Axster (Dornberger war mittlerweile in England interniert worden), der Steuerungsspezialist Ernst Steinhoff sowie der Chefkonstrukteur Walther Riedel. Ihr Ziel: eine möglichst große, geschlossen auftretende («gleichgesinnte») Gruppe, die sich der amerikanischen Seite durch Zurückhaltung wichtiger Informationen «unentbehrlich» zu machen verstand.

Die amerikanische Politik «intellektueller Reparationen» kam diesen Absichten in einer Weise entgegen, die Wernher von Braun und die übrigen Peenemünder nicht absehen konnten:

- Erst die Vereinigten Stabschefs an der Spitze der Streitkräfte,
- dann der interministerielle Koordinierungsausschuß der Außen-, Kriegs- und Marineressorts,
- schließlich Präsident Harry S. Truman und sein Kabinett

veranlaßten oder billigten mit wechselnden offiziellen Begründungen die Rekrutierung und letztliche Einbürgerung deutscher Ingenieure und Wissenschaftler. Den Anfang machte noch im Juli 1945 das geheime Projekt *Overcast* (‹Bewölkt›): Bis zu 350 Fachleute sollten mit befristeten Verträgen in die USA gebracht werden können – «zur Unterstützung beim Kampf gegen Japan und zur Förderung unserer Militärforschung nach dem Krieg». Der Anteil des Heereswaffenamts an dieser Quote sollte ursprünglich 100 Personen betragen. Toftoy gelang es jedoch, 127 durchzusetzen – die Zahl derer, auf die die Wahl Wernher von Brauns «und einiger seiner Mitarbeiter» (Stuhlinger/Ordway) gefallen war.

Die Familien der Ingenieure wurden in einem Lager bei Landshut untergebracht. Am 19. September traf Wernher von Braun in den USA ein – einen Monat nachdem Japan kapituliert hatte. Er wurde von sechs Konstrukteuren begleitet. Die übrigen folgten mit drei Transporten zwischen November 1945 und Februar 1946. Ihr Bestimmungsort: Fort Bliss im westlichen Texas, nicht weit von Alamogordo, wo die erste Atombombe getestet worden war, wie vom Raketenversuchsgelände White Sands.

Die Ereignisse hatten die Strategie einer strikten Sprachregelung, wie Dornberger und von Braun sie durchgesetzt hatten, in einem Punkt gegenstandslos gemacht. In einem zweiten aber sollte sie sich bis heute bewähren – denn noch drohte der Gruppe Gefahr aus anderer Richtung.

«100 Prozent Nazi», lautete Arthur Rudolphs Einstufung, datiert auf den 13. Juni 1945, nach seiner Vernehmung durch die Heeresabwehr. «Gefährlich, Sicherheitsbedrohung. Internierung empfohlen.» Und Walter Jessel, der zum selben Zeitpunkt auf Wernher von Brauns «Nazi-Hintergrund» verwies, urteilte, bei den Peenemündern herrschten generell Einstellungen vor, die reichten von «Patriotismus bis zu National-Sozialismus»:

> «Fast keiner von ihnen macht sich klar, daß Deutschlands Kriegführung oder der Einsatz der V-Waffen grundlegend fragwürdig waren. Die deutsche Niederlage wird eingestanden, Deutschlands Schuld und Verantwortung dagegen in keiner Weise. Nahezu geschlossen sind diese Männer davon überzeugt, ein Krieg zwischen den USA und Rußland stehe unmittelbar bevor. Sie schütteln amüsiert und nicht ohne Verachtung die Köpfe über unsere politische Unwissenheit und reagieren ungeduldig auf unsere Begriffsstutzigkeit, weil wir die Retter der Zivilisation nicht von den asiatischen Horden zu unterscheiden wissen.»

Die amerikanische Militärregierung betrachtete die Entnazifizierung zunächst als «Grundpfeiler» (Vollnhals) ihrer Besatzungspolitik. Offiziere der SS galten als mutmaßliche Hauptschuldige, vor 1937 in die NSDAP Eingetretene als Belastete. Fragen nach NSDAP- und SS-Mitgliedschaft, Beitrittsdatum und bekleidetem Rang gehörten bei den Vernehmungen zur Routine. Auf besonders dreistes Lügen verlegte sich der Mittelwerk-Generaldirektor Georg Rickhey. In seinem Personalfragebogen behauptete er, sich vor 1933 nicht politisch betätigt zu haben, und verlegte seinen Beitritt zur NSDAP in das Jahr 1935. Er erhielt einen Vertrag von der amerikanischen Luftwaffe, die im Rahmen des Projekts *Overcast* 146 deutsche Fachleute – mehr als die Armee – anwarb. Das sollte ihn freilich nicht davor schützen, 1947 in Dachau vor ein Militärgericht gestellt zu werden. Insofern bildete er eine Ausnahme – von der Art allerdings, die sich unter Umständen abträglich auch für andere Peenemünder Ingenieure auswirken konnte.

Das Mittelwerk hatte bei den Vernehmungen der «verschworenen Gemeinschaft» (Ruland) die die Konstrukteure in Garmisch gebildet hatten, zunächst weiter keine Rolle gespielt. Eventuelle Fragen – wie sie beispielsweise Rudolph gestellt wurden – ließen sich mit dem Hinweis auf die Zuständigkeit der SS abbiegen. Noch aber konnte der Schatten von Mittelbau-Dora auf den Glanz der Ingenieure fallen, die den USA, so Staver, «25 Jahre voraus waren». Dies drohte in dem Augenblick, als Rickhey mit vierzehn SS-Angehörigen und vier Funktionshäftlingen im Dora-Nordhausen-Kriegsverbrecherprozeß («Vereinigte Staaten gegen Kurt Andrae und andere») angeklagt wurde. Zu den Zeugen, die die Verteidigung benannte, gehörten Wernher von Braun, Arthur Rudolph und Magnus von Braun.

Kein Ereignis hätte den Beteiligten in dieser Situation gelegener kommen können als Albin Sawatzkis gewaltsamer Tod kurz nach der Befreiung des KZ Mittelbau. Er erlaubte den übrigen Direktoren und Ingenieuren des Mittelwerks, die Bedingungen extrem zu beschönigen, unter denen die V 2 produziert worden war. Die entsprechenden Behauptungen sind zum Teil schon früher zitiert worden. Noch einmal Rickhey:

> «Die Produktion hing von der Qualität und Erfahrung der Arbeiter ab... Jeder Arbeiter wurde mit jedem Tag wertvoller... Die eingeübten Arbeiter waren unersetzlich... Ohne sie wäre eine stetige Produktion nicht möglich gewesen.»

Dagegen Sawatzki unmittelbar nach seiner Festnahme 1945:

> «Ich habe mich bei der Geschäftsführung häufig über die Massenhinrichtungen beschwert, weil die SS unsere Arbeiter oft gerade dann wegnahm, wenn sie gut eingearbeitet waren; diese Arbeitskräfte verschwanden und tauchten nicht wieder auf.»

Wie ihre Aussagen bzw. beschworenen Erklärungen belegen, waren Rickhey, Rudolph, Wernher von Braun und sein Bruder sich erstens einig in dem Bestreben, die Unterschiede zwischen zivilen Angestellten und Häftlingen – in der Behandlung wie der Verpflegung – systematisch zu bagatellisieren. Zweitens und vor allem aber bot Sawatzkis Tod Rickhey und Rudolph eine ungeheure persönliche Chance: den Toten zu belasten, ihre eigene Mitverantwortung herunterzuspielen. Die Verteidigung Rickheys trachtete ihren Mandanten – wie erinnerlich, DEMAG-Geschäftsführer und Oberbereichsleiter des NSDAP-Gaues Essen – als kleines Licht zu präsentieren. Infolge der Unterstützung Wernher und Magnus von Brauns sowie Arthur Rudolphs war diesem Versuch voller Erfolg beschieden. Frage der Anwälte:

> «Stimmt es, daß Rickhey in Wirklichkeit soviel wie eine Nummer war und die wirkliche Autorität Sawatzki?»

«Ja», lautete Rudolphs wortkarge Bestätigung. Wernher und Magnus von Brauns Antworten fielen ausführlicher aus. Übereinstimmend bekundeten sie, Rickhey habe unter den Angestellten des Mittelwerks als bloßer «Frühstücksdirektor» gegolten.

Zwar war Sawatzki Anfang 1944 die «ausschließliche Anordnungsbefugnis in bezug auf die Steuerung der Fertigung und der Fertigungsvoraussetzungen» erteilt worden (vgl. das Diagramm auf Seite 127). Innerhalb des damit abgesteckten Rahmens existierten jedoch differenzierte Zuständigkeiten. Die Aussage von Sawatzkis Sekretärin Hannelore Bannasch dokumentierte dies im Hinblick auf den Umgang mit Spionagemeldungen:

> *Frage:* Können Sie dem Gericht etwas sagen über Berichte, die mit Sabotage im Tunnel zu tun hatten?
> *Antwort:* Dann und wann erreichten Berichte Sawatzki, und zwar meistens mündlich, über Sabotagehandlungen, die die Häftlinge begangen hätten.
> *Frage:* Könnten Sie dem Gericht ein Beispiel für solche mündlichen oder schriftlichen Sabotageberichte nennen?

Antwort: Ich weiß nur, daß die Berichte hauptsächlich aus Werkstatt 28 eintrafen, wo die Elektriker arbeiteten.
Frage: Könnten Sie dem Gericht Beispiele für Sabotagefälle nennen, die gemeldet wurden?
Antwort: Das kann ich nicht. Diese Meldungen wurden von der Betriebsdirektion bearbeitet, und erst wenn die Betriebsdirektion sie weiterleitete, erfuhr Sawatzki davon.
Frage: Sie sprechen jetzt von der Betriebsdirektion. Wen meinen Sie damit – welche Person?
Antwort: Direktor Rudolf [richtig: Rudolph].
Frage: Ist Ihnen bekannt, was aus diesen Sabotagemeldungen anschließend wurde?
Antwort: Genau kann ich das nicht sagen. Soweit ich weiß, gingen sie weiter zum SD.

Bannaschs Bekundung wurde in dem Prozeß nicht weiterverfolgt. Als die Staatsanwaltschaft beim Landgericht Hamburg vierzig Jahre später ein Ermittlungsverfahren gegen Rudolph anstrengte, ließen die Vorgänge sich nicht mehr aufhellen.

Sawatzki hatte vor seinem Tod noch einen Bereich benannt, in dem Rudolph und zahlreiche weitere Mittelwerk-Ingenieure keineswegs als bloße Galionsfiguren fungiert hatten:

«Der Arbeitseinsatzingenieur war Kuhlmann, und die Betriebsdirektoren waren Winkler und Rudolf [richtig: Rudolph] Diese drei Männer waren für den Arbeitsablauf verantwortlich.»

Rickheys Verteidigung wollte von den Zeugen, die sie benannt hatte, wissen:

«Stimmt es, daß nur Sawatzki die Macht und die Pflicht hatte, vom Lagerkommandanten Häftlingsarbeit anzufordern und diese in die (!) verschiedenen Abteilungen einzusetzen?»

Wernher und Magnus von Braun beantworteten die Frage beide mit einem lakonischen «Ja». Diesmal war es Rudolph, der ins Detail ging:

«Häftlingsanforderungen konnten nur von Stellen des Werkes gemacht werden, die über mir standen, da ich selbst keine Anforderungen machen konnte. Ich weiß, daß Sawatzki ein Programm über den Häftlingseinsatz machte, auf Grund dessen der Einsatz geregelt wurde.»

Fünfunddreißig Jahre sollten vergehen, bis Rudolph bei der Vernehmung durch amerikanische Justizbeamte in diesem Punkt die Wahrheit sagte.

Rickhey wurde in dem Kriegsverbrecherprozeß freigesprochen. Wenige Monate später behauptete er bereits, seine Anklage ginge zurück auf «Anschwärzung und Falschaussagen von Kommunisten und russischen Agenten.»

Rickheys Taktik spiegelt den Einstellungswandel, der sich während der Jahre 1947/48 vollzog. Zunehmend galt Verstrickung in den Nationalsozialismus als der «Schnee von gestern» (Bosquet Wev, Leiter des bei den Vereinigten Stabschefs angesiedelten Nachrichtenzielauswahldienstes JIOA, im Juni 1947). Zugehörigkeit oder auch nur «Neigung» zum Kommunismus dagegen reichten aus, um zum Sicherheitsrisiko gestempelt zu werden. Diese Verschiebung der Maßstäbe ging zurück auf einen drastischen Umschwung im innenpolitischen Klima der USA, ausgelöst durch die Zunahme der Spannungen mit der Sowjetunion. Furcht vor kommunistischer Infiltration und Unterwanderung breitete sich aus, zusätzlich geschürt durch Rhetorik und Politik der Regierung Truman.

Die Finanzierung ihrer Auslandshilfe erreichte die Regierung vom widerstrebenden Kongreß, indem sie ihr Programm als Teil einer globalen Auseinandersetzung zwischen «Freiheit» und «Totalitarismus» präsentierte – eines Ringens, in dem den USA die Mission zufiel, überall auf der Welt die «freiheitliche Existenzweise» zu unterstützen. Dieser «Truman-Doktrin» vom März 1947 folgte anderthalb Wochen später ein Erlaß, der die Überprüfung aller Beschäftigten und

Anwärter des öffentlichen Dienstes auf ihre Loyalität anordnete («Truman Loyalty Order»). Negativ zu Buche schlug nach dem Wortlaut der Anweisung bereits die «von Sympathie geprägte Verbindung» zu einer kommunistischen Gruppe. Der neu geschaffene Nationale Sicherheitsrat schließlich, dem der Außen- und der Verteidigungsminister angehörten, sah Anfang 1948 «aggressiven sowjetischen Druck von außen» und «militante Subversion von innen», eine «weltweite Fünfte Kolonne», in einer Zangenbewegung am Werk. Derart massive Unsicherheits- und überdimensionierte Bedrohungsvorstellungen mußten in alle Bereiche der Politik ausstrahlen.

Das auf zeitlich begrenzte Anwerbung ausgerichtete Projekt *Overcast* war im März 1946 durch das Projekt *Paperclip* (‹Büroklammer›) in einer ersten, zunächst gleichfalls geheimen Spielart ersetzt worden. *Paperclip* unterschied sich in zwei wichtigen Punkten von *Overcast*: Die Nutzung des Talents der Betroffenen sollte nicht nur unter militärischen («nationale Sicherheit»), sondern auch unter wirtschaftlichen Gesichtspunkten («nationales Interesse») erfolgen können. Außerdem sollten regulärer Aufenthalt (auf der Grundlage eines Visums) und schließliche Einbürgerung ermöglicht werden.

Dafür war die Mitwirkung des Außenministeriums erforderlich. Gerade diese Behörde aber legte sich quer. Das Befreiungsgesetz, in der amerikanischen Besatzungszone ebenfalls im März 1946 in Kraft getreten, sah vor, alle diejenigen von wichtigen Positionen auszuschließen, die «sich durch Verstöße gegen die Grundsätze der Gerechtigkeit und der Menschlichkeit oder durch eigensüchtige Ausnutzung der dadurch geschaffenen Zustände verantwortlich gemacht» hatten. Zwar blieb die Durchführung bald hinter dem hohen Anspruch zurück; zwar kam in der Stellungnahme des Außenministeriums zu *Paperclip* das Wort «Entnazifizierung» nicht ausdrücklich vor. Dennoch bestand man dort, so Gimbel zusammenfassend, auf «gründlichen Nachforschungen», «umfänglichen Unterlagen», «langen Entscheidungszeiträumen» – Bedingungen, welche die Militärs, «die mit dem Programm vorankommen wollten, nicht akzeptieren mochten».

Die Folge war im September der Erlaß neuer, von Truman gebilligter Durchführungsbestimungen zu *Paperclip*, diesmal verbunden mit einer öffentlichen Publicitykampagne für das Projekt. Bis zu eintausend Wissenschaftler und Ingenieure mitsamt ihren Angehörigen sollten nun in die USA gebracht werden können und nach Überprüfung die Möglichkeit zur Einbürgerung erhalten. Was die Maßstäbe der Überprüfung anging, schuf man gleich zu Beginn ein Schlupfloch. Ehrungen und Beförderungen unter dem NS-Regime «allein infolge wissenschaftlicher oder technischer Leistungen» sollten nicht als Indizien gelten für aktive Unterstützung des Nationalsozialismus, einer Einbeziehung in das Projekt folglich nicht im Wege stehen. Zu Buche schlagen konnten sie freilich immer noch bei der Einstufung als Sicherheitsrisiko, wie Wernher von Brauns Beurteilung vom Herbst 1947 (erstellt durch den Heeresnachrichtendienst bei der amerikanischen Militärregierung in Deutschland) dokumentiert:

> «Verfügbaren Unterlagen zufolge ist der Betreffende kein Kriegsverbrecher. Er war SS-Offizier, aber vorliegende Informationen lassen nicht erkennen, daß er eingefleischter Nazi war. Der Betreffende wird von der amerikanischen Militärregierung in Deutschland als potentielle Bedrohung unserer Sicherheit angesehen. Umfassende Nachforschungen konnten nicht angestellt werden, weil der Betreffende aus der russischen Besatzungszone Deutschlands evakuiert wurde.»

Wenig später entfielen im Umgang mit den *Overcast-* bzw. *Paperclip*-Spezialisten die letzten Reste jener Entnazifizierungspolitik, deren überstürzter Abbruch auch im amerikanischen Besatzungsgebiet unmittelbar bevorstand. Unter Einschluß des Außenministeriums verständigten die beteiligten

Stellen sich auf neue Prüfsteine. Den Ausschlag geben sollte hinfort erstens die Einschätzung der Militärbehörden, ob es im «nationalen Interesse» lag, einen bestimmten Fachmann auf Dauer in die USA zu holen, sowie zweitens eine begründete Prognose, ob der Betreffende *künftig* eine «potentielle Bedrohung für die Sicherheit der Vereinigten Staaten» darstellen würde.

Teilweise erst wenige Monate alte Beurteilungen wurden nun in Übereinstimmung mit dem erfolgten Kurswechsel revidiert. Im Falle Wernher von Brauns las sich das Resultat Ende Februar 1948 so:

> «Weitere Ermittlungen über den Betreffenden sind nicht möglich, weil sein früherer Wohnsitz in der russischen Zone liegt, wo die USA keine Nachforschungen anstellen können. Über den Betreffenden liegen nachteilige Informationen nicht vor, außer NSDAP-Unterlagen, aus denen hervorgeht, daß er der Partei am 1. Mai 1937 beigetreten ist und außerdem Major in der SS war, wobei es sich um einen Ehrenrang gehandelt zu haben scheint. Das Ausmaß seiner Parteiaktivität kann hier nicht festgestellt werden. Wie die Mehrheit der Mitglieder mag er reiner Opportunist gewesen sein. Der Betreffende hält sich seit über zwei Jahren in den Vereinigten Staaten auf, und falls er sich während dieser Zeit einwandfrei geführt und nichts verübt hat, was den Interessen der Vereinigten Staaten abträglich wäre, geht die Auffassung der amerikanischen Militärregierung in Deutschland dahin, daß er für die Sicherheit der Vereinigten Staaten möglicherweise keine Bedrohung darstellt.»

Noch drastischer fiel die Korrektur bei Kurt Debus aus. Dessen bereits erwähnte Denunziation eines ehemaligen Kollegen hatte ihn auch nach Auffassung der Militärregierung zum «eingefleischten Nazi» und «potentiellen Sicherheitsrisiko» gestempelt. Jetzt konstruierte man eine Entschuldigung, über die Bower befand, sie zeige, wie weit man sich beim amerikanischen Militär «aus egoistischen Motiven die gequälten Ausflüchte der Nazis zu eigen gemacht» habe:

«Debus hatte ihn nicht vorsätzlich denunziert, sondern sich infolge seines Eides als SS-Mann gezwungen gesehen, das Gespräch der Gestapo zu melden.»

Schließlich gelangte auch Dornberger, sobald er aus britischer Internierung freikam, 1947 als *Paperclip*-Fall in die USA. Zwei Jahre lang erstellte er Expertisen für die Luftwaffe. Dann erkannte man bei der Bell Aircraft Corporation den Wert seiner militärischen Kontakte und bot ihm einen Vorstandsposten an. Bis zu seiner Pensionierung 1960 blieb Dornberger Vizepräsident bei Bell. Er starb zwanzig Jahre später.

Zweifellos hat Gimbel recht mit seiner Kritik, daß es eine «Verschwörung» *Paperclip*, die Bower aufgedeckt zu haben meint, nicht gab. Die revidierten Einstufungen der Ingenieure entsprachen dem Wandel der politischen Vorgaben. Aber auch Gimbel läßt keinen Zweifel dran, daß zur Erfüllung dieser Vorgaben «vertuscht, Zuflucht zu Winkelzügen genommen, beschönigt und gefälscht» wurde. Damit ist zugleich das Urteil gesprochen über die emphatische Versicherung der Biographen Wernher von Brauns, jedem der Peenemünder habe nach gründlicher Durchforstung seines Werdeganges die amerikanische Regierung «politische Unbedenklichkeit» (Stuhlinger/Ordway) bescheinigt.

«Sackgasse» in White Sands

1967 kolportierte der amerikanische Wissenschaftsjournalist William Shelton die Antwort eines früheren Peenemünders auf die Frage, womit die in Fort Bliss untergebrachten «Beutedeutschen» während der ersten Nachkriegsjahre ihre Zeit eigentlich zugebracht hätten:

> «Wir gaben einander Englischunterricht, spielten Schach und machten gelegentlich Jagd auf leere V2-Treibstoffkanister, die der Wind wie Steppenläufer über die Wüste blies.»

Das mochte rückblickend übertrieben sein. Doch bedeutete das Anwachsen einer antikommunistischen Grundstimmung in den USA nicht, daß gleichzeitig kostspielige Aufrüstungsprogramme eingeleitet worden wären. Im Gegenteil: Nach dem Wahlsieg der Republikanischen Partei im November 1946 setzte der Kongreß Steuersenkungen und Ausgabenkürzungen, auch im militärischen Bereich, durch. Das von der Armee verfolgte Projekt «Hermes», für die Anwerbung der Raketenkonstrukteure nicht ohne Bedeutung, fiel wie andere Fernwaffenpläne den Etatbeschneidungen zum Opfer.

Bei Marine und Luftwaffe dagegen, deren Anforderungen die Kongreßmehrheit weniger reduzierte, setzte man zunächst nicht auf die ballistische Rakete. Statt dessen wurde in Gestalt strahlgetriebener Flugkörper wie Matador und Regulus mit Reichweiten zwischen 650 und 800 Kilometer der ferngelenkte Bomber vom Typ V 1 weiterentwickelt. Am Ende dieser Konstruktionsreihe stand das erste amerikanische Interkontinentalgeschoß Snark mit Strahlantrieb und Unterschallgeschwindigkeit, noch ohne die technischen Vorzüge jener extrem zielgenauen Cruise Missiles, die zwei Jahrzehnte später der Kriegführung ein neues Instrument an die Hand geben sollten. Aus der Sicht Wernher von Brauns und seiner Gruppe konnte es scheinen, als bestünde der wesentliche Gewinn der Projekte *Overcast* und *Paperclip* für die USA zunächst einmal darin, daß «der Sowjetunion ihr Fachwissen vorenthalten» worden war (McGovern).

Den Anstoß zu beiden Unternehmen hatte nicht zuletzt der Umstand gegeben, daß sämtliche Siegermächte danach trachteten, sich deutsche Wissenschaftler und Ingenieure als «Kriegsbeute» gegenseitig abzujagen. Weder für die französische und die britische noch für die sowjetische oder amerikanische Regierung spielte die NS-Vergangenheit solcher Fachkräfte eine Rolle, sofern nur – nach einer treffenden Feststellung – «die Qualifikation der Betreffenden von der eigenen Seite genutzt werden konnte».

Sogleich nach der Internierung der Peenemünder Konstrukteure in Garmisch hatten die Briten ihren Anspruch angemeldet, «sich mit dem anderen Ende der Flugparabel vertraut zu machen», wie Dieter Huzel später zynisch kommentierte. Wernher von Braun, Eberhard Rees, Ernst Steinhoff, Dornberger und Axster wurden zu mehrtägigen Befragungen nach London geflogen. Unter der Bezeichnung *Operation Backfire* (‹Frühzündung›) liefen die Vorbereitungen für eine Abschußserie an, die genaue Aufschlüsse über die Handhabung der V2 liefern sollte. Erbeutete Raketen und Starttische, Treibstoffvorräte, kriegsgefangene Soldaten der Einsatzverbände, schließlich 85 Ingenieure aus Garmisch (darunter Kurt Debus, Arthur Rudolph und Dieter Huzel) wurden nach Altenwalde bei Cuxhaven gebracht. Sie schossen zwischen dem 2. und 15. Oktober 1945 drei «britische» V2 über die Nordsee in Richtung dänische Küste.

Beim letzten Start waren außer französischen und amerikanischen auch sowjetische Beobachter zugegen. Zu diesem Zeitpunkt hatte die Sowjetische Militäradministration in Deutschland (SMAD) bereits beschlossen, im Gebiet Nordhausen-Bleicherode – in den Tunnelanlagen des Kohnsteinmassivs sowie mehreren Zweigwerken – die V 2 nachbauen zu lassen. Das Mittelwerk wurde, wie zahlreiche andere Reparationsbetriebe, in eine sowjetische Aktiengesellschaft umgewandelt. Unter der neuen Bezeichnung «Zentralwerke» unterstand es der Technischen Sonderkommission bei der SMAD. Der Kommission gelang bis zum Frühjahr 1946 die Anwerbung von über 600 deutschen Technikern, einschließlich des Elektronikspezialisten Helmut Gröttrup, der 1944 zusammen mit Wernher von Braun von der Gestapo inhaftiert worden war. Gröttrup wurde als Generaldirektor der Zentralwerke eingesetzt. Zusammen mit General L. M. Gaidukow und dem sowjetischen Ingenieur Sergej M. Koroljow – später Wernher von Brauns «Pendant» als Konstrukteur schubstarker militärischer Rakten wie als Raumfahrtpropagandist – bildete er den Firmenvorstand.

Zugleich mit der Fertigstellung der ersten «sowjetischen» V2, im März 1946, fiel in Moskau die Grundsatzentscheidung, eigene weittragende Raketen zu entwickeln. Die Leitung des Projekts wurde dem Stellvertreter des erbarmungslosen Innenministers Berija, Generaloberst Serow, übertragen. Mitte des Jahres erging der Auftrag an die Zentralwerke, durch Konstruktionsveränderungen an der V 2 eine Reichweite von 1000 Kilometern anzuvisieren. Auch in der UdSSR begann man mit dem Aufbau eines Versuchsgeländes – Kapustin Jar bei Stalingrad.

Am 22. Oktober 1946 folgte die Zwangsverlegung von 150 Ingenieuren samt ihren Familien in die Sowjetunion als Teil der Aktion *Osowiachim* – hergeleitet von der Abkürzung des Namens einer paramilitärischen Luftfahrt-Massenorganisation, vergleichbar mit der späteren Gesellschaft für Sport und Technik in der DDR. Im Zuge dieser Aktion wurden annähernd 2000 deutsche Naturwissenschaftler und Techniker, hauptsächlich Luftfahrt-, Raketen- und Optikspezialisten, abtransportiert. Die größte Gruppe aus den Zentralwerken unter Gröttrup brachte man auf die Insel Gorodomlija im Quellgebiet der Wolga, zwischen Moskau und Leningrad. Dort errichtete sie ein Entwicklungsinstitut und startete Ende 1947 in Kapustin Jahr die ersten nachgebauten V 2-Raketen.

Währenddessen wurde das ehemalige Mittelwerk demontiert, die unterirdische Fabrik im Sommer 1948 gesprengt. Das Tunnelsystem blieb dennoch weitgehend erhalten; verschüttet wurden die Zugänge. Das KZ Mittelbau-Dora war noch bis August 1946 als Quarantänelager für Vertriebene genutzt worden. Danach riß man die Baracken ab.

Auf Gorodomlija sollte es Anfang 1951 werden, bis den ersten, Ende 1953, bis (mit Ausnahme einiger Steuerungsfachleute) den letzten Ingenieuren, darunter Helmut Gröttrup, die Rückkehr gestattet wurde. Sogleich nach den Starts in Kapustin Jar setzte jedoch die Verselbständigung der sowjetischen Ingenieure von ihren deutschen Mentoren ein. Von nun an arbeiteten sowjetische Entwicklungsgruppen parallel zu dem deutschen «Raketenkollektiv». Die Konstrukteure um Gröttrup wurden an Erprobungen nicht mehr beteiligt, sondern nur noch als «Ideengeber» (Wellmann) genutzt.

Ihre Tätigkeit während der folgenden Jahre reduzierte sich auf Vorstudien. Den Anfang machte eine verbesserte V 2 (sowjetische Typenbezeichnung R 2) mit doppelter Reichweite und einem Gefechtskopf, der sich nach Brennschluß von der Rakete trennte. Anregungen der deutschen Ingenieursgruppe scheinen ebenfalls in die Mittelstreckenrakete R 12 (NATO-Code: SS 4 *Sandal*, Reichweite 1800 km) eingegangen zu sein. In die Zeit von April 1949 bis Oktober 1950 fielen schließlich Arbeiten für das Projekt R 14, eine Mittelstreckenrakete mit 3500 km Reichweite (westliche Bezeichnung: SS 5 *Skean*).

Auch ohne Zwangsevakuierung wären, so Gröttrup, «insbesondere die führenden Betriebsangehörigen» bereit gewesen, einer Verlegung in die UdSSR, mit der man für einen späteren Zeitpunkt rechnete, «keine Schwierigkeiten zu machen». Selbst auf Gorodomlija war die Kooperationsbereitschaft hoch. Die Motive dürften sich nach Andreas Heinemann-Grüders und Arend Wellmanns Urteil kaum von denen jener Fachleute unterschieden haben, die ihre Tätigkeit in amerikanischer Obhut fortsetzten:

> «Mutmaßlich spielte bei der leichten Integrierbarkeit der deutschen ‹Spezialisten› die Erfahrung der militärisch geprägten Arbeitsbedingungen im Nationalsozialismus und die Gewöhnung an militärische Zwecke eine fördernde Rolle... Für viele wurde nach den Verunsicherungen des Kriegsendes, drohender Entnazifizierung, mangelnden Forschungsaussichten in Deutschland neuer Lebenssinn durch die, zumal als vorübergehend angesehenen, Aufgaben in der Sowjetunion und die darin zum Ausdruck kommende Wertschätzung fachlichen Könnens gestiftet.»

In Fort Bliss wurde Wernher von Braun Mitte Juni 1946 zu einer Einschätzung Helmut Gröttrups aufgefordert, von dessen Arbeit in der Sowjetischen Besatzungszone die amerikanische Armee rasch Kenntnis erlangt hatte. Er charakterisierte Gröttrup als «äußerst klugen und talentierten Leiter einer Entwicklungsgruppe», dazu fähig,

> «allmählich eine tüchtige Gruppe aus früheren Peenemünder Fachkräften aufzubauen. Sie kann alle neuen Entwicklungen für die Russen erfolgreich weiterbetreiben.»

Wernher von Braun dürfte sich überlegt haben, daß ein betont positives Urteil über Gröttrups Aussichten sich nur günstig auswirken konnte auf die Bereitschaft der USA zur Inangriffnahme eigener Raketenprogramme. Denn bereits im April hatten die deutschen Techniker dem US-Heereswaffenamt das Projekt einer atomar bestückten Kriegswaffe unterbreitet: einer Fernrakete «sehr großer Reichweite», bestehend aus der

V 2 und «einem neuen Gerät», das den Namen «Comet» tragen sollte – wahlweise bestückt «mit normalem high explosive oder mit einem atomic warhead». In einem Briefentwurf, bestimmt für J. Robert Oppenheimer (der allerdings schon Ende 1945 als Direktor von Los Alamos zurückgetreten war), begehrten die Konstrukteure Auskunft über Einbaumodalitäten und «Scharfmachung» des vorgesehenen Kernsprengkopfes.

Mit anderen Worten: Bereits wenige Monate nach Kriegsende machten Wernher von Braun und seine Ingenieure dort weiter, wo sie im ‹Dritten Reich› aufgehört hatten. Ganz auf der Höhe der Zeit, noch vor den Atombombenversuchen im Bikini-Atoll, entwarfen sie eine Waffe, die die breite Streuung der V 2 durch einen Sprengstoff kompensierte, bei dem es auf Präzision nicht mehr ankam.

Doch in seiner Hoffnung sah von Braun sich enttäuscht. Die Resonanz, die den V 2-Starts in White Sands beschieden war, trug lediglich dazu bei, daß weitere Höhenforschungsraketen (Aerobee, WAC Corporal, Viking) gebaut wurden. Als sehr viel durchschlagender erweisen sollte sich freilich der Einfluß der Versuche auf eine neue Form des Wissenschaftsmanagements vor dem Hintergrund des sich herausbildenden «nationalen Sicherheitsstaates» (DeVorkin).

Mitte April 1946 stieg die erste «amerikanische» V2 in White Sands auf. Damit begann eine Serie von 67 Abschüssen, die sich bis 1952 hinzog. Das wesentliche Versuchsprogramm allerdings, über das ein aus Wissenschaftlern und Militärs zusammengesetztes Gremium entschied, war Ende 1949 mit dem ersten halben Hundert Starts abgeschlossen. Dieses Gremium – zunächst kurz V 2-Forum, später präziser, wenn auch umständlicher Komitee zur raketengestützten Erforschung der oberen Atmosphäre genannt – verdankte seine Entstehung einer Initiative des Heereswaffenamts, genauer Colonel Toftoys. Nicht unähnlich Dornberger, aber in einem politisch wie wissenschaftlich anderen Umfeld weitaus nuancierter vorgehend, strebte Toftoy drei miteinander verbundene Ziele an:

- Die Verfügbarkeit der V 2 sollte zur Grundlagenforschung über Beschaffenheit und Wirkung extremer Höhenbedingungen genutzt werden, ehe man die Entwicklung neuer Raketen in Angriff nahm.
- Zivile und militärische Forschung sollten im Interesse «nationaler Sicherheit» zusammengebracht, eine dauerhafte Indienststellung der Wissenschaft für Verteidigungszwecke angestrebt werden.
- Im Gerangel um Kompetenzen und knappe Mittel sollte möglichst breite wissenschaftliche Unterstützung für die Planungen des Heereswaffenamts mobilisiert werden.

Statt mit Sprengköpfen wurden V 2-Raketen bestückt mit Instrumenten zur Erforschung der Ionosphäre, der kosmischen Strahlung, des Sonnenspektrums. Renommierte Universitäten wie Princeton und Harvard beteiligten sich an den Messungen. Erstmals entstanden Fotos der Erde aus 100 Kilometer Höhe. Die Stufenrakete erlebte ihr Debüt: Mit der Bumper, einer zweistufigen Kombination aus V 2 und WAC Corporal, sollte sowohl die Trennung der beiden Stufen wie die Stabilität der zweiten Raketenstufe nach Zündung in der oberen Atmosphäre erprobt werden. Im Februar 1949 stieg eine Bumper bis auf 390 Kilometer.

In dem Maße, in dem das Heereswaffenamt und besonders Toftoy nicht müde wurden zu betonen, neben die «kriegerische» trete nun eine «friedliche» Fracht der V2, verschob sich allmählich das Bild der Rakete in der öffentlichen Wahrnehmung. Die veränderte Einschätzung übertrug sich auf die «Nazi-Wissenschaftler» aus Peenemünde, wie sie zu dieser Zeit in der Presse ganz selbstverständlich hießen. Mehr und mehr galten sie als Teil einer vorwärtsweisenden, zukunftsgerichteten Symbiose: Erschloß einerseits die V2 der Wissenschaft neue Kenntnisse, so trugen andererseits diese Kenntnisse zur Entwicklung einer der «Nazi-V2» überlegenen Rakete bei.

In der zweiten Jahreshälfte 1946 verlängerte das Heereswaffenamt die Verträge mit den Peenemünder Konstrukteuren auf unbestimmte Zeit. Die neue *Paperclip*-Direktive tat ihr Werk. Zwischen Dezember 1946 und Mitte 1947 wurden die Familienangehörigen der Ingenieure aus Landshut nach Fort Bliss geholt. In dieser Zeit kehrte Wernher von Braun für zwei Wochen von Texas nach Bayern zurück, um zu heiraten. 1943 hatte er beim SS-Rasse- und Siedlungshauptamt die Genehmigung zur Eheschließung – «sobald als möglich» – beantragt, doch war es zu dieser Hochzeit aus unbekannten Gründen nicht gekommen. Am 1. März 1947 heiratete er nun in Landshut seine 17 Jahre jüngere Kusine Maria von Quistorp, mit der er sich zuvor brieflich verlobt hatte. Im Dezember 1948 wurde beider Tochter Iris geboren. Eine zweite Tochter, Margit, und ein Sohn, Peter, folgten.

Unterstellt waren die Konstrukteure in Fort Bliss Major James Hamill, der zusammen mit Staver und Bromley in Toftoys Auftrag den Abtransport der V2-Teile aus Nordhausen bewerkstelligt hatte. Hamill reagierte offenkundig perplex auf die Ehrenbezeigungen, die ihm laut Stuhlinger/Ordway «in unverwechselbarem preußischem Stil» von den Deutschen entgegengebracht wurden. Doch, so Stuhlinger/Ordway weiter,

> «für die Raketenexperten war ein militärischer Kommandeur nichts Neues. Ihre Loyalität galt vor allem ‹dem Projekt›, und sie schlossen ganz automatisch den Befehshaber über das Projekt in ihre Loyalität ein.»

Wieder, wie schon in Peenemünde, war es «*das Projekt*», das verhaltensprägend wirkte, weil es für die Ingenieure den Daseinsmittelpunkt bildete. Nur: In White Sands existierte überhaupt kein Projekt im eigentlichen Sinne. Dem V 2-Forum zur Erforschung der oberen Atmosphäre gehörte Wernher von Braun nicht an. Die beteiligten Wissenschaftler mieden eher den Kontakt mit «den Deutschen». Deren Mitwirkung am Zusammenbau der V 2-Teile ließ sich nicht vergleichen mit der Konstruktions- und Erprobungstätigkeit in Peenemünde. Und die sonstige Arbeit beschränkte sich auf schriftliche Studien im Rahmen des schrittweise reduzierten Projekts «Hermes». Vorschläge von Brauns, das brachliegende Potential der Gruppe zu nutzen, wanderten in Hamills Papierkorb.

In dieser Zeit half noch einmal das «kommunistische Schreckgespenst» (Ordway / Sharpe): Mit ihm ließ der ebenso einflußreiche wie illiberale und intrigante Direktor des FBI, John Edgar Hoover, sich überzeugen, seine anhaltenden Sicherheitsbedenken zurückzustellen. Ende 1949 / Anfang 1950 durften die Deutschen in Fort Bliss legal «einreisen», indem sie sich über die Rio-Grande-Brücke von El Paso nach dem mexikanischen Ciudad Juarez begaben und, offiziell registriert, nach Texas zurückkehrten.

Die Wende brachte – Mitte 1950 – der Koreakrieg: Er «erhöhte natürlich die Dringlichkeit aller militärischen Entwicklungsprogramme» (von Braun). Die Militärausgaben der USA stiegen – bis 1952 – um fast das Doppelte. Zur Stärkung der Rüstung gehörte auch die Entscheidung der Armee für den Bau einer ballistischen Rakete mit 800 Kilometer Reichweite und, noch einmal von Braun, «sehr hoher Priorität». Die Konstruktion wurde Wernher von Braun und seinen Mitarbeitern übertragen.

Huntsville: Wernher von Braun baut wieder Waffen

«Wir waren wieder im Geschäft», befand Dieter Huzel, als er 1962 auf die frühen 50er Jahre zurückblickte. «Die Ähnlichkeit mit Peenemünde war in vieler Hinsicht beinahe unglaublich.»

In der Tat: Erneut etablierte sich die *Gemeinschaft* der deutschen Ingenieure in einem Militärstützpunkt, fügte sich ein ins größere Ganze einer hierarchischen Ordnung. Mochte ihr Vorgesetzter statt Dornberger auch Toftoy heißen – abermals arbeiteten sie für das Heer, diesmal in der Entwicklungsabteilung für ferngelenkte Geschosse (Guided Missile Development Division), angesiedelt beim Redstone Arsenal. Wie 1937 von dem zu klein gewordenen Artillerieschießplatz Kummersdorf nach Peenemünde, so zogen sie 1950 aus den Baracken von Fort Bliss nach Huntsville in Alabama. Nicht anders als auf Usedom sollte dort binnen kurzem ein moderner Raketenversuchskomplex entstehen. Ihr technischer Direktor war und blieb Wernher von Braun, durch Dornbergers Ausscheiden gestärkt noch in seinem – so ein treffendes Urteil – «fast feudalen Regiment».

Als gleichsam feudal, orientiert an den mitgebrachten Kategorien Harmonie – Ordnung – Gemeinschaft, konnte die Organisationsstruktur der Gruppe charakterisiert werden, weil sie in einem für moderne Leitungsmethoden höchst untypischen Ausmaß zugeschnitten war auf Wernher von Braun:

> «Wichtigste Mitglieder der Gruppe waren die Abteilungsleiter, die von Braun ausgesucht hatte. Sie ließen sich mit Vasallen ver-

gleichen, ihre Abteilungen mit Lehen, über deren Terrain sie eifersüchtig wachten... Jedem einzelnen Leiter gewährte von Braun weitestgehende Autonomie... Bei den gemeinsamen Besprechungen spielte die Sitzordnung eine wichtige Rolle. In ihr kam der Rang zum Ausdruck, den jeder einzelne Direktor in von Brauns Wertschätzung einnahm.»

Das System etablierte sich in dem Maße, in dem der organisatorische Spielraum Wernher von Brauns und seiner Mitarbeiter während der 50er Jahre erweitert wurde. Nicht nur räumte es ihm selbst im Binnenverhältnis ausschlaggebende Macht ein. Es begünstigte auch systematisch die deutschen Ingenieure gegenüber den amerikanischen Fachleuten, die «auf den Zug aufgesprungen waren», wie von Braun sich bezeichnenderweise ausdrückte:

«Die alten Direktoren waren nur selten bereit, jüngere Kollegen aktiv in Spitzenpositionen aufrücken zu lassen. Noch als (1958/59) das Saturn-Programm begann, war jeder der 13 Abteilungsleiter unter von Braun ein ehemaliger Peenemünder. Nur Positionen mit administrativen und koordinierenden Funktionen waren mit gebürtigen Amerikanern besetzt.»

Längerfristig sollte der Gruppenegoismus der «Beutedeutschen» sich als abträglich für sie erweisen. Zunächst aber profitierten sie von dem doppelten Umstand, daß der Koreakrieg die Furcht vor der Bedrohung durch «den Weltkommunismus» sprunghaft steigerte – und daß sie ein eingespieltes Ingenieursteam zu bieten hatten, fähig und bereit, die Weiterentwicklung der V 2 zu einer Fernwaffe mit Kernsprengkopf in Angriff zu nehmen. «Erfahrung in der Raketentechnik» sollte sich, so Wernher von Braun, verbinden mit «vorhandener Hardware».

Vorhandene Hardware: Das waren erstens die schon gebauten Raketenmotoren des gewaltigen Zusatzaggregats in doppelter V 2-Größe, das die Navaho – ein weiteres, von der Luftwaffe projektiertes Interkontinentalgeschoß mit Strahlantrieb – beim Start auf fast dreifache Schallgeschwindigkeit beschleunigen sollte. In abgewandelter Form fand dieser Prototyp auch später noch Verwendung bei den Mittelstreckenraketen Jupiter und Thor.

Vorhandene Hardware: Das war zweitens ein nuklearer Sprengkopf, der beim damaligen Stand der Technik noch 3 Tonnen wog. Seine enorme Explosionsgewalt aber, in ihrer Wirkung gesteigert durch radioaktiven Niederschlag, glich jede Zielungenauigkeit der verfügbaren Steuerungssysteme aus. Damit war das Problem «gelöst», das den Einsatzwert der V 2 durchschlagend verringert hatte.

Das Geschoß, an dem Wernher von Brauns Gruppe und über 1000 andere Beschäftigte in Huntsville seit 1950 arbeiteten, wurde schließlich als mobile taktische Rakete mit 400 Kilometern Reichweite konzipiert. 20 Meter hoch, mit einem Gefechtskopf, der getrennt ins Ziel gelenkt wurde, und einem Startgewicht von 28 Tonnen, erhielt sie den Namen Redstone. Der erste Abschuß erfolgte im August 1953 von dem Langstrecken-Versuchsgelände auf Cape Canaveral. Mehrere Jahre nach White Sands errichtet, auf einer Halbinsel an der Ostküste Floridas gelegen, war der Platz kaum 200 Kilometer entfernt von jener Stelle, auf die ein knappes Jahrhundert zuvor Jules Vernes Auge gefallen war. Dort, unweit der Stadt Tampa, hatte die Phantasie des französischen Schriftstellers in dem Roman «Von der Erde zum Mond» die Mammutkanone «Columbiade» postiert, deren Ladung ein Projektil mit drei Passagieren auf eine Bahn um den Erdtrabanten beförderte. 1958 – im selben Jahr, in dem die ersten einsatzbereiten Batterien in der Bundesrepublik stationiert wurden – sollte die Redstone als Erststufe der Rakete dienen, mit der ein amerikanischer Satellit zumindest auf eine Bahn um die Erde gelangte.

«Jeder eiserne Vorhang könnte in die Höhe gezogen werden»: Das war der Auftakt der Verheißung, mit der Wernher von Braun zu dem Zeitpunkt, als die Redstone sich ihrer Fertigstellung näherte, 1953 für den Bau einer erdumkreisenden Station warb. Keinen wenige Kilo schweren Kunstmond freilich, sondern ein riesiges bemanntes «Rad» pries von Braun als «endgültige Waffe» an. Sein Rezept: Westliche «Weltraumüberlegenheit als Weg zum Weltfrieden», Radar- und Fernsehüberwachung der Erde nur als «erster» – aber keineswegs durchschlagendster – «militärischer Verwendungszweck» des künstlichen Trabanten.

> «Im Falle eines Falles dient die Außenstation ferner als Startrampe für erdumkreisende Geschosse, gegen die Abwehrmaßnahmen nicht gut möglich sind. Feuern wir von der Station in rückwärtiger Richtung eine mit Kernsprengkopf und Tragflächen ausgestattete Rakete derart ab, daß ihr Schub ihre Bahngeschwindigkeit relativ zur Station um 1070 Meilen in der Stunde verringert, so wird sie sich unter Einwirkung der Schwerkraft auf ellipsenförmigem Kurs der Erde nähern. Die Verminderung der Geschwindigkeit ist so berechnet, daß das Geschoß eine halbe Erdumkreisung vom Abschußpunkt entfernt tangential in die Atmosphäre eintaucht.»

Nachdem Wernher von Braun skizziert hatte, wie er sich die weitere Steuerung der Rakete, einschließlich eventuell notwendiger Kurskorrekturen, vorstellte, verlieh er seinem Szenario den letzten Schliff:

> «Äußerste Zielgenauigkeit des Geschosses ist damit gewährleistet. Der Kernsprengkopf läßt sich exakt über dem Ziel zur Explosion bringen, während das Geschoß noch mit Überschallgeschwindigkeit fliegt. Abwehrmaßnahmen erscheinen nach Lage der Dinge gänzlich unwirksam.
>
> Einer der Hauptvorteile von Raketen, die aus der Umlaufbahn abgefeuert werden, besteht, wenn man so will, in ihrer Uneingeschränktheit. Wie ein Arsenal der Sterne kreisen sie am Himmel, sichtbar für den potentiellen Gegner und dennoch unerreichbar. Wir hoffen, daß ihr Einsatz sich erübrigen wird, aber wenn es zum

> Schlimmsten kommt, dann soll sich zum maximalen Abschreckungseffekt ein Höchstmaß an Zerstörungswirkung gesellen.»

Hatte von Braun allerdings in einem Atemzug beteuert, die Station sei «unerreichbar» für jeden Gegner, so mußte er diese Behauptung im nächsten wieder einschränken. Natürlich war auch ihm klar, daß die Außenstation nicht gefeit war gegen einen Angriff feindlicher – insbesondere bemannter – Raketen, die gleichfalls mit Kernwaffen bestückt waren. Deshalb tat er ohne erkennbares Zögern den nächsten Schritt, indem er diesem Eingeständnis den Halbsatz hinzufügte: «... sofern wir annehmen wollten, daß dem potentiellen Gegner gestattet worden ist, die Raketentechnik im selben Maß weiterzuentwickeln wie wir». Um niemanden im Zweifel zu lassen, daß damit eine *Präventivschlagsdrohung* gemeint war, fuhr von Braun fort:

> «Vermögen wir unseren künstlichen Trabanten zu etablieren und seine Weltraum-Boden-Geschosse einsatzbereit zu machen, dann können wir jeden Versuch eines Gegners, unsere Weltraumfestung herauszufordern, im Keim zunichte machen! Die Raumstation ist mit absoluter Sicherheit in der Lage, ein gegnerisches Raumfahrzeug vor seinem Start zu zerstören.
>
> Weit besser aber wäre es, *wir könnten dem Gegner ein entschlossenes, machtgestütztes ‹Nein!› entgegenhalten*, wenn er sich erst anschickt, seine bemannten Raumfahrzeuge zu entwickeln. Und noch besser, *wir könnten vereiteln, daß er die erforderlichen Test- und Startplätze überhaupt aufbaut.* Noch haben wir, glaube ich, Zeit, um dies zuwege zu bringen, *und ich fordere dringend dazu auf, so zu verfahren.*»

Ein derart massives Plädoyer für eine rigorose Pressionspolitik gegenüber den «Diktatoren des Ostens» (von Braun) läßt sich nur erklären vor dem Hintergrund des Schocks, den bereits die erste, unerwartet frühe sowjetische Atombombenexplosion Ende August 1949 in den USA ausgelöst hatte. Truman hatte mit der Anordnung reagiert, nun auch die Wasserstoffbombe zu entwickeln. Ende 1952 fand der erste amerikanische Versuch mit einer «thermonuklearen Vorrichtung» (noch keiner transportierbaren Bombe) statt. Doch war von Brauns Artikel gerade ein Vierteljahr alt, als die Sowjetunion ebenfalls ihre erste H-Bombe testete. Schon vorher konnte vernünftigerweise kein Zweifel an dem Wettlauf herrschen, der auch auf diesem Gebiet eingesetzt hatte, und die Suche nach «Sicherheits»-Konzepten als Ersatz für tatsächliche Entspannung nahm zeitweise manische Formen an. Wer die UdSSR im zweiten Kernbereich des Wettrüstens, der Raketenentwicklung, an einem technischen Durchbruch notfalls «machtgestützt» (im Original: «power-packed») hindern wollte, der konnte damit nur meinen: ultimativ, unter Androhung eines Präventivschlages und Inkaufnahme des Risikos, daß ein nuklearer Weltkrieg ausbrach. Mit diesem Vorschlag ging von Braun öffentlich weiter als irgendein anderer «verantwortlicher» Techniker oder Wissenschaftler.

Dies war der militärische – um nicht zu sagen militaristische – Schatten, der auf alle Raumfahrtpläne Wernher von Brauns fiel (Bau einer Außenstation, Erforschung des Mondes, Flug zum Mars), die er zwischen 1952 und 1954 mittels der Millionenzeitschrift *Collier's*, darauf fußend dann in mehreren Büchern, propagierte. Schon im ersten *Collier's*-Artikel vom März 1952 präsentierte von Braun – «zugleich Wissenschaftler und Praktiker mit Kriegserfahrung» (Bergaust) – den Vorschlag, die Raumstation «als wirksamen Atombombenträger» zu nutzen. Es folgten zwei Zusätze, die unweigerlich an die Art erinnerten, wie Dornberger und von Braun den Machthabern des Dritten Reiches ihre Raketenpläne «verkauft» hatten. Wortlaut in der 1953 unter dem Titel «Station im Weltraum» erschienenen deutschen Übersetzung von Heinz Gartmann:

«Berücksichtigt man, daß die Station alle bewohnten Gebiete der Erde überfliegt, dann erkennt man, daß eine derartige Atomkriegstechnik den Erbauern des Satelliten die bedeutendsten taktischen und strategischen Vorteile bietet, die es in der Kriegsgeschichte je gegeben hat –»

und:

«Wird die Weltraumstation nicht mit dem Ziel der Erhaltung des Friedens gebaut, dann kann sie von anderen als beispielloses Mittel der Vernichtung geschaffen werden – oder aber sie wird überhaupt zu spät kommen.»

Die Abwehr direkter Angriffe auf die Raumstation beschrieb Wernher von Braun als «einer Seeschlacht sehr ähnlich», bei der die Station «über die stärkere Feuerkraft» verfügen würde. Prophylaktische Maßnahmen wollte er zu diesem Zeitpunkt darauf beschränkt wissen, daß «die Raumstation Warnungsraketen nach einer feindlichen Bodenanlage schikken und damit ihre Fähigkeiten für einen ersten Schlag warnend demonstrieren» könnte.

Um seine Ideen noch weiter zu verbreiten, bediente Wernher von Braun sich der Dienste jenes Schriftstellers, dessen Unterstützung kurz zuvor Dornberger bei der Abfassung seiner Erinnerungen in Anspruch genommen hatte: Franz Ludwig Neher. 1953 erschien in der Bundesrepublik Nehers «Roman der Raumfahrt», die dramatische Schilderung einer Expedition zum Mars. Unter dem Titel «Menschen zwischen den Planeten» fand sich der Hinweis: «Mit einem Vorwort und nach einer Anregung von Professor Wernher von Braun». Im 75seitigen Eingangskapitel wurde eine östliche «Angreifermacht» – für den Leser unschwer zu identifizieren – von den westlichen Verteidigern gestoppt, noch ehe ihr Operationsplan zur Ausführung gelangte. Das Mittel: eine insgeheim erbaute, die Erde militärisch beherrschende Raumstation «Supraterra», bei deren Errichtung der Westen dem

Osten um Haaresbreite zuvorgekommen war. Begleitet von einem «Raketengeschoßträger», war es dieser Station ein leichtes, die «kleinste bedrohliche Veränderung im Lande eines Angreifers entdecken und – wenn befohlen, vernichten zu können».

Auf diese Weise fand der Krieg, entsprechend der Kapitelüberschrift, nicht statt. Es folgte die «Bereinigung des Sowjetregimes», und auch in China übernahmen die antikommunistischen Kuomintang wieder die Macht. Damit war der Weg frei für einen Weltstaatenbund, der den Marsflug beschloß.

Sicher, das alles war erzählt von F. L. Neher. Aber im Vorwort vermerkte Wernher von Braun, er habe sich «bereit erklärt, das Manuskript während seiner Entstehung laufend auf wissenschaftliche und technische Sauberkeit zu überwachen». Deshalb sei

> «ein Buch entstanden, in dem der Gedankenflug des Dichters von den Zügeln geleitet wurde, die die Technik ihm auferlegt hat. Es führt uns Menschen vor Augen, *wie unser Zeitalter sie hervorbringen muß, um die sich vor der Verwirklichung der Raumfahrt noch auftürmenden Schwierigkeiten zu überwinden*».

Die die Erde beherrschende Raumstation – und die notfalls zu treffenden Maßnahmen, um die Sowjets an deren Bau zu hindern: Je blühender die Phantasie, daß der künstliche Trabant die Macht in die Hand gäbe, weltweit über Pax Americana oder kommunistischen Triumph zu entscheiden, desto rigoroser die Mittel, die gerechtfertigt schienen, um der eigenen Seite den Vorsprung zu sichern. Und diese Mittel wurden keineswegs als Fiktion präsentiert: Während «Menschen zwischen den Planeten» auf den Markt kam, stellte Wernher von Braun in der amerikanischen Armeezeitschrift *Ordnance* sein Präventivschlagskonzept vor.

Kein Biograph von Brauns hat die Existenz dieses Konzepts auch nur angedeutet. Stuhlinger/Ordway – die einzigen, die den *Ordnance*-Aufsatz überhaupt erwähnen – erwecken durch ihre Textauszüge den Eindruck, dem Verfasser sei es lediglich um eine «Beobachtungsstation im Orbit und deren friedenserhaltende Wirkung» (so beider Zusammenfassung) zu tun gewesen. Tatsächlich waren Wernher von Brauns Vorschläge weitaus aggressiver und gingen über Ronald Reagans spätere *Star-Wars*-Ideen noch ein gutes Stück hinaus.

Zugespitzt ausgedrückt: Ein Stück auf dem Weg zum Charakter des Dr. Strangelove (aus Stanley Kubricks makabersatirischem Film «Dr. Seltsam oder Wie ich lernte, die Bombe zu lieben») hatte Wernher von Braun mit seinen Ideen zurückgelegt.

In der Öffentlichkeit jedoch, in deren Rampenlicht die *Collier's*-Serie den Konstrukteur mit einem Schlag katapultierte, etablierte sich das Bild vom «Kolumbus des Alls» (auch wenn der bundesdeutsche *Spiegel* es noch mit einem Fragezeichen versah). Die spektakulär illustrierte Artikelserie – fußend auf einer Raumfahrt-Expertentagung, die der emigrierte Publizist Willy Ley in New York organisiert hatte – erstreckte sich über insgesamt acht Ausgaben. Eine umfängliche Publicitykampagne der *Collier's*-Werbeabteilung sorgte für breite Resonanz in der Tagespresse, bei Rundfunk und Fernsehen.

Schätzungsweise acht Millionen Zuschauer sahen allein zwei der zahlreichen Fernsehinterviews, die von Braun gab. Es folgten drei (auch ins Deutsche übersetzte) Buchbände mit erweiterten Fassungen der Artikel. Schließlich ließ Walt Disney sich zu ebenfalls drei Fernsehfilmen inspirieren, deren erster («Der Mensch im Weltraum», mit Auftritten von Brauns und Leys) ein 100-Millionen-Publikum vor die Bildschirme zog. Als Gegenleistung entwarfen Ley und von Braun die Mondrakete für den «Tomorrowland»-Teil des neu eröffneten Disneyland-Vergnügungsparks in Kalifornien.

Die Medienoffensive gewann von Braun, so das zeitgenössische Urteil des *Spiegel*, «eine enorme Anhängerschaft nicht nur unter den technisch Naiven, sondern auch unter den technisch Halbgebildeten». Und sie bot ihm Gelegenheit, nach über zwanzig Jahren «auszubrechen aus der Isolierung seines militärischen Wirkungskreises» (Liebermann).

Jener Wirkungskreis blieb freilich bestimmend für Wernher von Brauns Perspektiven, plante man doch beim Heer bereits den Schritt von der Redstone zu einer Mittelstreckenrakete mit sechs- bis achtfacher Reichweite. Dahinter zeichneten sich die Umrisse einer veränderten strategischen Sicht auf das «Schlachtfeld der Zukunft» ab. Dessen Tiefe und Dynamik, so die maßgeblich von Generalleutnant James Gavin formulierte These, erforderten die Ausrüstung der Armee mit einem neuen Typ von «Gefechtsfeldwaffe» – mobil, weittragend, zielgenau. Der entsprechende Konstruktionsauftrag ging wiederum nach Huntsville. Generalmajor John B. Medaris, der nach Dornberger und Toftoy binnen kurzem Wernher von Brauns dritter militärischer Vorgesetzter werden sollte, beschrieb das Resultat:

> «Von Brauns Gruppe arbeitete fieberhaft, um einen guten und technisch einwandfreien Plan vorzulegen, bei dem möglichst viele Teile, die sich schon in der Redstone bewährt hatten, verwendet werden sollten, damit die neue Waffe in möglichst kurzer Zeit entwickelt werden konnte. Das war der erste Vorschlag für das Jupiter-Waffensystem.»

Die «neue Sicht» der Armee war mindestens ebenso ressort*politisch* motiviert wie militär*strategisch*. Sie entsprang nicht zuletzt der Unzufriedenheit über die reduzierte Rolle, die die Abschreckungsdoktrin der «massiven Vergeltung» dem Heer im Vergleich zur Luftwaffe zuwies.

Der 1953 als Kandidat der Republikanischen Partei ins Präsidentenamt gewählte Weltkriegsgeneral Dwight D. Eisenhower und sein Außenminister John Foster Dulles trachteten danach, durch diese Doktrin zwei Fliegen mit einer Klappe zu schlagen. Innenpolitisch sollte das Ende des Koreakrieges genutzt werden, um die Anhänger der Republikaner durch Steuersenkungen zufriedenzustellen. Das erforderte eine Einschränkung der konventionellen zugunsten der weniger kostspieligen atomaren Rüstung. Außenpolitisch schien der Grundsatz, selbst im Falle eines örtlich begrenzten konventionellen Angriffs gegebenenfalls nuklear zurückzuschlagen, der Logik des noch vorhandenen amerikanischen Übergewichts bei Kernwaffen zu entsprechen. Zugleich wurde damit die Rigorosität der antikommunistischen Rhetorik um eine weitere Stufe gesteigert. Auch das war ein innenpolitisch, im Hinblick auf die republikanische Wählerschaft, keineswegs unerwünschter Effekt. Für Heer, Marine und Luftwaffe bedeutete die Doktrin nach der nüchternen Diagnose des Vorsitzenden der Vereinigten Stabschefs, Admiral Arthur Radford, «daß atomare Verbände jetzt unsere vorrangigen Streitkräfte sind. Anderen Operationen, zu Lande, zu Wasser oder in der Luft, wird eine zweitrangige Rolle zugewiesen.»

Bei den Waffengattungen zeigte man sich durchaus willens, auf derartige Signale zu reagieren, wenn auch nicht im von der Regierung gewünschten Sinne. Generalmajor Medaris beispielsweise riet dem Heereswaffenamt zu schleuniger Flexibilität. Bezüglich konventioneller Waffen möge man es bei bescheidenen Anträgen belassen. Kräftig aufstocken solle man dagegen den Haushaltsvoranschlag für die Produktion von Flugkörpern. «Dann haben Sie meines Erachtens gute Aussichten, einen ausreichenden Etat bewilligt zu erhalten.»

Die Aussichten verbesserten sich noch dadurch, daß infolge technischer Durchbrüche 1954/55 eine generelle Gewichtsverschiebung von Langstreckenbombern und strahlgetriebenen Fernwaffen zu ballistischen Raketen einsetzte. Die Verfügbarkeit der Wasserstoffbombe, die zunehmende Herstellbarkeit kleinerer Sprengköpfe mit größerem Wirkungsgrad, die sprunghaft voranschreitende Verbesserung der Lenkungssysteme rückten die Interkontinentalrakete (Intercontinental Ballistic Missile, ICBM) mit einer Reichweite von 12000 bis 15000 Kilometer als rüstungstechnischen «Quantensprung» auf die Tagesordnung. Durch die Explosion der sowjetischen H-Bombe sowie Geheimdienstberichte über «rote» Raketenprogramme weiter genährte Bedrohungsvorstellungen (Luftwaffen-Unterstaatssekretär Trevor Gardner: «Das Land schwebt in tödlicher Gefahr») taten ein übriges, damit 1954 die Entwicklung des ICBM Atlas höchste Priorität erhielt.

Nach seinerzeitigen Schätzungen sowohl der luftwaffennahen «Denkfabrik» RAND (Research and Development – Forschung und Entwicklung) wie eines von Gardner eingesetzten Studienausschusses (Teapot Committee) unter Vorsitz des renommierten Mathematikers John von Neumann würden jedoch fünf, eher noch sechs Jahre bis zur Einsatzreife der Atlas vergehen (eine Prognose, die sich als zutreffend erwies). Zur «Überbrückung» dieser Zeitspanne ordnete die amerikanische Regierung den raschestmöglichen Bau einer Mittelstreckenrakete (Intermediate Range Ballistic Missile, IRBM) mit einer Reichweite von 3000 Kilometern an – laut Eisenhower in der Erwägung,

> «daß die weltweite politische und psychologische Wirkung der schnellen Entwicklung eines verläßlichen IRBM enorm wäre. Auf überseeischen Stützpunkten stationiert, konnte es jedes Ziel im kommunistischen Bereich ebenso erreichen wie ein ICBM, das in den Vereinigten Staaten abgefeuert wurde, so daß kurzfristig sein militärischer Wert dem des ICBM im Grunde gleichkam.»

Versuche mit Mittelstreckenraketen ließen zudem wichtige Aufschlüsse erwarten über die Abschirmung der Kernsprengköpfe gegen die Hitzeeinwirkung beim Wiedereintritt in die Atmosphäre. Folglich konnte die Armee auf positive Aufnahme ihre Pläne im Verteidigungsministerium rechnen, zumal sie von der Marine unterstützt wurde, die ihrerseits an einer Mittelstreckenrakete interessiert war. Bei der Luftwaffe dagegen fürchtete man, angesichts der sich abzeichnenden Ersetzung von Mittel- und Langstreckenbombern durch ballistische Raketen entsprechender Reichweite, eine Reduzierung der eigenen Rolle, falls es nicht gelang, das Monopol über die neuen Fernwaffen zu erringen.

Die Rivalität der Waffengattungen hatte zur Folge, daß die Gruppe um Wernher von Braun sich 1955 mit einer Wiederauflage der Konkurrenz zwischen V 1 und V 2 in abgewandelter Form konfrontiert sah. Setzte die Armee auf ihr mobiles IRBM Jupiter, so favorisierte die Luftwaffe ihre für feste Abschußbasen bestimmte Mittelstreckenrakete Thor. Und auch das schließliche Ergebnis erinnerte stark an 1943, erkannte Verteidigungsminister Wilson doch im Herbst des Jahres beiden Vorhaben die gleiche Priorität zu.

In Huntsville entstand am 1. Februar 1956 die Army Ballistic Missile Agency (ABMA) als unabhängiges Kommando unter dem Befehl von Generalmajor John B. Medaris. Die ABMA übernahm vom Redstone Arsenal sämtliche Versuchsanlagen und das Personal der Entwicklungsabteilung für ferngelenkte Geschosse, Wernher von Braun als technischen Direktor inbegriffen. Ein Dreivierteljahr später machte jedoch ein erneuter Erlaß des Verteidigungsministeriums die Zukunftshoffnungen der Armee zunichte: Er entzog ihr die Zuständigkeit für Fernlenkwaffen mit einer Reichweite über 320 Kilometer zugunsten der Luftwaffe. Wesentlich beigetragen zu der Entscheidung hatte Eisenhowers reservierte Haltung gegenüber den Ansprüchen des Heeres, deren strategische Begründung ihm keineswegs einleuchtete.

Mit 50 Tonnen Startgewicht bei annähernd gleicher Länge war die Jupiter fast doppelt so schwer wie die Redstone, die in einer abgewandelten, als Jupiter A bezeichneten Version zur Prüfung zahlreicher Einzelteile des künftigen IRBM eingesetzt wurde. Der Erprobung des Hitzeschilds diente eine Mehrstufenkombination, Jupiter C genannt (wobei das C für *composite vehicle*, zusammengesetztes Raumfahrzeug, stand), mit einer wiederum modifizierten Redstone als erster sowie einer Anzahl jeweils gebündelter Sergeant-Feststoffraketen als zweiter und dritter Stufe. Mittels dieser Trägerrakete, so Wernher von Braun,

> «lösten wir eine der schwierigsten Aufgaben bei der Entwicklung des IRBM-Gefechtskopfes... Durch unsere Flüge bewiesen wir die Brauchbarkeit des Abschmelzprinzips für die Materialzusammensetzung der Raketenspitze (bei dem die äußere Schicht langsam weggebrannt, die Hitze dadurch abgegeben wird und der darunterliegende Gefechtskopf intakt bleibt).»

Im September 1956 erreichte die erste Jupiter C von Cape Canaveral aus 1000 Kilometer Höhe und 4800 Kilometer Weite. Ein knappes Jahr später wurde die kegelförmige Spitze einer weiteren Jupiter C nach einem Flug über 2000 Kilometer und erfolgreichem Wiedereintritt in die Atmosphäre aus dem Atlantik geborgen.

Die erste «eigentliche» Jupiter-Mittelstreckenrakete startete im Frühjahr 1957. 30 einsatzbereite Jupiter wurden 1960 auf Sardinien und in den Dolomiten, 15 in der Türkei stationiert. Letztere zielten über das Schwarze Meer unmittelbar ins Zentrum der Sowjetunion. Zumindest ihre Demontage forderte Chruschtschow während der Kuba-Krise vergeblich als Preis für den Abzug der sowjetischen Raketen von der Karibikinsel. Als der amerikanische UNO-Chefdelegierte Adlai Stevenson sich für eine derartige Übereinkunft aussprach und anregte, auch die Stützpunkte in Italien und England (mit 60 Thor-Raketen) einzubeziehen, wurde ihm aus Kreisen der Kennedy-Regierung vorgeworfen, er sei «weich» und propagiere ein «neues München».

Zwar erfolgte 1963 tatsächlich der Abbau der Jupiter-Basen, die gerade vier Jahre existiert hatten – doch nur im Austausch gegen technisch fortgeschrittenere Kernwaffen. Die amerikanische Marine hatte bereits Anfang 1956 die Absprache wieder aufgekündigt, mit der Armee zusammen ein land- *und* seegestütztes IRBM zu entwickeln. Sie nahm statt dessen die Konstruktion einer Feststoff-Mittelstreckenrakete in Angriff, die von getauchten U-Booten abgefeuert werden konnte. Ihr Name: Polaris.

Binnen weniger Jahre sollte aus dieser Kombination die zweite «Säule» des amerikanischen Fernwaffenpotentials neben bodengestützten Interkontinentalraketen (Atlas, Titan, Minuteman) entstehen. Polaris-bestückte Atom-U-Boote in der spanischen Flottenbasis Rota waren es, die an die Stelle der Jupiter-Raketen in der Türkei traten. Und als Rota 1979 auf Verlangen der spanischen Regierung geräumt werden mußte, standen bereits Polaris-Nachfolgemodelle – Poseidon, Trident – zur Verfügung, ausgerüstet mit manövrierbaren Mehrfachsprengköpfen, auf interkontinentale Reichweite angelegt.

Das Sputnik-«Fiasko»: Die Armee rettet die Lage

Die Mitte der 50er Jahre einsetzende Militarisierung des Weltraums mochte ausgelöst worden sein durch technologische «Sprünge». Ihre Wurzel hatte sie jedoch in strategischen Überlegungen, die sogleich nach dem Ende des Zweiten Weltkrieges angestellt wurden und sich allmählich zu Ideen verdichteten, wie Wernher von Braun sie 1952/53 öffentlich vorlegte. Alle derartigen Denkansätze ließen sich von dem Axiom leiten, welches Colonel Holger Toftoy seiner Werbekampagne für die V 2-Versuche in White Sands zugrunde gelegt hatte: daß wissenschaftliche und militärische Anwendungsmöglichkeiten nur zwei Seiten derselben Medaille darstellten. In den Mittelpunkt des Interesses rückte außer Raketen nicht erst bei von Braun die Rolle künstlicher Erdsatelliten.

«Vorläufiger Entwurf eines experimentellen weltumkreisenden Raumschiffs»: So lautete der Titel des 320-Seiten-Berichts, den das Militärforschungsinstitut RAND Anfang Mai 1946 auf Anforderung der Luftwaffe vorlegte. Militärischen Stellenwert besaßen «Fahrzeuge auf Satellitenbahnen» nach Überzeugung der Autoren, weil sie es vermochten, Zielaufklärung zu betreiben, Fernkampfwaffen auf ihren Bahnen zu lenken oder selbst als Ferngeschosse zu dienen, schließlich die Wirkung von Angriffen auf einen Gegner exakt bestimmen konnten. Überdies, so die Prognose des Dokuments, würde das erste Land, das einen künstlichen Mond startete, Geltung erringen als «Führungsmacht der Welt *in militärischer wie in wissenschaftlicher Hinsicht*»:

«Die Verwirklichung eines Satellitenfahrzeugs durch die Vereinigten Staaten würde die Phantasie der Menschheit entzünden. Der weltweite Widerhall ließe sich wahrscheinlich vergleichen mit der Explosion der Atombombe... Um sich den gewaltigen Effekt vorzustellen, braucht man sich nur auszumalen, wie perplex und bewundernd man hier reagieren würde, wenn die Vereinigten Staaten plötzlich feststellen müßten, daß ein anderes Land bereits erfolgreich einen Satelliten hochgeschossen hätte.»

Prophetische Worte... Drohpotential und Prestige waren der doppelte Nenner, auf den sie sich bringen ließen. Nicht anders, als zwölf Jahre später Eisenhowers Beirat für Wissenschaftsfragen der Öffentlichkeit die Motive des amerikanischen Raumprogramms erläuterte. «Entdeckerdrang» rangierte zwar vornean, neue Erkenntnisse über Erde, Planeten, Weltall aber erst auf dem vierten Platz. «Wird der Weltraum militärisch genutzt», hieß es unter Punkt zwei, «müssen wir darauf vorbereitet sein, uns zur eigenen Verteidigung seiner zu bedienen.» Das internationale Ansehen der USA war Gegenstand des Punktes drei. «Kühnheit und Kraft bei der Entwicklung unserer Weltraumtechnologie», stand dort zu lesen, «werden Vertrauen wecken in unsere wissenschaftliche, technische, industrielle und militärische Stärke.»

Die Zitate aus den 40er und 50er Jahren ließen sich vermehren. Solcherart wurde ein Rahmen abgesteckt, der dem Kalten Krieg, der «Allgegenwart militärischer Fragen als Element des Kalten Krieges», damit aber letzten Endes der «Verquickung von Weltraumpolitik und Kaltem Krieg» (Goldsen) entsprach. In diesen Rahmen schien die Initiative sich nahtlos zu fügen, die Wernher von Braun und Toftoy (inzwischen Major General) ergriffen: 1955 legten sie dem Verteidigungsministerium ihr Projekt «Orbiter» zur Genehmigung vor – um dieselbe Zeit, als in Huntsville der ersten Gruppe von 40 Konstrukteuren, Wernher von Braun inbegriffen, die amerikanische Staatsbürgerschaft verliehen wurde. Vorhandenes Zubehör «aus der Raketenentwicklung des Heereswaffenamts» – mit anderen Worten: die Jupiter C – sollte dazu dienen, einen Kleinstsatelliten auf eine Erdumlaufbahn zu befördern.

Als Soldat habe für ihn «die Vorherrschaft im Weltraum an erster Stelle» gestanden, begründete John Medaris später das Vorhaben, das er sich als Kommandeur der ABMA zu eigen machte. Medaris weiter:

> «Es war mir völlig klar, und es war Wernher von Braun schon seit Jahren klar gewesen, daß der erste Staat, dem es gelang, eine ständige bemannte Weltraumstation einzurichten, einen riesigen Schritt zur Beherrschung des ganzen Planeten gemacht hatte. Ein Satellit war die erste Stufe zu einer derartigen Station.»

Der Armeevorschlag fiel zeitlich zusammen mit den einsetzenden Vorbereitungen für das Internationale Geophysikalische Jahr (IGJ) 1957/58. Wissenschaftler aus 67 Ländern planten eine konzertierte Anstrengung zur Erforschung physikalischer Phänomene, vom Erdmagnetismus bis zur Höhenstrahlung, von Meeresströmungen bis zu Sonnenflecken. Auf amerikanische Empfehlung sollten neben Schiffen und Ballonen auch künstliche Satelliten zum Einsatz gelangen. Treibende Kraft war der Physiker Fred Singer, der nach einem Briefwechsel mit Wernher von Braun, angeregt durch dessen *Collier's*-Artikel, bereits 1953 einen «Minimum Orbital Unmanned Satellite of the Earth» (MOUSE) zur Diskussion gestellt hatte.

Die Entscheidung, den amerikanischen IGJ-Satelliten mit einer zivilen Rakete zu starten, wurde Mitte 1955 vom Nationalen Sicherheitsrat getroffen. Nur scheinbar paradoxerweise waren militärische Erwägungen ausschlaggebend: Jede Beeinträchtigung der mit Hochdruck angelaufenen Fernwaffenprogramme sollte vermieden werden. Offiziell bekundete die amerikanische Regierung, der Beschluß stünde im Einklang mit dem friedlichen Charakter des Vorhabens.

Damit waren die Würfel gefallen. Den Zuschlag erhielt nicht die Armee mit ihrem auf der Verfügbarkeit der Jupiter C fußenden Projekt «Orbiter», sondern die Marine. Sie hatte vorgeschlagen, die Höhenforschungsrakete Viking weiterzuentwickeln zu einem dreistufigen Modell mit der Bezeichnung Vanguard. Zwei weitere ABMA-Anträge auf Genehmigung eines Satelliten-Startversuchs wurden im Laufe des Jahres 1956 zu von Brauns und Medaris' beträchtlichem Ärger abgelehnt.

Entwurf und Erprobung der Vanguard zogen sich nicht nur aus technischen Gründen in die Länge. Finanzierungs- und Personalschwierigkeiten traten auf. Bei der Lieferfirma Martin wurde gleichzeitig die Interkontinentalrakete Titan gebaut. Dort, wie im Verteidigungsministerium, betrachtete man Vanguard als «schwächere, weil zivile Konkurrenz der vorrangigen Waffenprogramme» (McDougall). Im Mai 1957 erfolgte der zweite Versuchsstart, bei dem die erste und dritte Stufe erprobt wurden. Bis eine Vanguard mit allen drei Stufen – die beiden oberen allerdings inaktiv – erstmals flog, sollte es Ende Oktober werden.

In der Sowjetunion war 1955 nordöstlich des Aralsees, in der kasachischen Trockensteppe unweit von Baikonur, ein weiteres Versuchsgelände, Tjuratam genannt, entstanden. Als die Nachrichtenagentur Tass im August 1957 bekanntgab, die Sowjetunion verfüge über eine «erprobte Interkontinentalrakete», hatten zwei in Tjuratam aufgestiegene Versuchsmodelle, jedes von 32 gebündelten Motoren angetrieben (NATO-Code SS 6 *Sapwood*), ihren Probeflug über 10000 Kilometer absolviert. Zwar handelte es sich bei der Schöpfung des sowjetischen Chefkonstrukteurs Sergej Koroljow noch keineswegs um eine ausgereifte Waffe, wie westliche Befürchtungen über eine «Raketenlücke» suggerierten. Doch fand die Premiere in Tjuratam mehr als ein Jahr vor dem Erststart der Atlas über eine entsprechende Strecke statt. Eine – nach Lage der Dinge eher künstliche – Aufspaltung in zivile bzw. militärische Weltraumprogramme existierte in der UdSSR nicht. Und sowjetische Wissenschaftler hatten wiederholt angekündigt, daß die Sowjetunion während des IGJ ebenfalls Satelliten starten würde – ohne daß die Hinweise wirklich beachtet worden wären.

«Die Zeit trägt einen roten Stern im Haar»: Derart lyrisch interpretierte die SED-Zeitung *Neues Deutschland* den Start des kugelförmigen, 83 Kilogramm schweren «künstlichen Mondes» Sputnik I am 4. Oktober 1957. «Schritt für Schritt», stand im Leitartikel der *Prawda* zu lesen, löse «die sowjetische Wissenschaft die ihr gestellte Aufgabe, den ersten Platz in der Weltwissenschaft einzunehmen». Im selben Atemzug erinnerte das Blatt des Zentralkomitees der KPdSU an die sowjetische Interkontinentalrakete, die «in bisher noch nicht erreichten Höhen» fliege und in der Lage sei, «jedes Gebiet der Erde zu erreichen». Die Verquickung ziviler und militärischer Aspekte trat ebenso unverhüllt zutage wie im Falle der USA.

Dort setzte eine Überreaktion ein, die nicht nur den Präsidenten des renommierten Massachusetts Institute of Technology (MIT) und kurz danach berufenen Wissenschaftsberater Eisenhowers, James Killian, an «Hysterie» erinnerte. «Schock» und «Panik» (Killian) prägten die Kommentare von Medien, Politikern, Forschern. Eine «Schlacht, entscheidender als Pearl Harbor», habe man verloren, befand Edward Teller, der maßgeblich mitgewirkt hatte an der Entwicklung der Wasserstoffbombe. John McCormack, Sprecher des Repräsentantenhauses, wähnte die USA vom «Untergang» bedroht. Die *New York Times* sah das Land verwickelt in «ein Rennen weniger um Waffen oder selbst um Prestige als um sein Überleben». Wernher von Brauns Wortwahl fiel um keinen Deut moderater aus. Vor Kongreßabgeordneten warnte er, es wäre «nationaler Selbstmord», wenn die USA sich von der Sowjetunion technisch überflügeln ließen.

Trocken, aber zutreffend folgerte Medaris, der Start des

Sputnik I habe von Braun und der Armee «nachdrückliche Hilfe» verschafft «von einer Stelle, von der wir sie nicht erwartet hatten». Wie es der Zufall wollte, besuchte Neil McElroy, designierter Nachfolger des amtsmüden Charles Wilson als Verteidigungsminister, am 4. Oktober das Redstone Arsenal. Auf die Nachricht aus Moskau reagierte von Braun laut Medaris, «als wäre er mit einer Grammophonnadel geimpft worden»:

> «Wir haben gewußt, daß es so kommen würde! Die Vanguard wird es nie schaffen. Wir haben die Raketen. Um Himmels willen, geben Sie uns freie Hand und lassen Sie uns etwas tun. Sie können von uns in sechzig Tagen einen Satelliten haben! Geben Sie uns freie Bahn und sechzig Tage!»

Der rasch kalkulierende Medaris machte aus den zwei Monaten – «Sechzig Tage!» wiederholte Wernher von Braun ein Mal ums andere. «Nur sechzig Tage!» – noch rechtzeitig drei («Jede größere Eile», so Medaris, «hätte unsere Erfolgsaussichten nur beeinträchtigt»). Der Generalmajor über den weiteren Verlauf des Besuchs:

> «Am nächsten Morgen trugen wir faustdick auf. Die jungen Offiziere, die den größten Teil der Vorträge bestritten, unterstrichen jeden bisherigen Erfolg und jedes Versuchsergebnis. Wir fühlten uns wie Eishockeyspieler, die auf der Reservebank sitzen, aber darauf brennen, einzugreifen, um das verlorene Prestige der Freien Welt wieder einigermaßen herzustellen.»

«Mit glühendem religiösem Eifer» hätten von Braun und Medaris für die Raumfahrtmission der Armee gestritten, kommentierte Killian rückblickend. (Tatsächlich sollte Medaris später seinen Abschied nehmen und den Pfarrersberuf ergreifen. Auch als frommer Mann – Pastor Bruce, nach seinem zweiten Vornamen – blieb er streitbar und selbstüberzeugt. «Niemand», erklärte er 1975, «könnte ohne Leitung durch den Herrn so oft recht behalten haben wie ich»). Eisenhower lehnte jedoch ab, der Vorstellung eines «Wettrennens» mit der Sowjetunion nachzugeben. Im Anschluß an seine Amtseinführung widerstand McElroy vier Wochen lang dem Druck der Armeespitze, Starterlaubnis für eine Jupiter C zu erteilen.

Sputnik II, eine halbe Tonne schwer, mit der Hündin Laika an Bord am 3. November in eine elliptische Bahn um die Erde geschossen, veränderte die Situation. Kurz zuvor war von Braun durch die Armeeführung gerügt worden, weil er öffentlich gefordert hatte, beim Satellitenprogramm endlich «Dampf zu machen». Jetzt stieg die Lautstärke der «Jeremiaden» (McDougall) erneut und mit ihr der Druck auf die Regierung. Lyndon B. Johnson, Fraktionschef der Demokratischen Partei im Senat, kündigte an, er werde führende Kabinettsmitglieder vor den Streitkräfteausschuß zitieren.

Am 7. November wandte Eisenhower sich in einer Fernsehansprache an die Nation. Er teilte Killians Ernennung zu seinem Berater mit und gab bekannt, die USA hätten das Wiedereintrittsproblem bei Raketensprengköpfen gelöst. Als optisch wirkungsvollen Beweis präsentierte er die drei Monate zuvor aus dem Atlantik geborgene Jupiter-C-Spitze. Einen Tag später folgte die Weisung des Verteidigungsministeriums, «den Start eines Erdsatelliten vermittels einer abgewandelten Jupiter C durchzuführen», und zwar, wie es ausdrücklich hieß, «als Ergänzung zum Vanguard-Programm». Auf diese Weise solle «im Rahmen des IGJ ein zweiter Weg eröffnet werden, einen Satelliten in eine Umlaufbahn zu befördern».

Noch einmal war es der Zufall, der – anders, als vom Ministerium geplant – Wernher von Braun ins Rampenlicht rückte. Bei dem für Anfang Dezember geplanten vierten Vanguard-Start sollte erstmals die komplette Rakete getestet werden, einschließlich eines vier Pfund schweren Satelliten in der obersten Stufe. Zum Entsetzen des Vanguard-Programmdirektors John Hagen und seiner Mitarbeiter gab das Weiße Haus den «geplanten Abschuß» eines «Versuchssatelliten» bekannt. Darauf strömten Hunderte von Neugierigen nach Cape Canaveral. Am 6. Dezember fiel die Vanguard aus anderthalb Meter Höhe zurück auf den Starttisch und explodierte. Der Satellit blieb unversehrt und begann, als sei er ans Ziel gelangt, unverzüglich zu funken.

Bereits im Anschluß an die Entscheidung des Verteidigungsministeriums vom 8. November hatte die Illustrierte *Life* Wernher von Braun sieben Seiten gewidmet: Ein «unermüdlicher, unüberhörbarer Befürworter der Abstimmung des amerikanischen Raumflugprogramms mit der militärischen Raketenentwicklung», habe er «1952 in einer Rede gedrängt, die USA sollten ‹eine bemannte Außenstation bauen, um Rußlands militärische Ambitionen zu zügeln›». Überzeugter denn je, «daß die einzige Hoffnung, das Versprechen des Präsidenten zu erfüllen, nun auf [ihnen] ruhte», verloren von Braun und Medaris keine Zeit: Mitte Dezember legten sie der Armeeführung eine auf 15 Jahre berechnete Perspektivplanung vor:

1960 sollte der erste Aufschlag einer Mondsonde, 1962 die erste Fotografie der unbekannten Mondrückseite durch eine Instrumentenkapsel erfolgen. (Daß die erdabgewandte Mondseite gleichfalls luftlos ist, bewiesen freilich schon 1959 die Aufnahmen der sowjetischen Sonde Lunik III, nachdem Lunik II einen Monat früher auf der Vorderseite des Erdtrabanten zerschellt war. Damit die Darsteller keine Raumanzüge brauchten, hatte Fritz Lang in seinem Film *«Frau im Mond»* der Rückseite noch eine atembare Atmosphäre verliehen.) Die erste bemannte Mondumkreisung plante von Braun für 1963, die Errichtung einer ständigen Außenstation als Zwischenstufe für 1965, einen Dreimannflug zum Mond für 1967. Eine 50-(!)Mann-Expedition schließlich sollte 1971 starten, um eine Mondbasis aufzubauen. Kein Zweifel: Bei der Armee gedachte man im Geschäft zu bleiben, wenn es um die Entwicklung immer größerer Raketen ging.

Exakt in diese Richtung zielte die nächste, unverzügliche

Initiative Wernher von Brauns und seiner Mitarbeiter: Sie unterbreiteten dem Verteidigungsministerium einen «Vorschlag für ein integriertes nationales Ferngeschoß- und Raumflugkörper-Entwicklungsprogramm». Mittels Bündelung von acht Jupiter-Triebwerken sollte eine Trägerrakete, Saturn genannt, entstehen, die eineinhalb Millionen Pfund Schub lieferte. Zivile und militärische Missionen – darunter der später aufgegebene Luftwaffen-Raumgleitbomber Dyna-Soar – wurden gleichrangig genannt. Nach den ersten Satellitenerfolgen der Armee genehmigte das Ministerium Mitte 1958 die Anlauffinanzierung. Eine Ironie des Schicksals, nicht die Absicht Wernher von Brauns wollte es, daß zu guter Letzt außer der Vanguard nur noch die Saturn für ausschließlich wissenschaftliche Aufgaben eingesetzt wurde.

Am 31. Januar 1958 hob kurz vor 23 Uhr eine Jupiter C mit dem patronenförmigen Satelliten Explorer I auf Cape Canaveral ab. Wernher von Braun hielt sich zum Startzeitpunkt im Pentagon, dem Verteidigungsministerium in Washington, auf. «Wir haben uns eine sichere Stellung im All geschaffen», erklärte er Journalisten, als feststand, daß Explorer I die Umlaufbahn erreicht hatte. «Wir werden sie nie wieder aufgeben.» Die *Life*-Schlagzeile klang martialischer – «Armee meldet unsere Ansprüche im Weltraum an» –, Assoziationen an Westernfilme heraufbeschwörend, in denen die Kavallerie eben noch rechtzeitig eintrifft, um die verzweifelten Siedler vor den Rothäuten zu retten.

Explorer I entdeckte die nach dem Physiker James A. Van Allen benannten Strahlungsgürtel der Erde. Beim nächsten Jupiter-C-Start versagte die vierte Stufe. Im März waren Vanguard I und Explorer III kurz nacheinander erfolgreich, Ende Juli 1958 folgte Explorer IV. Im selben Monat berichtete Wernher von Braun auf dem Internationalen Astronautischen Kongreß in Amsterdam über Ausrüstung und Ergebnisse der Satelliten. An die sowjetischen Teilnehmer gewandt, betonte er etwas gequält seine «Wertschätzung eines Wettbewerbs, der außerordentlich förderlich sein kann bei völlig friedlichen wissenschaftlichen Unternehmungen wie dem Start von Satelliten zur Erforschung des umgebenden Weltraumes».

Von Braun schloß seinen Bericht mit einer nachdrücklichen Unterstreichung friedlicher Aspekte: «Der kleine Planet, den die Menschen einst ‹die Welt› zu nennen pflegten, den unsere Satelliten nun aber in 90 Minuten umrunden, ist zu winzig geworden für Krieg und Hader». Das hinderte ihn nicht, während der folgenden Jahre weiter den Standpunkt einzunehmen, es sei kurzsichtig,

> «wenn wir dem Wunsch nachgeben, die Augen vor allen militärischen Implikationen des Weltraums zu verschließen, nur weil der Gedanke erschreckend wirken mag... Die Frage der Weltraumüberlegenheit ist heute genauso wichtig wie das Konzept der Luftüberlegenheit vor zehn Jahren.»

Bei den von Lyndon Johnson geleiteten Senatsanhörungen empfahl von Braun zwar die geplante Saturn als «Schlüssel zur militärischen Beherrschung des Weltraums». Anders als Medaris unterstützte er aber gleichzeitig die Schaffung eines zentralen Raumfahrtamtes. Der abschließende Ausschußbericht ließ noch offen, ob das Pentagon oder eine neue Institution die Zuständigkeit erhalten sollte. Doch gewann der Gedanke einer zivilen Weltraumbehörde in Kongreß und Weißem Haus zunehmend an Boden. Ein Vorbild existierte seit 1915 in Gestalt der Luftfahrtforschungskommission (National Advisory Committee for Aeronautics, NACA). Trotz vergleichsweise bescheidener finanzieller Ausstattung hatte sie Anstöße für wichtige technische Neuerungen geliefert.

In direkten Verhandlungen zwischen der demokratischen Senatsmehrheit, vertreten durch Johnson, und Eisenhower wurde die NACA in eine größere, mit mehr Kompetenzen ausgestattete, dem Präsidenten direkt unterstellte Behörde umgewandelt. Am 8. Juli 1958 passierte das Gesetz, das die

NASA (National Aeronautics and Space Administration) schuf, beide Häuser des Kongresses. Ihr Dasein verdankte sie freilich «nicht der Wissenschaft, sondern dem Wettstreit mit der UdSSR» (McDougall).

Kaum existierte die neue Behörde, entbrannte zwischen ihr und der Armee erbitterter Streit über die Frage ihrer Ausstattung. Als technischem Direktor der ABMA-Entwicklungsabteilung unterstanden Wernher von Braun mittlerweile viereinhalbtausend Beschäftigte – ungefähr so viele wie zum Zeitpunkt der Evakuierung Peenemündes. Die NASA schlug vor, daß alle leitenden Ingenieure und die Hälfte des restlichen Personals versetzt werden sollten. Gegen diese Zersplitterung protestierten von Braun und Medaris heftig. Sie erreichten, daß die Absicht zunächst aufgegeben und eine Übereinkunft getroffen wurde, wonach das Heeresamt die NASA «auf Anforderung zu unterstützen» hatte.

Die erste derartige Anforderung traf unverzüglich ein. Sie galt einmal mehr der Redstone und entsprang den ersten Planungen für das Projekt Mercury: Eine weiterentwickelte Version der taktischen Rakete sollte einen Weltraum-Testpiloten (die Bezeichnung «Astronaut» bürgerte sich erst später ein) auf eine ballistische Flugbahn befördern. Acht verbesserte Redstone wurden von der NASA bestellt. Zusammen mit der Firma Martin arbeitete die ABMA außerdem an einem Redstone-Nachfolgemodell für militärische Zwecke, der (1963 in der Bundesrepublik stationierten) Feststoffrakete Pershing I. Der Saturn jedoch drohte beim Tauziehen der Teilstreitkräfte um die Mittelbewilligung für ihre immer aufwendigeren Fernwaffenprogramme das finanzielle Aus. Je deutlicher zutage trat, daß die Rakete für militärische Aufgaben nicht in Frage kam, desto mehr wuchs der Druck, das Programm entweder einzustellen oder der NASA zu übertragen. Damit stellte sich in der zweiten Jahreshälfte 1959 erneut die Frage einer Versetzung Wernher von Brauns und seiner Mitarbeiter zu der Weltraumbehörde.

Diesmal blieb der Armee nichts übrig, als nachzugeben. Der Kongreß stimmte der Angliederung der ABMA-Entwicklungsgruppe an die NASA mit Wirkung vom 1.7.1960 zu. Zwei Monate später wurde in Anwesenheit Eisenhowers das George-Marshall-Raumfahrtzentrum in Huntsville feierlich eingeweiht, Wernher von Braun zu seinem Direktor ernannt.

Die hochfliegenden Weltraumpläne des Heeres, formuliert und hartnäckig verfolgt durch Offiziere wie Toftoy, Gavin und Medaris, waren einer Konstellation zum Opfer gefallen, in der die Luftwaffe mehr Rückhalt für ihre *militärischen* Raumprogramme fand, die *zivile* Raumfahrtforschung der NASA zugewiesen wurde, die es dann folgerichtig auszubauen galt. Wernher von Braun interessierte am Schluß nur noch, «wie die Organisation» – sprich: die NASA – «finanziell gehalten werden würde». Daher, so Medaris,

> «wird jeder, der [von Brauns] Erklärungen aus jener Zeit nachliest, häufige Hinweise darauf finden, daß die Maßnahme vermutlich gut sei, vorausgesetzt, daß genügend Mittel für die weitere Arbeit vorhanden seien».

Wernher von Brauns Sorgen waren unnötig. Zwei Monate nach dem Start des ersten sowjetischen Erdsatelliten hatte Vizepräsident Richard Nixon erklärt, der Kalte Krieg sei «ein Krieg an vielen Fronten – militärisch, politisch, wirtschaftlich, psychologisch. Ein totaler Krieg.» In seiner Jahresbotschaft 1958 griff Eisenhower die Formel auf: Er beschuldigte die Sowjets, «einen totalen Kalten Krieg zu führen». Jede der drei sowjetischen Mondsonden des Jahres 1959 verlieh der fixen Idee vom Wettrennen neuen Auftrieb. Der Kongreß reagierte unverzüglich. Er verdoppelte den Regierungsansatz für den NASA-Haushalt 1960 auf knapp eine Milliarde Dollar. Die Saturn erhielt höchste Priorität. Für das nächste Haushaltsjahr verlangte die NASA bereits eineindviertel Milliarden Dollar.

Dabei lieferten diese Zahlen nur einen Ausschnitt aus dem Gesamtbild. Binnen sechs Jahren, von 1955–1961, waren die Ausgaben für Forschung und Entwicklung von über sechs auf mehr als 14 Millarden Dollar angewachsen. Die Hälfte wurde für militärische Projekte eingesetzt, an denen rund ein Drittel aller Akademiker und Ingenieure arbeitete. 65 Prozent der Aufwendungen für Forschung und Entwicklung stammten aus Bundesmitteln – ein Anstieg um 12 Prozent gegenüber 1955. «Sowie man sich in Wissenschaftlerkreisen an Unterstützung durch die öffentliche Hand gewöhnt hatte, erhob sich ebenso unverblümt wie unersättlich die Forderung nach immer mehr Geld» (Sapolsky).

Solche Ausweitung der Regierungstätigkeit lief der konservativen «Philosophie» Eisenhowers und der Republikanischen Partei im Grunde zuwider. Die Aufwertung des Einflusses politisierter Offiziere und intellektueller Nuklearstrategen im Rahmen nationaler «Sicherheitspolitik» bedeutete noch mehr: einen Bruch mit dem herkömmlichen amerikanischen Regierungsverständnis. Beiden Trends, verschärft durch den Anbruch des Fernwaffenzeitalters, fügte Eisenhower sich nur zögernd. In seiner Abschiedsbotschaft vom 17. Januar 1961 verlieh er seinem Unbehagen Ausdruck.

Der scheidende Präsident zeichnete das Bild des beispiellosen Aufstiegs einer enormen Rüstungsbranche parallel zur Existenz eines umfangreichen soldatischen Establishments – eines «militärisch-industriellen Komplexes», dessen «wirtschaftlicher, politischer, selbst ideeller Einfluß in jeder Stadt, jedem Einzelstaat, jeder Bundesbehörde zutage» trat. Und er warnte vor der «Gefahr, daß die Regierungspolitik in Abhängigkeit geraten könnte von einer wissenschaftlich-technologischen Elite».

Gerade den Rat dieser «Besten und Gescheitesten» (David Halberstam) jedoch suchten Eisenhowers Nachfolger John F. Kennedy und sein Vizepräsident Lyndon B. Johnson – nicht zuletzt bei der Formulierung eines Raumfahrtprogramms, das «dramatische Ergebnisse» (Kennedy) verhieß. Damit schlug Wernher von Brauns Stunde, wußte er doch ein Ziel zu benennen, das hinreichend Drama bot: «eine vorzügliche Chance, den Sowjets zuvorzukommen», und zwar «bei einer Landung auf dem Mond».

Von der Schweinebucht zum «Meer der Ruhe»: Der Wettlauf zum Mond als Etappe im Kalten Krieg

Fixierung auf ein starkes, stolzes Amerika; hochgradiges Bedürfnis nach triumphaler Bestätigung dieser Stärke (damit aber auch des eigenen politischen Kurses); ungetrübter Glaube an amerikanische «Allmacht und Allwissenheit in diesem Jahrhundert» (Halberstam): das waren die Grundmotive John F. Kennedys, seiner engsten Berater, der meisten Kabinettsmitglieder, die hinter den Entscheidungen der ersten Regierungsmonate zutage traten.

Kennedy hatte seinen Präsidentschaftswahlkampf unter dem Motto der «Neuen Grenze» geführt – Grenze verstanden im amerikanischen Sinn der *frontier*: nicht als abschließende Demarkationslinie, sondern als vorläufiger, vorwärtsdrängender Expansionsrand. Diese Grenze, die der historischen Erfahrung des 18. und 19. Jahrhunderts entsprach, war – nur vordergründig paradox – grenzenlos: Sie ließ sich immer wieder verschieben in Richtung auf einen neuen, unerschlossenen, scheinbar endlosen «Westen». An ihr regierte ein durchsetzungsfähiger Individualismus, der Schranken aller Art höchstens bedingt akzeptierte.

Als verbreitete Geisteshaltung war die Idee der «Grenze» in den USA gegenwärtig geblieben. Sie beflügelte die Vorstellungskraft, diente in vielfältiger Weise als Orientierungsmuster. Kennedys Devise war darauf berechnet, Emotionen freizusetzen, öffentliche Zustimmung zu mobilisieren. Sie sollte den Eindruck einer Dynamik wecken, die herausführte aus der geistigen und politischen Stagnation der Eisenhower-Jahre.

In dieses *frontier*-Klischee paßte die Raumfahrt, verstanden als «Eroberung» anderer Welten, ganz vorzüglich (Kennedy 1960: «Wir leben wieder im Zeitalter der Entdeckungen; der Weltraum ist unsere unermeßliche Neue Grenze»). Sie suggerierte einen abermaligen Aufbruch, eine Expansion ins Universum, den Vorstoß in ein neues Reich der Möglichkeiten, das andere zu annektieren drohten. «Daß die Sowjets die ersten im Weltraum waren», so Kennedy in einer Wahlkampfrede, «ist die schlimmste Niederlage, die die USA seit vielen Jahren erlitten haben»:

> «Der Eindruck begann sich in der Welt festzusetzen, daß die Sowjetunion auf dem Marsch war, daß sie vorwärtsdrängte, während wir auf der Stelle traten. Das ist es, was wir weltweit überwinden müssen, dieses Empfinden, daß die Vereinigten Staaten ihr reifes Alter erreicht haben, daß die Höhe des Tages für uns vorüber sein könnte... und nun unsere lange, langsame Dämmerung anbricht.»

Man sei nicht willens, befand NASA-Direktor Keith Glennan klipp und klar, «eine neue, spektakuläre Grenze unerobert zu lassen». Bei seinem Nachfolger James Webb fiel die Anspielung auf Amerikas historische *frontier* noch konkreter aus:

> «Wir wollen dem amerikanischen Volk in moderner Form etwas geben, auf das es ebenso stolz sein kann wie auf den heroischen Vormarsch der Pioniere, die über den Oregon Trail nach Westen zogen... Wir werden Mondladung und Rückkehr verwirklichen, bevor *ihnen* das gelingt.»

Trotz seiner Wahlkampfrhetorik «wußte und begriff Kennedy vermutlich von Raumfahrt am wenigsten» (Sidey). Eine entscheidende Weiche wurde deshalb gestellt, als er – was einer Gesetzesänderung bedurfte – Vizepräsident Lyndon B. Johnson an seiner Statt zum Vorsitzenden des Nationalen Luft- und Raumfahrtrates ernannte. Dies war das Gremium, das die NASA beaufsichtigte. Ihm gehörten der Außen- und Verteidigungsminister (Dean Rusk und Robert McNamara) an, der Vorsitzende der Atomenergie-Kommission, schließlich der NASA-Direktor. Johnson hatte zuvor den neu geschaffenen Raumfahrtausschuß des Senats geleitet und schon in dieser Funktion ein Weltraumprogramm «mit strategischen und politischen Zielen» (Logsdon) nachdrücklich befürwortet.

Während die Vorbereitungen für das Projekt Mercury noch liefen, schossen die Sowjets Mitte April 1961 Juri Gagarin mit der Kapsel Wostok auf eine Bahn um die Erde, die er binnen neunzig Minuten einmal umkreiste. Diesmal waren es Politiker des Repräsentantenhauses, der zweiten Kammer des Kongresses, die am heftigsten auf die sowjetische Leistung reagierten. Im Wissenschafts- und Raumfahrtausschuß wurde eine förmliche Regierungserklärung verlangt, «daß wir uns in einem Wettrennen mit Rußland befinden» – mehr noch, «eine Mobilmachung unseres Landes wie in Kriegszeiten, denn wir sind im Krieg». NASA-Chef Webb befürchtete, die Regierung werde «Schwierigkeiten» im Kongreß bekommen.

Nur eine Woche trennte diesen «gewaltigen Triumph» (Chruschtschow) der Sowjetunion von Kennedys größtem außenpolitischen Fiasko. Am 19. April scheiterte in der kubanischen Schweinebucht die Invasion von anderthalbtausend Castro-Gegnern, ausgerüstet und finanziert durch die CIA.

Kennedy hatte das Projekt von seinem Vorgänger geerbt, der gegen Fidel Castro wirtschaftliche Sanktionen verhängt, die diplomatischen Beziehungen mit Kuba abgebrochen, den Umsturzversuch gutgeheißen hatte. Dennoch – der neue Präsident, mindestens ebenso militant antikommunistisch wie Eisenhower, nach einem knappen Wahlsieg bemüht, nicht «weich» zu erscheinen, hatte zugestimmt. Ein direktes militärisches Eingreifen freilich hatte Kennedy unzweideutig ausgeschlossen. Bei der Central Intelligence Agency vertraute man, wie es scheint, darauf, daß der «Druck der Umstände» ihn letztlich doch «zum Handeln zwingen» würde (Powers). Dieses Kalkül ging nicht auf, zumal auch Rusk und McNamara sich widersetzten. Der Invasionsversuch in der Schweinebucht endete mit einem Debakel, das im In- und Ausland harsche Kritik an Kennedys Regierung auslöste.

Öffentlich übernahm Kennedy die Verantwortung. Insgeheim erteilte er Anweisung zu der Operation Mongoose, die Castros Regime unterminieren sollte – durch Propaganda, Überfälle, Sabotage. Fortgesetzt wurden auch die Versuche der CIA (begonnen schon unter Eisenhower, aufgedeckt erst 1975 durch einen Senatsausschuß), Castro zu ermorden – selbst mit Hilfe der Mafia, die sich um ihre Fleischtöpfe in Havanna gebracht sah.

Zunächst aber mußte es Kennedy darum zu tun sein, seine angeschlagene Position zu festigen. «Kühne und dramatische Vorschläge mit politischer Zugkraft (Schlesinger) eigneten sich dazu am ehesten. «Wäre die Schweinebucht ein voller Erfolg gewesen», urteilte Kennedys Sicherheitsberater McGeorge Bundy, «hätte er sich in Sachen Raumfahrt vielleicht etwas mehr Zeit gelassen.» Und Killians Nachfolger Jerome Wiesner, der das kubanische Desaster mit dem Präsidenten erörterte «und seine Reaktionen beobachtete», war sich der Wirkung auf Kennedys Handeln «sicher»:

> «Ich denke, er fühlte sich genötigt, etwas anderes in den Vordergrund zu rücken... Die Schweinebucht brachte ihn dazu, ein schärferes Tempo einzuschlagen.»

Am 19. April, als der Fehlschlag des kubanischen Unternehmens feststand, konferierte Kennedy mit Johnson. Einen Tag später ersuchte er den Vizepräsidenten in einem Fünf-Punkte-Memorandum, ihm «zum frühestmöglichen Zeitpunkt» zu berichten:

«1. Haben wir eine Chance, die Russen zu schlagen, mit einem Weltraumlabor, oder einer Mondumkreisung, oder einer Rakete, die auf dem Mond landet, oder einer bemannten Rakete, die zum Mond und zurück fliegt. Existiert irgendein anderes Raumprogramm, das dramatische Ergebnisse verspricht, bei dem wir gewinnen könnten?

2. Wieviel würde das zusätzlich kosten?

3. Arbeiten wir rund um die Uhr an den momentanen Programmen. Wenn nicht, warum nicht? Wenn nicht, erbitte ich Vorschläge, wie die Arbeit beschleunigt werden kann.

4. Sollten wir bei der Konstruktion großer Trägerraketen den Nachdruck auf Kern-, Feststoff- oder Flüssigkeitsantriebe legen, oder auf eine Kombination dieser drei?

5. Tun wir, was wir können? Sind die Resultate entsprechend?»

Johnson konsultierte die NASA und das Pentagon. Er befragte Luftwaffengeneral Bernard Schriever (zuständig für die Thor- und Atlas-Programme), Vizeadmiral John Hayward vom Entwicklungsamt der Marine, schließlich Wernher von Braun. Außerdem zog er drei befreundete Unternehmer (zwei aus New York, den dritten aus Texas) hinzu – angeblich in der Absicht, die «Reaktion der Öffentlichkeit», tatsächlich, um die der Privatwirtschaft zu testen.

Wissenschaftliche Auskunft holte Johnson nicht ein. Das konnte kaum überraschen, hatte doch Eisenhowers Beirat für Wissenschaftsfragen (Jerome Wiesner eingeschlossen) ein «ausgewogenes», wenig dramatisches Programm empfohlen. Unbemannte Instrumentensonden könnten «die Energie der Wissenschaften auf Jahrzehnte beanspruchen».

Solche Sonden waren bereits in Richtung Mond gestartet worden – vorerst ohne ihn, im Gegensatz zu den sowjetischen, zu erreichen:

- Die Luftwaffe hatte die Mittelstreckenrakete Thor mit der Zweit- und Drittstufe der Vanguard kombiniert. Ihre

Sonde Pionier I fiel im Herbst 1958 aus einer Gipfelhöhe von einem Drittel der Mondentfernung zurück zur Erde und verglühte.

Die Armee wählte einen ähnlich «wirtschaftlichen Weg» (Wernher von Braun). Statt der Redstone verband sie die schubstärkere Jupiter mit Oberstufen aus gebündelten Feststoffraketen vom Typ Sergeant. Anfang März 1959 verfehlte die von einer solchen Juno II gestartete Sonde Pionier IV den Mond um 60000 Kilometer und schwenkte in eine Umlaufbahn um die Sonne ein.

Der Mond war also früh ins Blickfeld beider Supermächte gerückt. Doch existierte eine immense Kluft zwischen dem, so noch einmal von Braun, vergleichsweise «minimalen Aufwand» für erste unbemannte Versuche und den Kosten einer bemannten Mondlandung. Deren untere Grenze veranschlagte der Wissenschaftsbeirat 1959 bemerkenswert präzise auf 26 Milliarden Dollar. (Die schließlichen Kosten des Projekts Apollo sollten 24 Milliarden Dollar betragen.) Diese Schätzung genügte Eisenhower, um den NASA-Antrag auf Bewilligung von Geldern für die Entwicklung einer Saturn-Zweitstufe sowie einer Apollo-Raumkapsel als «Fehleinsatz öffentlicher Mittel» abzulehnen.

Den Namen Apollo erhielt das Mondlandeprojekt bei der NASA im Sommer 1960. Die Planung reichte jedoch weiter zurück: In der ersten Jahreshälfte 1959 einigte sich der NASA-Lenkungsausschuß für Raumflugforschung auf eine bemannte Mondlandung als konkretes Ziel. Erste vorbereitende Studien wurden Ende 1960 an die Industrie vergeben. Bei der NASA hatte man sich damit festgelegt. Was noch fehlte, war ein Meinungsumschwung im Weißen Haus. Mit Kennedys Memorandum kündigte er sich an.

Daß der von Lyndon Johnson einbezogene Kreis sich ohne große Probleme auf dieselbe Perspektive verständigte wie die

NASA, konnte nach Lage der Dinge kaum wundernehmen. Diejenige Stellungnahme, die Technik, Politik und Public Relations in ihrer Argumentation am geschicktesten verknüpfte, stammte von Wernher von Braun:

> «Wir haben eine faire Chance, eine Drei-Mann-Besatzung vor den Sowjets *um den Mond* zu schicken... Wir haben eine vorzügliche Chance, den Sowjets bei der ersten Landung einer Besatzung *auf dem Mond* zuvorzukommen (Rückkehr selbstverständlich inbegriffen)... Die Leistung ihrer gegenwärtigen Raketen müßte sonst um den Faktor 10 gesteigert werden... Ich denke, daß das Ziel sich mit einem umfassenden Sofortprogramm bis 1967/68 erreichen ließe...
>
> Die wirksamsten Schritte zur Verbesserung unserer Stellung auf dem Gebiet der Raumfahrt und zur Steigerung unseres Tempos wären meines Erachtens
>
> - Zuweisung höchster Priorität an einige wenige (je weniger, desto besser) Ziele unseres Weltraumprogramms. (Zum Beispiel: Landung eines Menschen auf dem Mond 1967 oder 1968.)
> - Klärung, welche Bestandteile unseres gegenwärtigen Weltraumprogramms unmittelbar diesem Ziel dienen.
> - Reduzierung aller anderen Bestandteile auf ‹Sparflamme›.»

Neun Tage nach Erhalt von Kennedys Memorandum übergab Johnson dem Präsidenten eine fünfeinhalbseitige Antwort. Noch aber stand ein Ereignis an, dessen Ausgang Kennedys Haltung maßgeblich beeinflussen mußte: der erste Flug im Rahmen des Projekts Mercury. Wäre dieser Versuch fehlgeschlagen, «hätte Kennedy kaum das Mondlandungsprogramm gebilligt oder auch nur billigen können» (Logsdon). Doch am 5. Mai startete Alan Shepard erfolgreich zu einem 15minütigen «Sprung in den Weltraum», der ihn knapp 200 Kilometer hoch und 500 Kilometer weit trug.

Am folgenden Wochenende trafen sich McNamara und Webb mit ihren engsten Mitarbeitern im Pentagon. Sie verfaßten eine zusätzliche, für Kennedy bestimmte Denkschrift, die sie Johnson zuleiteten. Noch einmal wiesen sie dem Projekt Apollo überdeutlich seinen Platz zu im Rahmen des «Wettstreits zwischen dem sowjetischen System und unserem eigenen»:

> «Menschen, nicht nur Maschinen, im Weltraum ziehen die Welt in ihren Bann… Deshalb symbolisieren dramatische Leistungen im Weltraum die technische Macht und das organisatorische Können eines Landes… und tragen bei zu dessen Prestige… Nichtmilitärische, nichtkommerzielle, nichtwissenschaftliche, aber ‹zivile› Vorhaben wie die Erforschung des Mondes und der Planeten gehören in diesem Sinne zur Schlacht an der fließenden Front des Kalten Krieges.»

Stuhlinger/Ordway bezeichnen dieses Papier, auf dessen Inhalt sie mit keinem Wort eingehen, in ihrer Wernher-von-Braun-Biographie leicht verschämt als «weiteres Memorandum zur Förderung des Raumflugs». Mit McNamaras und Webbs Initiative waren die Weichen endgültig gestellt für «die größte unbefristete Verpflichtung, die die amerikanische Legislative in Friedenszeiten jemals eingegangen war» (McDougall). Am 25. Mai 1961 trat Kennedy vor beide Häuser des Kongresses mit einer Rede, die er als zweite Botschaft zur Lage der Nation bezeichnete. Das Pathos seiner Sätze zielte auf parteiübergreifende Unterstützung und gleichzeitig auf breite Mobilisierung öffentlicher Zustimmung:

> «Es ist jetzt an der Zeit, weiter auszuschreiten – Zeit für ein neues, großes amerikanisches Unterfangen – Zeit für dieses Land, eine eindeutig führende Rolle bei Leistungen in der Raumfahrt einzunehmen, der in vieler Hinsicht eine Schlüsselrolle zukommt für unsere Zukunft auf der Erde…
>
> Ich bin der Auffassung, daß dieses Land sich dem Ziel verschreiben sollte, noch vor Ende dieses Jahrzehnts einen Menschen auf dem Mond zu landen und sicher zur Erde zurückzubringen. Kein anderes Raumfahrtvorhaben während dieser Zeit wird aufre-

gender sein oder die Menschheit mehr beeindrucken oder die langfristige Erkundung des Weltraums weiter voranbringen...

In einem sehr konkreten Sinn wird nicht ein einzelner zum Mond fliegen, sondern eine ganze Nation. Denn wir alle müssen unsere Kräfte anspannen, damit er dorthin gelangt.»

Daß es sich dabei «nur» um ein Wettrennen handle, bestritt Kennedy ebenso wie die naheliegende Vermutung, er habe sich bei seinem Ansinnen an den Kongreß «von den Bestrebungen anderer leiten» lassen. Aber die Abgeordneten verstanden die Botschaft auch so – zumal sie gleichzeitig einen Verteidigungshaushalt billigten, der einen beispiellosen Rüstungsschub einleitete. In Aussicht genommen wurde die Stationierung von 1000 verbunkerten Interkontinentalraketen des Typs Minuteman sowie von 656 Polaris-Raketen auf 41 Atom-U-Booten. Diese massive Aufstockung des Kernwaffenpotentials hatte, so der Historiker Arthur M. Schlesinger Jr., «fatale Konsequenzen»:

«Sie übermittelte die falsche Botschaft an Moskau. Mit ihr zerschlug sich jede Hoffnung, die strategischen Waffenarsenale beider Seiten auf niedrigem Niveau einzufrieren. Sie zwang Chruschtschow, sich künftig den Kopf über die *sowjetische* Raketenlücke zu zerbrechen.»

Mit Fug und Recht ließen das Apollo- und das Fernwaffenprogramm sich als zwei Seiten derselben Medaille interpretieren. Gemessen an der finanziellen Größenordnung des Gesamtvorhabens, erfolgte die Bewilligung der für das Projekt Apollo beantragten Mittel denn auch praktisch ohne Debatte. Das hieß keineswegs, daß nicht handfeste Interessen sich zu Wort gemeldet hätten, als es danach an die Verteilung des Kuchens ging. Sowenig wie die Entwicklung der V2 spielte die technische Vorbereitung des Mondflugs sich in einem politischen Vakuum ab, mochten auch die Rahmenbedingungen sich drastisch unterscheiden.

Einer der Angelpunkte des künftigen Apollo-Komplexes existierte bereits: Das George-Marshall-Raumfahrtzentrum unter Leitung Wernher von Brauns, zuständig für die Konzipierung der Trägerrakete. Weil die Prüfstände in Huntsville nicht ausreichten, entstand ein neues Erprobungsgelände bei Michoud (Louisiana). Für Endmontage und Startanlagen wurde Merritt Island unweit Cape Canaveral ausgewählt, wo die NASA zusätzliches Land erwarb. Nicht zuletzt aber bedurfte es der Errichtung einer Kommandozentrale für Konstruktion des Mondschiffs, Astronautentraining und Flugleitung – so gern von Braun und seine Mitarbeiter zumindest die beiden ersten Aufgaben an sich gezogen hätten.

Die Ansiedlung dieser Zentrale sowie die Bauaufträge für die Raketenstufen und das Apollo-Raumschiff bildeten die lukrativsten Stücke des «Kuchens». Hier war denn auch die massivste Einflußnahme zu verzeichnen.

Vizepräsident Lyndon Johnson, vor allem aber Albert Thomas, Vorsitzender des Bewilligungsausschusses im Repräsentantenhaus und wie Johnson aus Texas gebürtig, ließen von Anfang an keinen Zweifel daran, daß sie Houston als Standort des Zentrums für bemannte Raumfahrt favorisierten. Entsprechend traf die NASA ihre Entscheidung.

Die Ausschreibung für den Bau des Mondfahrzeugs hatte nach Überzeugung des eingesetzten Expertenausschusses die Firma Martin gewonnen. Dennoch fiel der Auftrag, ebenso wie für die zweite Saturn-Stufe, an die North American Aviation, nachdem NASA-Direktor Webb eine Änderung der zugrundegelegten Kriterien angeordnet hatte. In diesem Fall hatte offenkundig Robert Kerr, Johnsons Nachfolger als Vorsitzender des Senats-Raumfahrtausschusses, seinen Einfluß geltend gemacht.

Vier Jahre später sollte Eberhard Rees in einer vertraulichen Mitteilung an Wernher von Braun und NASA-Programmdirektor Samuel Phillips seine Unzufriedenheit mit North American Aviation drastisch artikulieren:

«Ich bin der Auffassung, daß die NASA zu rigorosen Maßnahmen greifen muß... Ich finde es unerträglich, mich weiter mit einem Vertragspartner auseinanderzusetzen, der die vereinbarten Leistungen nicht erbringt, bei einem Milliardenunternehmen von derartiger Bedeutung für das ganze Land die Regierung aber praktisch in der Hand hat.»

Rees' Beschwerde bezog sich auf Mängel beim Bau der Saturn-Zweitstufe. Phillips selbst verfaßte einen äußerst kritischen Bericht, der auch das Mondfahrzeug einschloß. Ein halbes Jahr später wurde die erste Apollo-Kapsel ausgeliefert. Bei einem Bodentest in Cape Canaveral am 27. Januar 1967 starben die Astronauten Virgil «Gus» Grissom, Edward White und Roger Chaffee, als in der mit reinem Sauerstoff gefüllten Kapsel durch einen Kurzschluß Feuer ausbrach. Bei den anschließenden Untersuchungen stellte sich nicht nur heraus, daß die Kabine Mengen brennbaren Materials enthielt und die Verkabelung, trotz Inspektion bei der Kapselabnahme, schwerwiegende Isolationsmängel aufwies. Es kam auch zutage, daß NASA und North American Aviation sich bis zu dem Brand nicht auf verbindliche Sicherheitsrichtlinien geeinigt hatten.

Grissom war 1961 als zweiter Astronaut des Projekts Mercury auf eine ballistische Bahn geschossen worden. White hatte 1965 im Rahmen des Nachfolgeprogramms Gemini den ersten amerikanischen «Weltraumspaziergang» absolviert. Als Trägerrakete hatte im einen Fall eine Redstone, im anderen eine Titan gedient. Wenige Monate nach Grissoms Flug stand fest, daß ein direkter Flug von der Erde zum Mond und zurück nicht stattfinden würde: Die dazu benötigte, enorm schubstarke Rakete, von der zunächst nur die Bezeichnung Nova existierte, hätte kaum innerhalb der von Kennedy genannten Frist fertiggestellt werden können. Und – sie hätte Wernher von Brauns Saturn-«Familie» obsolet gemacht, deren Planung bereits über das Ausgangsmodell hinaus gediehen war.

Die deutschen Techniker des Marshall-Raumfahrtzentrums befürworteten statt dessen das Rendezvous zweier kurz nacheinander gestarteter Raketen in einer Erdumlaufbahn. Die eine sollte das Raumfahrzeug für den Mondflug, die andere den nötigen Treibstoff mitführen. Zu diesem Zweck wurde in Huntsville eine Dreistufenrakete konzipiert, die 110 Meter hohe Saturn V. Jedes einzelne der fünf Triebwerke ihrer Erststufe erzeugte 1,5 Millionen Pfund Schub. Das entsprach der gesamten Leistung der Saturn 1 mit ihren acht gebündelten (engl. *clustered*) Triebwerken, über die bereits das Witzwort «*Cluster's* letztes Gefecht» kursierte – angelehnt an die geläufige Bezeichnung *Custer's Last Stand* für eine Schlacht der Indianerkriege, bei der der gleichnamige Kommandeur mit 200 Soldaten seines Regiments umgekommen war.

Die Würfel fielen zwar zugunsten der Saturn V, nicht aber auch der Erdumlauf-Rendezvous-Methode. Mehrere NASA-Ingenieure, darunter John Houbolt, hatten bereits 1960 begonnen, die Idee einer «Parkbahn» um den Mond zu erörtern. Ein Raumschiff, das in eine solche Bahn einschwenkte, konnte eine Landefähre aussetzen, die Astronauten anschließend wieder aufnehmen und den Rückflug zur Erde antreten. Anfangs wurde diese Methode, die nur eine einzige Rakete erforderte, als zu gewagt eingeschätzt und in NASA-Kreisen entsprechend attackiert. Houbolts Hartnäckigkeit war es zu verdanken, daß sie in Houston immer mehr Anhänger gewann. Noch aber sperrten sich Wernher von Braun und seine Mitarbeiter in Huntsville.

Eine Reihe von Konferenzen und mehrere Monate vergingen, ehe von Braun seine Position endgültig räumte – auch wenn er Berichte darüber später stets als «Blödsinn» bezeichnete. Dabei verfuhr er auf eine Weise, die auch Außenstehenden sein autokratisches Regiment offenbarte. Sechs Stunden lang trugen seine Mitarbeiter Stellungnahmen vor, die erkennen ließen, daß sich an ihrer Bevorzugung der Erdumlauf-

Methode nichts geändert hatte. Anschließend (so Joseph Shea, stellvertretender Direktor der Kontrollzentrale in Houston)

> «stand von Braun auf und äußerte: ‹Meine Herren, es war ein sehr interessanter Tag, und ich denke, wir haben gute Arbeit geleistet. Nun möchte ich Sie vom Standpunkt des Zentrums in Kenntnis setzen.› Und dann verkündete er, zur augenscheinlichen Verblüffung der Mehrzahl seiner Leute, daß zwar mehrere Wege gangbar seien, die Mondumlauf-Rendezvous-Methode aber ‹am ehesten die Gewähr bietet, daß wir noch in diesem Jahrzehnt unser Ziel erreichen... Sie vereinfacht die Entwicklung des Raumschiffs erheblich, und wir sparen auf diese Weise wichtige Zeit.›»

Im Spätherbst 1962 gab die Weltraumbehörde ihre Entscheidung für die «Parkbahn» um den Mond offiziell bekannt. Damit stand auch die Zusammensetzung des Gesamtaggregats – Trägerrakete, Kommando- und Versorgungskapsel, Mondlandefähre – fest. Anderthalb Jahre, nachdem der Mondflug zum politischen Ziel avanciert war, «hatte die NASA beschlossen, wie geflogen werden sollte» (Murray/Cox).

Nach der Auftragsvergabe für die drei Saturn V-Stufen an Boeing, North American Aviation und Douglas reorganisierte von Braun im Jahr darauf das Marshall-Raumfahrtzentrum. In der neu eingerichteten Abteilung für Industriebeziehungen avancierte Arthur Rudolph, zuletzt mit der Entwicklung der Pershing 1 befaßt, zum Saturn-V-Programmdirektor. Ein anderer ehemaliger Peenemünder, Gerhard Reisig, widmete Rudolph später eine Eloge, deren Wortwahl ihn als «kongenialen Systemintegrator» aus der Zahl der übrigen Mitarbeiter heraushob und neben von Braun stellte:

> «Besonders... der hochverdiente Ing. Arthur Rudolph... war durch seine Systemerfahrungen mit den Raketenentwicklungen seit Kummersdorf der Garant für das grundlegende Konzept der Entwicklungsverantwortung.»

Rudolph wurde freilich sogleich mit einem Verlangen der NASA-Spitze konfrontiert, das den Gepflogenheiten der Konstrukteursgruppe diametral zuwiderlief. George Mueller, ebenfalls 1963 auf den Posten eines beigeordneten Direktors für bemannte Raumfahrt berufen, teilte Rudolph seine Entscheidung mit, die Zahl der Saturn-V-Versuchsflüge aus Zeitgründen drastisch zu begrenzen:

- Erstens sollte die Rakete unverzüglich «komplett», das hieß unter Einschluß aller drei Stufen *und* der Raumkapsel, gestartet werden.
- Zweitens sollte ein einziger erfolgreicher Versuch genügen, damit die nächste Saturn V bemannt aufstieg.

Bei den, wie Wernher von Braun sich ausdrückte, «alten Raketenspezialisten von konservativem Schlag» rief Muellers Ankündigung heftige Reaktionen hervor, die bis zu dem Urteil «leichtfertig» (von Braun) reichten. Angesichts der Größe und Komplexität der Saturn plante man in Huntsville ein bis anderthalb Dutzend bemannter und unbemannter Tests mit schrittweise gesteigerten Anforderungen. Man wollte sich, so von Braun, «langsam an den Mond heranmanövrieren».

Mueller setzte sich jedoch durch. Bereits mit der dritten gestarteten Saturn V umrundeten Frank Borman, James Lovell und William Anders im Dezember 1968 den Mond – am Ende eines Jahres, in dem erst Martin Luther King, dann Robert Kennedy unter den Kugeln von Attentätern gestorben waren und Rassenunruhen nach Kings Ermordung über 100 Städte erschüttert hatten. Noch Mitte des Monats galten laut einer Umfrage die Morde an King und Kennedy bei den Chefredakteuren der amerikanischen Zeitungen als «Nachricht des Jahres», plante das Nachrichtenmagazin *Time* für seine letzte Dezemberausgabe eine Titelgeschichte zum Thema «Protest und Rebellion». Die Mondumkreisung verdrängte die beiden politischen Morde von ihrem Umfrageplatz, den

Aufmacher «Protest» von der *Time*-Titelseite. Bei der NASA war man zufrieden: Man hatte das Jahr «gerettet».

Konzentration auf diejenigen Teile des amerikanischen Raumfahrtprogramms, die dem Ziel des bemannten Mondflugs dienten, und Reduzierung aller anderen Komponenten hatte Wernher von Braun vorgeschlagen. Das Projekt Gemini, das auf Mercury folgte, bezweckte die Einübung von Rendezvous- und Kopplungstechniken, die Erprobung computerisierter Steuerungssysteme, die Entwicklung von Raumanzügen, die das Verlassen der Kapsel in der Umlaufbahn ermöglichten. Ranger- und Lunar-Orbiter-Sonden fotografierten Details der Mondoberfläche auf der Suche nach möglichen Landeplätzen. Surveyor-Sonden, mit Schürfeinrichtungen ausgestattet, erkundeten Festigkeit und Beschaffenheit des Mondbodens. Zugleich übertrugen solche elektronischen Späher erste Fotos der Erdsichel am Mondfirmament, Panoramaaufnahmen lunarer Kraterwände und Bergzüge.

Während der Jahre 1964–67, in denen diese bemannten und unbemannten Programme abliefen, in denen Apollo-Trägerrakete, Kapsel und Mondlandefahrzeug entstanden, verstrickten die USA sich außenpolitisch immer mehr in den Vietnamkrieg, ging innenpolitisch ein immer tieferer Riß durch die amerikanische Gesellschaft. Die Ausweitung der Bombenangriffe nicht nur gegen Nord-, sondern auch innerhalb von Südvietnam traf zunehmend die Zivilbevölkerung und ihre Ernährungsbasis – durch Flächenbombardements, Einrichtung von «Feuer-frei»-Zonen, Einsatz von Napalm, Kugel- und Phosphor-Bomben, die Verwendung von Herbiziden. Hunderttausende von Zivilisten wurden getötet, ein Flüchtlingsstrom von mehreren Millionen Menschen in Bewegung gesetzt. An den amerikanischen Universitäten und Colleges protestierten immer mehr Studierende gegen den Krieg. Die Protestmärsche auf Washington wuchsen, in Norman Mailers Worten, an zu «Heeren aus der Nacht».

Auf die blutigen Rassenunruhen von 1965 in Watts, dem

schwarzen Getto von Los Angeles, folgten 1966/67 die Gewaltausbrüche in den Gettos von Newark, Detroit, Chicago, New York. Ihre Ursachen lagen nach den Feststellungen der von Präsident Johnson eingesetzten Untersuchungskommission in der «Elendskultur» der Gettos – Folge eines «weißen Rassismus», der die amerikanische Gesellschaft durchdrang. Noch nie dagewesene Ausmaße nahm die Aufrüstung dieser Gesellschaft mit Schußwaffen in Privatbesitz an. Die dadurch geförderte Mischung aus trügerischem Sicherheitsgefühl und ständiger Verunsicherung trug bei zur verbreiteten Brutalisierung der Verhaltensmuster. Gewalt, Aufbegehren, tiefe Unsicherheit prägten das Jahrzehnt.

Aus der Sicht derjenigen, die sich dem Ziel der Landung auf dem Mond verschrieben hatten, schienen diese Vorgänge sich in einer anderen Welt abzuspielen, die – wieder einmal – mit der ihren nichts zu tun hatte. Nach John F. Kennedys Ermordung Ende 1963, vermerkt eine Chronik des Projekts Apollo, ging die Arbeit an dem Vorhaben «ohne merkliche Unterbrechung weiter» (Murray/Cox). Zuvor hatte es einen kurzen Augenblick lang geschienen, als stehe der Kongreß davor, das Ruder herumzuwerfen. Der NASA-Titel im Haushaltsentwurf wurde um eine halbe Milliarde Dollar gekürzt. Der Vorsitzende des Auswärtigen Senatsausschusses, William Fulbright, ein scharfer Kritiker der amerikanischen Kuba- und Vietnampolitik, empfahl rundweg den Verzicht auf das Mondprojekt:

> «Spielen bei unserem Ansehen und unserer Selbstachtung nicht andere Faktoren mit – unsere Fähigkeit zum Beispiel, für unsere Landsleute Arbeits- und Ausbildungsplätze, Wohnungen und öffentliche Verkehrsmittel bereitzustellen? Falls am Ende dieses Jahrzehnts die Russen den Mond erreicht haben sollten und wir nicht, wir dafür aber unsere Städte und unser Verkehrswesen saniert, Elendsviertel und Verbrechen zum Verschwinden gebracht, das beste Schulwesen der Welt ins Leben gerufen haben – wessen Ansehen wäre wohl höher, wer würde mehr bewundert?»

Fulbright scheiterte jedoch mit seinem Antrag. Mochte der von Lyndon Johnson bei seinem Amtsantritt verkündete «Krieg gegen die Armut in Amerika» auch zunehmend unter den Druck der hochschnellenden Kosten des anderen, des Vietnamkrieges geraten – das Ziel, die amerikanische Flagge auf dem Mond aufzupflanzen, blieb künftig ungefährdet (und sollte am Ende ganz buchstäblich auf ausdrücklichen Beschluß des Kongresses verwirklicht werden). Zur Mitte des Jahrzehnts überschritt der NASA-Haushalt die Fünf-Milliarden-Dollar-Grenze, nach dem Willen der Regierung wie der Legislative Symbol eines Amerika «auf dem Weg», so Johnson, «in eine Zukunft mit unbeschränkten Horizonten».

Am 16. Juli 1969 hob in Cape Canaveral – inzwischen Cape Kennedy – die nunmehr sechste gestartete Saturn V ab. An Bord: die Astronauten Neil Armstrong, Edwin Aldrin und Michael Collins mit der Raumkapsel Columbia und der Landefähre Eagle (Adler). Nach vier Tagen, am 20. Juli um 21 Uhr 17 Minuten MEZ, setzte die Fähre im Mond-«Meer» der Ruhe, dem Mare Tranquillitatis, auf:

> «Houston, hier Stützpunkt Tranquility. Der Adler ist gelandet.»

Weitere fünfeinhalb Stunden später, nach mitteleuropäischer Zeit am frühen 21. Juli um 3 Uhr 56 Minuten, betrat Armstrong die Mondoberfläche:

> «Dies ist für einen einzelnen ein kleiner Schritt, aber ein großer Sprung für die Menschheit.»

Wie groß, hatte Wernher von Braun auf einer Pressekonferenz am Abend vor dem Start verkündet: «Die Bedeutung läßt sich nur vergleichen mit dem entwicklungsgeschichtlichen Augenblick, als das Leben aus dem Wasser an Land kroch.» Der Satz war auf Publikumswirksamkeit berechnet. Er trug dem Direktor des George-Marshall-Zentrums stehenden Applaus ein.

Nach der Landung sollte von Braun sich sehr viel weniger abgeklärt im gewohnten Stil äußern:

> «Wir wissen, daß Führerschaft im Weltall Führerschaft auf der Erde bedeutet... Der Mann auf der Straße wird diesen Erfolg für eine nationale Errungenschaft halten. Das hat einen Einigungseffekt in der Nation zur Folge zu einem Zeitpunkt bisher nie erlebter Unruhe. Für den Mann auf der Straße heißt die Reaktion jetzt: ‹Ich bin stolz, ein Amerikaner zu sein.›»

Unter den Journalisten der Pressekonferenz am Cape Canaveral kursierte ohnedies die bissige Geschichte von dem Auslandskorrespondenten, der angeblich die Frage aufgeworfen hatte: «Sagen Sie, Dr. von Braun, was hindert eigentlich die Saturn V daran, auf London zu fallen?»

Natürlich war die Frage erfunden. Wäre sie gestellt worden, hätte sie ebensogut lauten können:

Sprach die Landung auf dem Mond wirklich für den Entwicklungsprung, den Wernher von Braun so selbstverständlich unterstellte? Dokumentierte sie nicht vielmehr, im Sinne einer Vermutung von Günther Anders, menschliche Misere mindestens ebenso wie menschlichen Glanz?

«Wir haben den Weg zu den Sternen geöffnet»: Fazit einer Verdrängung

«Erstmals hat die Menschheit den Fuß auf einen anderen Himmelskörper gesetzt», schrieb Wernher von Braun nach der Landung auf dem Mond. «In noch größeren Fernen kreisen die Planeten unseres Sonnensystems. Anders als Alexander, der, an den Ufern des Indischen Ozeans angelangt, weinte, weil keine neuen Welten mehr darauf warteten, bezwungen zu werden, können unsere Astronauten weiter und immer weiter zu friedlichen Eroberungszügen aufbrechen.»

Das Thema «Raumfahrt» ist emotional besetzt. Diese Besetzung hängt entscheidend zusammen mit Begriffen, wie sie sich in den gerade zitierten Sätzen finden – «Himmelskörper», «größere Fernen», «weiter und immer weiter». Schriftsteller wollen im menschlichen Verhältnis zu den anderen Welten des Universums, den «Sternen», alle drei antiken Arten der Liebe entdeckt haben – leidenschaftliche Liebe, in realistischen Erwartungen begründete Liebe, Gottes- und Nächstenliebe. Eine Journalistin vom Range der Vietnam-Berichterstatterin Oriana Fallaci stufte eine Eloge auf den «Aufbruch der Menschheit ins Weltall» enthusiastisch ein als «wunderbar schönes Gebet». Die Erinnerung drängt sich auf an die verklärenden Hymnen, mit denen der Dichter Walt Whitman den Aufbruch der amerikanischen Pioniere nach Westen besungen hat: die gleiche gläubige Begeisterung, das gleiche schwärmerische Entzücken am unaufhörlichen «Drang nach draußen».

Solche Einschätzungen der Raumfahrt decken sich durchaus mit denen, die man in der zeitgenössischen Literatur über die Anfänge der Luftfahrt finden kann – «Sinnbild jenes Dranges, für den wir den Begriff der Seele fanden», so Leonhard Adelt vor achtzig Jahren. Sie entsprechen einer, wiederum gefühlsbetonten, Überhöhung der Technik schlechthin zum modernen Heilsweg, zur «Begegnung mit Gott» (Friedrich Dessauer). Daß sich hinter religiösen Metaphern wie diesen die Verweltlichung christlicher Vorstellungen, die Übertragung der Schöpferrolle auf den Menschen verbirgt, ist zu oft konstatiert worden, als daß es hier länger erörtert werden müßte.

Bei so weitreichenden Rollenzuweisungen geht es selbstredend um mehr als um literarische Deutungen. Eine derart aufgewertete Technik weckt unweigerlich politische und militärische Erwartungen. Sie gerät «in den Rang eines Machtmittels» (Helmut Schelsky):

- sei es nun, daß sich daran Phantasien eines «nationalen Wiederaufstiegs» knüpfen wie in der Weimarer Republik;
- sei es, daß sich damit die Hoffnung verbindet auf «wunderbare Rettung» vor drohender Niederlage wie im Falle des Nazi-Regimes;
- sei es endlich, daß sich die Spekulation darauf stützt, wie bei den Vereinigten Staaten und der Sowjetunion, die definitive Führung zu erringen unter den Bedingungen internationaler Rivalität.

Solche Phantasien, Hoffnungen, Spekulationen – beim Verein für Raumschiffahrt, in Kummersdorf, in Peenemünde – schufen das Klima, das Wernher von Braun prägte. Sie lieferten außerdem die Klaviatur, auf der er nach 1945 in White Sands und Huntsville spielte. Wenn die Zeitläufe danach waren – und sie waren meistens danach –, setzte er auf die militärische Karte, wie Dornberger dies vorexerziert hatte. Keineswegs identifizierte er sich von dem Augenblick an, in dem eine zivile Weltraumbehörde entstand, rückhaltlos mit der NASA. Und was das Mondprojekt anging: Auch Apollo wurde «nicht von Technikern in einem weltentrückten Versuchslabor geschaffen, sondern von Soldaten in einer Zeit, in der die Technik sich zur Kriegführung mit anderen Mitteln entwickelt» hatte (Young/Silcock/Dunn).

Die beschriebene Grundeinstellung Wernher von Brauns tritt noch deutlicher zutage, kontrastiert man sie mit dem Handeln eines Mannes, der ebenfalls ungemein öffentlichkeitswirksam für die – freilich unbemannte – Erforschung der Planeten geworben hat: Carl Sagan, Weltraumwissenschaftler an der Cornell University im Staate New York. Sagan spielte eine führende Rolle bei der Vorbereitung der Mariner-, Viking-, Pionier- und Voyager-Missionen zum Mars und den äußeren Planeten – Instrumentensonden, die enthüllt haben, daß diese Welten weit fremdartiger und vielgestaltiger sind, als erdgebundene Forschung angenommen hatte. Auf Sagans Anstoß ging die Unterbringung irdischer «Botschaften» in den Pionier- und Voyager-Sonden zurück, die über die Grenze des Sonnensystems hinaus in den interstellaren Raum flogen. Pionier 10 und 11 führten Tafeln mit, auf denen in Symbolform ihre menschlichen Erbauer sowie die Erde als dritter Planet des Sonnensystems und Ursprungsort der Raumsonden abgebildet waren. Voyager 1 und 2 waren kupferne, goldbeschichtete Schallplatten beigefügt mit Botschaften in annähernd 60 menschlichen Sprachen, Kompositionen von Bach, Beethoven und Strawinski, Musik aus Indien, Peru und Zaire, den Lauten von Grillen, Schimpansen und Fröschen – in der Tat eine Alternative zur amerikanischen Flagge auf dem Mond.

Unmittelbar folgenreicher war jedoch eine andere Initiative. Während der Mariner- und Viking-Missionen zum Mars erforschte ein Team von Wissenschaftlern – bekannt geworden als die TTAPS-Gruppe: Richard Turco, Owen Toon, Thomas Ackerman, James Pollack und Carl Sagan – unter

Sagans Leitung die atmosphärischen Bedingungen auf dem Planeten. Ihre Analysen inbesondere der Staubstürme, welche die Sonden registriert hatten, veranlaßten Sagan und seine Kollegen zwischen 1982 und 1984, Recherchen anzustellen über die mutmaßlichen klimatischen Folgen eines nuklearen «Schlagabtauschs» auf der Erde. Resultat: Immense Rauch- und Staubwolken, verursacht durch Explosionen und Flächenbrände, würden das Sonnenlicht blockieren. Wälder und Erntepflanzen müßten absterben, die Nahrungsketten würden abreißen, ein «nuklearer Winter» über die Erde hereinbrechen.

Diese Ergebnisse wurden 1983 auf zwei Konferenzen vorgetragen und unter den Titeln «Atmosphärische» sowie «Biologische Folgen eines Atomkrieges» veröffentlicht. Sie veranlaßten die höchste amerikanische Wissenschaftsinstanz, die National Academy of Sciences, zu einer Revision ihrer 1975 vorgelegten Einschätzung weltweiter Langzeitfolgen gehäufter Kernwaffendetonationen. Und sie lösten wenigstens zeitweise eine politische Debatte aus, gefördert durch einen Aufsatz Sagans in der renommierten außenpolitischen Zeitschrift *Foreign Affairs*. Mit allem Nachdruck plädierte er dort für einen drastischen Abbau der Kernwaffenarsenale auf einen höchstens minimalen Prozentsatz:

> «Kälte, Dunkelheit, Radioaktivität, giftige Gase und ultraviolette Strahlung würden alle Überlebenden eines Atomkrieges bedrohen. Die konkrete Gefahr einer Auslöschung der Menschheit wäre gegeben... Das Problem verlangt mit unerhörter Dringlichkeit eine weltumspannende Sichtweise, die sich erhebt über leere Phrasen ebenso wie über starre Prinzipien und wechselseitige Beschuldigungen.»

Es überrascht kaum, daß Carl Sagan der nach dem englischen Naturforscher und Philosophen Joseph Priestley benannte Preis für «herausragende Beiträge zum Wohl der Menschheit» zuerkannt wurde. Sagan kann als Prototyp des verantwortungsbewußten Wissenschaftlers gelten, dessen eine Welt, über der (nach wie vor) die Drohung der Selbstzerstörung hängt, unabweisbar bedarf. Darin liegt der Unterschied zwischen ihm und von Braun, der stets zu profitieren wußte von seiner Anpassung an den Zeitgeist, der die Implikationen eigenen Handelns wegschob, indem er auswich auf eine Vision.

Mitte der 60er Jahre widmete der scharfzüngige amerikanische Liedermacher Tom Lehrer von Braun einige Verse, deren schwarzer Humor eben diese Anpassungsbereitschaft («a man whose allegiance / is ruled by expedience») aufs Korn nahm. Selbst Naturwissenschaftler, zeitweise Dozent an der Harvard University und am kaum minder renommierten Massachusetts Institute of Technology, war Lehrer einer größeren Öffentlichkeit durch seine zeitkritischen, anzüglich-bösartigen Chansons bekannt geworden. Die zentrale Strophe seiner Satire auf den Raketenkonstrukteur traf mit unfehlbarer Sicherheit jene Mentalität, die nichts wissen wollte von der Verantwortung auch für die zerstörerischen Auswirkungen eigenen Schaffens:

> «Once the rockets are up,
> Who cares where they come down?
> That's not my department»,
> Says Wernher von Braun.

Wernher von Braun war ein kompetenter Ingenieur, fähiger Organisator, charismatischer Vorgesetzter. Ein schöpferischer Kopf war er nicht. «Von Braunsche Ideen», so Murray und Cox in ihrem Bericht über das Apollo-Projekt, «die die Entwicklung der Raketentechnik verändert hätten, wird man vergeblich suchen». In *diesem* Sinne hat ihn Bainbridge in einer soziologischen Studie über die Raumfahrtbewegung zu Recht als «unoriginell», weil «überkommenen Vorstellungen anhängend», charakterisiert. Wernher von Brauns Bedeutung, ermöglicht durch das zum Mythos gesteigerte Renommee des erfolgreichen Waffenkonstrukteurs (des «Schöpfers» der V 2), lag auf einem anderen Gebiet. Von Braun beherrschte die Kunst, Ideen zugkräftig «an den Mann» zu bringen. Er verfügte über die Fähigkeit, mit dem Anspruch auf Wirklichkeitsnähe («Was Sie hier lesen, ist keine Science fiction» – *Collier's* 1952) die Werbetrommel zu rühren für immer weitere Raketen- und Raumfahrtprojekte.

Dazu bedurfte es des Geschicks, «mit den Mächtigen» – ob im Kongreß oder in der Regierung – «umzugehen, sie zu beeindrucken, ihre Unterstützung zu erlangen» (Bainbridge). Hinzu kam von Brauns Talent, die Medien für sich einzuspannen: Raumfahrt als Spektakel, der visionär-fanatische und doch nüchtern-realistische Ingenieur als Star – dies entsprach den Bedürfnissen einer Berichterstattung, die während der 50er Jahre die Popularisierung von Technik und Wissenschaft als neues, vielversprechendes Feld entdeckte.

Die Grenzen solcher «Verkaufsstrategie» traten freilich unmittelbar nach der Landung auf dem Mond zutage. Der zu Beginn dieses Kapitels zitierte, für die Massenzeitschrift *Reader's Digest* bestimmte Artikel Wernher von Brauns wurde nicht mehr gedruckt. Das Projekt einer bemannten Expedition zum Mars, von dem er die Regierung Nixon zu überzeugen trachtete, wanderte zu den Akten. In einem drastisch formulierten, Jahre später veröffentlichten Brief schrieb der zuständige *Reader's-Digest*-Redakteur:

> «Von Braun möchte am liebsten weiter Geld ausgeben wie ein betrunkener Matrose... Die Wahrheit sieht vielmehr so aus, daß die Stimmung im Land einem aufwendigen Raumfahrtprogramm zur Zeit nicht sehr förderlich ist.»

Die Gründe für den Stimmungsumschwung waren vielfältig. Sie hatten ebenso zu tun mit der innenpolitischen Lage der USA wie mit der Entwicklung des Projekts Apollo und der

Wechselwirkung der sowjetischen und amerikanischen Weltraumprogramme.

Richard Nixon war 1968, ebenso wie Eisenhower 1952, mit zwei Versprechen gewählt worden: einen Krieg zu beenden – diesmal den Vietnam- statt den Koreakonflikt – und die Staatsausgaben zu senken. (Eine zusätzliche republikanische Wahlkampfparole hieß «Wiederherstellung von Recht und Ordnung».) Nixon nutzte zwar die Landung auf dem Mond, um seine Anstrengungen für «Frieden und Ruhe auch auf der Erde» medienwirksam in Szene zu setzen. Die NASA jedoch erhielt einen Sparhaushalt verordnet. Eine Planungskommission unter Vorsitz Vizepräsident Spiro Agnews (der vier Jahre später wegen Steuerhinterziehung und passiver Bestechung zurücktreten mußte) unterbreitete Nixon drei alternative Vorschläge, die von einem bemannten Marsflug über eine ständige Raumstation bis zu einer wiederverwendbaren Raumfähre, dem Space Shuttle, reichten. Nixon akzeptierte lediglich den Shuttle. Im Kongreß schaffte die demokratische Mehrheit die Raumfahrtausschüsse beider Kammern ab.

Gestrichen wurden auch die letzten zwei von insgesamt neun geplanten Mondlandungen. Das öffentliche Interesse erwachte noch einmal, als beim Flug des Raumschiffs Apollo 13 ein Sauerstofftank in 320 000 Kilometer Entfernung von der Erde explodierte. Antrieb und Versorgung der Kommandoeinheit fielen aus, doch gelang es der Besatzung, die Kapsel mit dem Triebwerk der Landefähre um den Mond und zurück zur Erde zu steuern. Angelegt auf eine gründlichere wissenschaftliche Erkundung des Mondes, zu diesem Zweck ausgerüstet mit batteriegetriebenen «Mondmobilen» waren die Flüge Apollo 15-17 zwischen Mitte 1971 und Ende 1972 (erst am letzten nahm allerdings ein Geologe teil). Sie wurden jedoch völlig überschattet durch die abermalige Zuspitzung der erbitterten Kontroverse über den Krieg in Südostasien.

Innenpolitisch demonstrierte die Veröffentlichung der bislang geheimgehaltenen «Pentagon-Papiere», daß aufeinanderfolgende Regierungen Kongreß und Öffentlichkeit über das Ausmaß der Verwicklung in Indochina getäuscht hatten. Außenpolitisch ordnete Nixon die schwersten Luftangriffe der Geschichte auf Nordvietnam an. Sie sollten das Land «an den Verhandlungstisch bomben», bewirkten aber international wie in den USA selbst eine Zunahme der heftigen Proteste gegen die amerikanische Kriegführung.

Im übrigen lag klar zutage, daß der «Wettlauf zum Mond» in dem Sinne, in dem Kennedy ihn mit Billigung des Kongresses definiert hatte, entschieden war. Sergej Koroljow war 1966 bei einer Operation gestorben. Die von ihm entwickelte Trägerrakete N-1, deren Schubkraft einen bemannten Flug zum Mond ermöglicht hätte, explodierte zwischen 1969 und 1972 bei vier Versuchsstarts. Persönliche Rivalitäten mehrerer führender Konstrukteure und bürokratische Kompetenzstreitigkeiten hinderten die Sowjetunion zusätzlich daran, sich auf ein effektives «Wettrennen» mit den USA einzulassen (dessen Existenz denn auch offiziell stets bestritten wurde).

Die sowjetische bemannte Raumfahrt konzentrierte sich statt dessen weiter auf den erdnahen Raum, wobei katastrophale Rückschläge ebenfalls nicht ausblieben: Bei zwei mißglückten Landungen kamen vier Kosmonauten ums Leben. Die Erkundung des Mondes wurde mit unbemannten Sonden fortgesetzt. Ende 1970 gelang die Aussetzung des ersten automatischen Mondfahrzeuges (Lunochod 1, 1973 gefolgt von Lunochod 2), das an mehreren hundert Stellen Bodenuntersuchungen durchführte.

Zu den Planeten Mars und Venus hatte die Sowjetunion seit 1961/62 ebenfalls regelmäßig Instrumentensonden geschickt. Während die Versuche in Richtung Mars erfolglos blieben, übermittelten Venera 4 Ende 1967 bis zum Aufschlag, Venera 7 anderthalb Jahre später nach geglückter Landung Daten von der Venusoberfläche. Entsprechende amerikanische Versuche beschränkten sich während der Dauer des Apollo-Programms auf wenige Mars- und Venus-Vorbeiflüge. Die Sonden Mariner 2 und 5 ermittelten 1962 bzw. 1967, daß Venus mit über 400 Grad Oberflächentemperatur ein siedend heißer, wüstenhafter Planet war. Mariner 4 übertrug 1964 aus 10000 Kilometer Entfernung die ersten 21 Bilder kraterübersäter Teile der Marsoberfläche. Knapp zweieinhalb Jahre später lieferten Mariner 6 und 7 bereits Dutzende von Aufnahmen, betrug die erreichte Annäherung an den Mars dreieinhalbtausend Kilometer.

Damit war der Grundstein für die unbemannten Missionen der 70er und 80er Jahre gelegt, die inzwischen als «goldenes Zeitalter der Erforschung des Sonnensystems» bezeichnet worden sind. Für Bruchteile der Kosten des Apollo-Programms verwandelten Pionier-, Magellan-, Viking- und Voyager-Sonden

> «unser Bild der Planeten aus teleskopischen Schemen in die scharf umrissenen Konturen neuer Welten... In den Stromtälern des Mars, den Vulkanen des Jupitermondes Io, den Bändern der Saturnringe... offenbarten sich faszinierend schöne und zugleich beeindruckend gewaltige Ergebnisse mächtiger Naturkräfte.»

Die bemannten NASA-Projekte reduzierten sich auf die experimentelle Raumstation Skylab (als Apollo-«Nachfolgeprogramm» mit einer der übriggebliebenen Saturn V gestartet) und den Raumtransporter, den Space Shuttle. Pläne für eine Expedition zum Mars wurden zwar wiederholt präsentiert – zuletzt 1991 im Auftrag Präsident George Bushs von einer Arbeitsgruppe des Nationalen Luft- und Raumfahrtrates (Motto: «Amerika auf der Schwelle») –, doch niemals nachhaltig verfolgt.

Die Hoffnung, ein Flug zum Mars könnte das Stadium ernsthafter Erwägung erreichen, war aber der Hauptgrund, der Wernher von Braun 1970 veranlaßte, aus Huntsville zur NASA-Zentrale in Washington überzusiedeln. Zu diesem Zeitpunkt schrieb er – wie er meinte – für *Reader's Digest*:

«Jenseits von Erdumlaufbahn und Mond lockt unverändert der rote Planet Mars. Die NASA verfügt über einen ausgearbeiteten Entwurf für eine bemannte Expedition zum Mars. Der wiederverwendbare Shuttle und zwei Saturn-V-Flüge für besonders schwere Lasten befördern Ausrüstung, Treibstoff und Besatzungen in eine Erdumlaufbahn. Die interplanetare Expedition besteht aus 12 Mann in zwei Schiffen.»

Das war im Kern immer noch das Marsprojekt von 1954, ehedem vorgestellt in *Collier's*, das Wernher von Braun jetzt mit der Autorität eines stellvertretenden beigeordneten NASA-Direktors für Planungsfragen präsentierte. Thomas Paine, Webbs Nachfolger an der NASA-Spitze, hatte sich das Vorhaben zu eigen gemacht, hatte an von Braun appelliert, ihn in dem neuen Amt bei seinen eigenen Bemühungen zu unterstützen. Stuhlinger/Ordway:

«Die Notwendigkeit einer PR-Kampagne lag auf der Hand ... Ein leidenschaftlicher Fürsprecher war erforderlich ... Von Braun wußte, daß nur er dieser Fürsprecher sein konnte. Er wußte außerdem, daß er aus einer Position in der NASA-Zentrale eine weitaus überzeugendere Kampagne würde führen können als vom George-Marshall-Zentrum aus.»

Wernher von Braun nahm die Arbeit in Washington Anfang März 1970 auf. Im Marshall-Zentrum rückte sein Stellvertreter Eberhard Rees nach, schied jedoch bereits drei Jahre später aus. Zum neuen Direktor wurde Rocco Petrone ernannt, der auf Merritt Island die Errichtung der Startanlagen für die Saturn V geleitet hatte.

Nun setzte die Reaktion auf den früher beschriebenen Gruppenegoismus der ehemaligen Deutschen ein. Petrone blieb weniger als ein Jahr lang in Huntsville, aber in dieser Zeit wurde das Zentrum erheblich verkleinert und bei der Gelegenheit gründlich «amerikanisiert». Die wenigen überhaupt verbliebenen Peenemünder hatten danach, so Stuhlinger/

Ordway, «mit ein oder zwei Ausnahmen keine verantwortlichen Positionen mehr inne».

Wernher von Brauns Entschluß, eine Stellung im NASA-Hauptquartier zu übernehmen, erwies sich als Fehlentscheidung. Nur fünf Monate später warf Paine das Handtuch und ging in die Privatwirtschaft. Sein Nachfolger James Fletcher suchte den Rat des neuen Planungsdirektors nicht mehr. An der Entwicklungsplanung für den Shuttle war von Braun noch beteiligt. Im übrigen aber fand er sich zunehmend isoliert, fühlte sich «falsch eingesetzt und nicht wirklich erwünscht» (Stuhlinger/Ordway). Mitte 1972 akzeptierte Wernher von Braun ein Angebot der Luft- und Raumfahrtfirma Fairchild, deren Generaldirektor Edward Uhl er seit langem kannte, und schied bei der NASA aus.

Für den Konzern war «von Brauns fünfundzwanzigjährige Erfahrung bei Verhandlungen mit Militärs und Regierungsstellen» verständlicherweise «ein großes Plus» (Bergaust). Ihm wurde der Posten eines Direktors für technische Entwicklung übertragen. Seine Hauptaufgabe bestand darin, in Ländern von Brasilien bis Iran für die anwendungstechnischen Satelliten (ATS) zu werben, die Fairchild in Zusammenarbeit mit der NASA baute. Die Satelliten sollten Bildungs- und Gesundheitsprogramme, vorrangig für Länder der Dritten Welt, in mehreren Sprachen ausstrahlen.

Bereits 1973 verschlechterte Wernher von Brauns Gesundheitszustand sich jedoch gravierend. Seine linke Niere, in der eine bösartige Geschwulst aufgetreten war, mußte entfernt werden. Zwei Jahre später wurde ein Dickdarmtumor festgestellt. Nach der erneuten Operation verfielen von Brauns Kräfte zusehends. 65jährig erlag er seinem Krebsleiden am 16. Juni 1977. Bei dem Gedächtnisgottesdienst sagte Ernst Stuhlinger über ihn: «Wissenschaftler, Dichter und Propheten wissen seit langer Zeit, daß der Mensch eines Tages zum Mond reisen wird. Von Braun hat diesen Traum wahr werden lassen.»

In mehr als einer Hinsicht stand freilich die Reise zum Mond, wie die Journalistin Linda Hunt formuliert hat, «im Schatten des Dritten Reiches». Arthur C. Clarke, englischer Science-fiction- und Sachbuchautor, als erster mit dem Vorschlag hervorgetreten, Satelliten zur Nachrichtenübertragung einzusetzen, widmete dem befreundeten Wernher von Braun ein nachdenkliches Kapitel seiner Autobiographie. Am Schluß schrieb er, obgleich es sich um ein «schmerzliches Thema» handle, fühle er sich verpflichtet, «um der historischen Wahrheit willen» dessen Worte zu zitieren:

> «Nein – gewußt habe ich nie, was sich in den Konzentrationslagern abgespielt hat. Aber ich habe es geahnt, und in meiner Stellung hätte ich es in Erfahrung bringen können. Ich habe es unterlassen, und ich verachte mich deswegen.»

Zufall oder nicht – es handelt sich um genau die gleiche Halbwahrheit, zu der Albert Speer Zuflucht nahm (Speer: «Man hätte wissen können, wenn man hätte wissen wollen... Ich hatte nur eine vage Ahnung... Diese gewollte Blindheit wiegt alles Positive, was ich vielleicht... tun wollte, auf.») Speer war jedoch durchaus unterrichtet, wie die Kritik an seinen Memoiren dokumentarisch nachgewiesen hat.

Auch Wernher von Brauns Sätze, anrührend zu lesen, vereinen behauptete Schuldlosigkeit und pointierte Selbstbezichtigung in suggestiver Weise. Nicht anders reagierte von Braun laut Stuhlinger/Ordway, als sechs Jahre nach der Mondlandung das Buch *«Dora»* des einstigen KZ-Häftlings Jean Michel erschien und in Frankreich Angriffe auf ihn auslöste:

> «Diese unglücklichen Menschen sind so furchtbar mißhandelt worden. Ich würde mich noch elender fühlen, wenn ich jetzt mit ihnen streiten und ihnen sagen würde, daß sie die falschen Personen beschuldigen.»

Honorige Worte, aus denen Sensibilität spricht. Und doch

Apologie. Sie verschleiern eine Wirklichkeit, in der Wernher von Braun keine Skrupel hegte, von der Not der KZ-Insassen zu profitieren für sein Waffenprogramm. Mit Eberhard Rees und anderen Ingenieuren war er sich einig, daß die auf Anforderung Arthur Rudolphs in Peenemünde bereits zusammengepferchten, unterernährten Häftlinge bei der künftigen unterirdischen V2-Fertigung weiter einzusetzen seien. Unverzüglich befolgte er Albin Sawatzkis Vorschlag, doch die «gute fachtechnische Vorbildung verschiedener Häftlinge» zu nutzen. Im KZ Buchenwald wählte er solche Insassen selbst aus. Sie waren eben da – einfach Leute («just bodies»), wie Rudolph bei seiner Vernehmung bestätigte.

Fast unheimlich muten deshalb die Assoziationen an, die sich der Journalistin Oriana Fallaci aufdrängten, als sie Wernher von Braun für ihr Buch *«Wenn die Sonne stirbt»* interviewte. Ein leiser Zitronenduft ging von ihm aus, und unklar gequält fragte Oriana Fallaci sich während des Gesprächs immer wieder, wo, in weit zurückliegender Zeit, sie diesen Duft schon gerochen hatte, weshalb er ihr in Erinnerung geblieben war. Und dann entsann sie sich: an deutschen Soldaten, die im Krieg, an einem Julitag, zwei untergetauchte Jugoslawen, versteckt bei Oriana Fallacis Familie, aus einem trockenen Brunnen geholt und abgeführt hatten.

Man sollte «nie an die Vergangenheit zurückdenken – aber dann gibt es immer irgendeinen Zitronenduft, der sie mit allem Schutt wiederbringt.» Halb schalt Oriana Fallaci sich am Ende selbst.

Und doch: Kann man wirklich behaupten, daß ihr Gefühl sie getrogen hätte?

Im Jahr nach Wernher von Brauns Tod folgte der Kongreß einer Initiative der demokratischen Abgeordneten Joshua Eilberg und Elizabeth Holtzman durch Verabschiedung einer Ergänzungsbestimmung zum Einwanderungsgesetz von 1952. Ausgeschlossen wurden solche Personen, die zwischen 1933 und 1945 «die Verfolgung von Menschen wegen ihrer

Rasse, ihrer Religion, ihrer Herkunft oder politischen Meinung angeordnet, angestiftet, dazu Beihilfe geleistet oder auf andere Weise daran mitgewirkt haben». Auf Drängen Elizabeth Holtzmans richtete das Justizministerium 1979 ein Sonderbüro ein (Office of Special Investigations – OSI). Seine Aufgabe: Personen, die unter die beschlossene Klausel fielen und nach dem Zweiten Weltkrieg in den USA Unterschlupf gefunden hatten, aufzuspüren und vor Gericht ihre Ausbürgerung zu erwirken.

Im Zuge der Durchsicht von Behördenakten, Archivdokumenten und sonstigem Material stieß OSI-Anwalt Eli M. Rosenbaum auf eine Buchpassage, in der Arthur Rudolph Klage geführt hatte über seine Beschwernisse am Silvesterabend 1943:

> «Es schneite, und ich saß mit einigen engen Mitarbeitern entspannt beisammen, um mich von der scheußlichen Belastung durch das Werk zu erholen. Plötzlich wurde ich abgerufen, um Probleme lösen zu helfen, die beim Verladen aufgetreten waren... Es war eisig kalt, und ich verwünschte die Umstände, die mich zwangen, die Party zu verlassen...»

Im Oktober 1982 betraten OSI-Beamte ein Haus im kalifornischen San José, um Rudolph – dem vor seiner Pensionierung drei amerikanische Präsidenten die Hand gedrückt, dem das Rollins College in Florida die Ehrendoktorwürde und die NASA ihre höchste Auszeichnung, die *Distinguished Service Medal*, verliehen hatte – erstmals zu vernehmen. Dreizehn Monate später wurde ihm die Absicht des OSI eröffnet, Anklage mit dem Ziel der Ausbürgerung und anschließender Ausweisung gegen ihn zu erheben.

Um dem Prozeß zuvorzukommen, verzichtete Rudolph auf seine amerikanische Staatsbürgerschaft. Im März 1984 kehrte er in die Bundesrepublik zurück, wo er sich in Hamburg niederließ. Nachdem die Staatsanwaltschaft das bereits erwähnte

Ermittlungsverfahren gegen ihn mangels Beweisen, die für einen – noch verfolgbaren – Mordvorwurf ausgereicht hätten, eingestellt wurde, wurde Rudolph 1987 in die Bundesrepublik eingebürgert. Vergeblich versuchte er 1990, das gegen ihn verhängte Einreiseverbot in die USA dadurch zu umgehen, daß er den Weg über Kanada wählte. Die Behörden schickten ihn zurück, und ein kanadisches Gericht bestätigte die Ausweisungsverfügung:

> «Die Handlungen, die der Kläger selbst eingestanden hat, liefern gebührenden Anlaß, um zu der Auffassung zu gelangen, daß er Beteiligter und Mittäter war sowohl bei Kriegsverbrechen (‹Mißhandlung oder Deportation... von Zivilisten... zur Ableistung von Zwangsarbeit... Mißhandlung von Kriegsgefangenen›) wie bei Verbrechen gegen die Menschlichkeit (‹Versklavung, Deportation und andere menschenrechtswidrige Behandlungsweisen von Zivilisten›).»

Unter den technischen Durchbrüchen, die der Zweite Weltkrieg ausgelöst hat, war außer der Fernrakete in Gestalt der V2 unstreitig keine folgenschwerer als die Kernspaltungsbombe, von der Hiroshima und Nagasaki in Asche gelegt wurden. An der Wiege der Kernwaffenentwicklung stand bekanntlich ebenfalls technische Faszination, zugleich aber Sorge vor einer etwaigen deutschen Atombombe. Einige der namhaftesten Kernphysiker (Enrico Fermi, Hans Bethe, Leo Szilard) waren aus dem Deutschland Hitlers, dem Italien Mussolinis geflüchtet, hatten bereits vor 1933 an deutschen Universitäten Schmähungen und Verfolgungen durch NS-Studenten erlebt. In dem Augenblick aber, in dem klar wurde, daß im Dritten Reich nichts existiert hatte, was dem Manhattan-Projekt, dem Bau der amerikanischen Atombombe, gleichgekommen wäre, reichte für viele – Szilard, Fermi und Bethe vorweg – die technische Faszination nicht mehr aus. Nun setzte ein, was Robert Jungk plastisch benannt hat: «geistige Unruhe und seelische Erschütterung».

Selbstzweifel, Selbstbesinnung, Selbstkritik waren also wenigstens im nachhinein möglich, wie das Beispiel einer Reihe von Kernphysikern beweist. Freilich: Gerade sie hatten überwiegend die unfreiwillige Emigration, damit aber in einem fundamentalen Sinne die Sache der Freiheit gewählt.

Bei den deutschen Konstrukteuren der Fernrakete, bei Wernher von Braun und seinen Mitarbeitern, hätte Selbstbesinnung mehr und anderes bedeutet: das Eingeständnis nämlich, daß die später viel beschworene Erarbeitung der Grundlagen für den Flug zum Mond der Verstrickung in den Terror eines Unterdrückungsregimes keineswegs entronnen war. Die Sklavenarbeit der KZ-Häftlinge in Peenemünde, im Kohnsteinmassiv, am österreichischen Ebensee, die mörderischen Umstände der V 2-Fertigung – sie hätten für den Techniker, der sich seiner Mitverantwortung gestellt hätte, Anlaß sein *müssen* zur Scham, Anlaß werden *können* zur Trauerarbeit. Doch mit der in Garmisch-Partenkirchen eingeschlagenen Strategie zur *Instrumentalisierung* der amerikanischen Sieger waren zugleich die Weichen gestellt für die eigene *Immunisierung* gegenüber allen bohrenden Fragen nach eigener Verstrickung in den SS-Staat. Selbstzweifel waren von da an nicht mehr möglich, alle weiteren Reaktionen vorprogrammiert.

Der bedeutende, nicht selten mit James Joyce verglichene amerikanische Schriftsteller Thomas Pynchon hat im Gegenzug vorgeführt, wie Trauerarbeit hätte aussehen, wo sie hätte ansetzen können. 1973, zehn Jahre nach seinem Erstlingswerk «*V*», veröffentlichte er einen Roman unter dem Titel «*Die Enden der Parabel*», von der Kritik sogleich umgetauft in «V 2» – denn, so Philip Morrison:

> «Ein V 2-Geschoß verbindet die beiden Enden einer ballistischen Parabel. Und um Paranoia, Zerstörung und die V 2 kreist Pynchons Erzählung.»

Eine Erzählung, wäre sogleich hinzuzufügen, von enzyklopädischer Anlage, die sich jeder knapp zusammenfassenden Wiedergabe entzieht. Die Rede sein soll deshalb lediglich von jener Szene, die den fiktiven Peenemünder Raketenkonstrukteur Franz Pökler konfrontiert mit der realen Welt des Lagers Mittelbau-Dora, dessen Häftlinge seine V-Waffen gebaut haben.

Dabei konzediert Pynchon seinem Protagonisten zunächst, er sei nicht wirklich vorbereitet gewesen – «nicht mit Herz und Sinnen, obwohl er theoretisch im Bilde war, das schon...» Und weiter:

> «Die Dünste von Scheiße, Tod, Schweiß, Krankheit, Moder, Pisse, der Brodem Doras legte sich auf ihn, während er hineinschlich und auf die nackten Leichen starrte, die nun, da Amerika so nahe war, hinausgeschleppt wurden, um vor dem Krematorium gestapelt zu werden... Und die Lebenden, zu zehnt auf einen Strohsack gepackt, die Kranken wehklagend, hustend, Verlorene... Dies war die Kehrseite der leeren Räume, der Labyrinthe, durch die er sich bewegt hatte. Während er Zeichen aufs Papier malte, hatte dieses unsichtbare Reich Gestalt angenommen... die ganze Zeit über...»

Auch bei Pökler hat der Verdrängungsmechanismus, genannt «Aufbruch zum Mond», anfangs reibungslos funktioniert. Durch seine Frau Leni damit konfrontiert, daß er für die Nazis nur ein Werkzeug darstellt, um mit dem A 4 auf neue Weise Menschen zu töten, weicht Pökler geläufig aus vom Jetzt auf das imaginäre Morgen:

> «Wir werden die Rakete benutzen, eines Tages, um die Erde zu verlassen... Wir werden den Weltraum besitzen.»

Doch Pökler erweist sich als die einzige Romanfigur in *«Die Enden der Parabel»*, die über Lernfähigkeit verfügt. Sich dem Grauen aussetzend, hockend auf dem KZ-Gelände neben der ausgezehrten Gestalt einer – so Pynchon – «zufälligen Frau», begreift Pökler am Ende, was ihn mit anderen Menschen verbindet: Daß «dies Gesichter sind, die er doch kennt, die ihm teuer sind wie sein eigenes». Und er erfaßt sogleich, daß die Bindung ihm Verantwortung aufbürdet:

> «Bevor er ging, zog er seinen goldenen Ehering ab, steckte ihn an einen ihrer dünnen Finger und schloß ihr die Hand, damit der Ring nicht heruntergleiten konnte. Wenn sie überlebte, würde er für ein paar Mahlzeiten gut sein, für eine Decke oder eine Übernachtung unter Dach, oder für die Fahrt nach Hause...»

Ein Akt, der nichts rückgängig macht von der kalt-rationalen Einkalkulierung des Häftlings«materials» durch die Konstrukteure. Und doch: eine Geste, die den Ansatz birgt zur Versöhnung.

Aber dieser Lichtblick ist der Fiktion vorbehalten geblieben. Die Wirklichkeit sieht anders aus – wie die Vernehmung Arthur Rudolphs einmal mehr dokumentiert hat.

> *Frage:* Im Mittelwerk trugen die Häftlinge, die bei der Fertigung mitwirkten, verschiedene kleine Markierungen, die auf die Kleidung aufgenäht wurden, zur Kennzeichnung, um welche Art Häftlinge es sich handelte, beispielsweise politische?
> *Rudolph:* Wahrscheinlich. Ich entsinne mich nicht, aber wahrscheinlich.
> *Frage:* Sind Sie sicher, daß Sie sich nicht erinnern – zum Beispiel rot, ein rotes Dreieck?
> *Rudolph:* (Zeuge zuckt die Achseln)
> *Frage:* Nicht sicher? Oder gelb – ein gelber Davidsstern?
> *Rudolph:* Nein.
> *Frage:* Sie erinnern sich nicht daran?
> *Rudolph:* Nein, nein.

Anmerkungen

Seite/Abs.

	Peenemünde: Mythos und Wirklichkeit
16/3	Eberhard Rees, Geleitwort, in: Dornberger, 9
16/4	Kongreßabgeordneter Robert E. Jones (Alabama), Repräsentantenhaus, 4.3.1960 (vgl. Franklin, 365); Franklin, 84; Stuhlinger/Ordway, 103/104
16/5	Ruland, 12; Stuhlinger/Ordway, Klappentext; Buedeler, 255; Stuhlinger/Ordway, 106
17/2	Dornberger, 306 (Vorwort zur 1. Auflage von 1952; dort S. 6); Hölsken, 37; Dornberger, 201
17/3	Speer 1981, 286/287, 292
18/2–4	Franklin, 76; Bundesarchiv (Militärarchiv Freiburg), RH 8/v. 1210, Aktennotiz T Nr. 10/43 vom 16.4.1943, 2, und RH 8/v. 1210, 136, Aktenvermerk über Besprechung beim A4-Ausschuß – Arbeitseinsatz – am 2.6.1943, Bundesarchiv (Militärarchiv Freiburg), RH 8/v. 1210, 21 /16.7.1943), 179 (Befehlsausgabe über luftschutztechnische Maßnahmen am 3.8.1943)
19/1	BDC (jetzt Bundesarchiv Berlin-Zehlendorf), NSDAP-Zentralkartei, Unterlagen Konrad Dannenberg; Dannenberg, Vorwort, in: Freeman, XIII; Freeman, 175
19/2	Dornberger, 238, 248, 264/265
19/3+4	Staatsanwaltschaft bei dem Landgericht Köln, 4 St R 461/72, 29 a Ks 9–66 – 22 (19–66), 15450–15456 (Vernehmungsniederschrift vom 10.2.1969), hier 15455
20/1	Bundesarchiv (Militärarchiv Freiburg), RH 8/v. 1254, 50195–50198 (Besprechung am 4.8.1943), hier 50197. Für die Überlassung des Dokuments danke ich Bertrand Perz und Florian Freund (vgl. auch Freund/Perz 1987, 73)
20/3+4	Ruland, 11, 163

23/1–3 Bundesarchiv (Militärarchiv Freiburg), RH 8/v. 1966, 50278–50282 (Besprechung am 25.8.1943), hier 50281 (Zitat). Auch für die Überlassung dieses Dokuments danke ich Bertrand Perz und Florian Freund (vgl. im übrigen Freund/Perz 1987, 81)

23/4 Wernher von Braun, Schriftliche Aussage, Fort Bliss (Texas), 14.10.1947, 2, Frage 11 (National Archives, Washington DC, Microfilm Production M-1079, «United States vs. Kurt Andrae et al.») Roll 12; Bundesarchiv (Militärarchiv Freiburg), RH 8/1977 (Besprechung am 6.5.1944)

24/1 Arthur Rudolph, Aussage vom 13.10.1982 (Protokoll), vervielfältigtes Manuskript, U.S. Department of Justice, Office of Special Investigations, Washington DC, 133

24/2 Staatsanwaltschaft bei dem Landgericht Köln, 4 St R 461/72, 29 a Ks 9–66 – 22 (19–66), 15438–15449 (Vernehmungsniederschrift vom 7.2.1969), hier 15444

24/3+4 National Air and Space Museum, Washington DC, FE 694 a, Brief Wernher von Braun an Albin Sawatzki, 15.8.1944. Für die Überlassung des Dokuments danke ich Michael J. Neufeld (vgl. auch Neufeld 1995, 228)

24/5 Rückerl, 130 (Pister); Staatsanwaltschaft bei dem Landgericht Köln, Strafsache 24 Js 549/61, Bd. XXXIX, 9522 (Simon). Pister starb in amerikanischer Haft; Simon wurde 1954 begnadigt.

25/2 Freeman, 290

25/4 Wernher von Braun, Nachwort, in: Klee/Merk, 117

26/1–5 DARA: «Zur Realisierbarkeit eines Raumfahrtparks/Space
27/1+2 Park in der Bundesrepublik Deutschland», vervielfältigtes Manuskript, Bonn 1991, 3, 81, 97

27/4+5 Staatsanwaltschaft bei dem Landgericht Köln, Strafsache
28/1 24 Js 549/61, Anklageschrift (vervielfältigtes Manuskript), 169/170 (Aussage des Lagerhenkers Kilian); Rudolph, Vernehmungsprotokoll, Fort Bliss (Texas), 2.6.1947, 21, hier in: U.S. Department of Justice, o. S. (auch in Franklin, 184/185)

28/3 Spinrad, 289

29/2 Oberth 1979, 144 (Brief an Eugen Sänger, 28.4.1948)

Das «Zeitalter des Wernher von Braun»

30/1+2 Buedeler, 432
30/3+4 Bunte Illustrierte 14/1964, 6
31/4 Life, 9.12.1946, 49/50, 52; Life, 18.11.1957, 133; True Magazine, No. 161 (Februar 1959), 18; Freeman, VII
31/5 Stuhlinger/Ordway, 358, 408
32/1 Freeman, 288; Stuhlinger/Ordway, 409
32/2 Ruland, 385
32/3 Stuhlinger/Ordway, 408/409, 413
32/6 Klee/Merk, 112
33/1 Dornberger, Vorwort, in: Klee/Merk, 7
33/2 Hortleder, 138
33/3 Dornberger, 297; ders., Vorwort, in: Klee/Merk, 8
34/1 Mailer, 71
34/2 Anders, 187, 189, 190
35/1 Wernher von Braun, Nachwort, in: Klee/Merk, 117/118
35/2 BDC (jetzt Bundesarchiv Berlin-Zehlendorf); NSDAP-Zentralkartei, Unterlagen Dieter Huzel; Huzel, 86; Engelmann 1993, 32. In der ausführlichen Darstellung (Engelmann 1979), die der Broschüre zugrunde liegt, ist das Massensterben der KZ-Häftlinge dem Verfasser auf 160 Seiten gerade einen Satz (im Zusammenhang mit der Errichtung des Mittelwerks) wert.
35/3+4 Klee/Merk, 61
36/2 Dieckmann, 255, 258
36/3+4 Ruland, 237
36/5+6 Stuhlinger/Ordway, 116
37/1 Stuhlinger/Ordway, 9
37/3 Wernher von Braun 1952, 111
38/1 Hortleder, 129, 134, 139
38/2 Stuhlinger/Ordway, 116
38/3+4 Schmidt, 230
39/1 Fest, 271/272
39/2–6 Jungk, 224, 312, 326; Clarke, 105

Reaktionäre Modernität: Deutschlands Ingenieure zwischen Republik und Drittem Reich

41/1 Bergaust 1976, 239; Bracher, 455
41/2 Magnus von Braun 1955, 208
42/1 ders. 1955, 244

42/2 Bergaust 1976, 142; Stuhlinger/Ordway, 39; Ruland, 322
42/3 Runge, 63, 86/87 Anm. 118
43/1–3 Runge, 121, 125; Fest, 213, 215/216
43/4 Gessner, 49ff., 52ff., 122/123; BDC (jetzt Bundesarchiv Berlin-Zehlendorf), Bestand «Reichsnährstand», Unterlagen Magnus Freiherr von Braun (Brief an R. Walther Darré vom 9.8.1932)
44/1–3 Darré, 12ff., 15
44/4+5 Magnus von Braun, Brief an R. Walther Darré vom 9.8.1932
45/3 Bracher, 469
46/1 Eisfeld 1989b, 207
46/3 Ley 1949, 151
47/2 Harbou 1989 (1928), Kap. 6, 7, 9
47/3 Mann, 174
48/1+2 Harbou 1926, 7, 81/82
48/3–5 Ludwig, 43
48/6 Moeller van den Bruck, 147ff., 172ff.
49/2 Herf 1984, passim; Spengler, 622; Jünger, 21ff.; vgl. auch Eisfeld 1989b, 230
49/3 Mommsen, 203
50/4 Spengler, 626/627
50/5 Wernher von Braun, Entwurf für den Aufsatz «Reminiscences of German Rocketry» (1956); vgl. Neufeld 1995, 22
51/1 Dornberger, 115
51/2 Hortleder, 124/125

Verein für Raumschiffahrt, Reichswehr und der Schatten der Nazis

52/1 Ley 1947, 155
52/3 Bergaust 1976, 238
53/1 Magnus v. Braun 1964, 234
53/4+5 Nebel, 16; Magnus v. Braun 1964, 209, 231, 449
54/2–4 Ruland, 51/52; Bergaust 1960, 38, 42; Bar-Zohar, 22
55/1–4 Wernher v. Braun 1930, in: Scheidt, 7, 9/10
56/1–5 Oberth 1984 (1923), 7, 86/87, 89
57/1 Ley 1928, IV (Hervorhebung im Original)
57/2+3 Bainbridge, 40/41
57/5 Ley 1949, 165
58/3 u. 59/1+2 Salewski 1980, 15, 19; Gail, 10, 106

59/2 Eisfeld 1989b, 207; Neufeld 1990, 733ff., 738

59/1+2 u. 60/1 Nogly, 10. Folge, 29

60/2–4 Ley 1933, 125/126

61/1 Winter, 97; Stuhlinger/Ordway, 272ff.; Buedeler, 183/184

61/3 Carstens, 326, 340, 391, 457ff.; Mommsen, 431

Wernher von Brauns Arrangement mit der Nazidiktatur

63/1 Bergaust 1960, 53/54; Ruland, 65; Bergaust 1970, 63; Stuhlinger/Ordway, 53

63/3 Ley 1947, 155/156

64/1 Dornberger, 29

64/2+3 Nebel, 17/18; Gail, 60

64/4+5 Oberth 1984 (1923), 88; Oberth 1929, 202ff., 205

65/2 Hölsken, 15/16, 226

65/3 Nebel, 134ff.; Dornberger, 30/31

66/1 Heiber, 645; Kürschners Deutscher Gelehrten-Kalender 1961, 1897

66/2 Nogly, 16. Folge, 52; Dornberger, 37; Ley 1947, 155

66/3 Ruland, 85, 87; Wernher von Braun 1956, 131

67/1 Hölsken, 226; Kürschners Deutscher Gelehrten-Kalender 1940/41, 731; Kürschners Deutscher Gelehrten-Kalender 1961, 1897; BDC (jetzt Bundesarchiv Berlin-Zehlendorf), NSDAP-Zentralkartei, Unterlagen Erich Schumann

67/2–4 Heiber, 818; Friedrich-Wilhelms-Universität Berlin, Philosophische Fakultät, Akte Nr. 759 (Archiv der Humboldt-Universität Berlin)

67/5 Ruland, 80ff., 89; Dornberger, 39/40; Hölsken, 16

68/2 Dornberger, 48, 59

68/3 Neufeld 1995, 51/52

68/4 Höhne 1991, 374

69/3+4 Nebel, 143ff., 146; Ley 1949, 193; Nogly, 15. Folge, 57

69/5 Dornberger, 51; Hölsken, 17/18

70/2+3 Ruland, 96, 120; BDC (Bundesarchiv Berlin-Zehlendorf), NSDAP-Zentralkartei/SS-Offiziere, Unterlagen Wernher von Braun

70/4 u. 71/1 Neufeld 1995, 179

71/2 Bergaust 1960, 23; ebenso Bergaust 1976, 40

71/3+4 Bergaust 1960, 24

71/5 BDC, Unterlagen Wernher von Braun

71/6 Dornberger, 67ff.; Hölsken, 18

72/2+3 Thomas, 404/405; Hölsken, 20; Müller, 426, 440/441

72/4 Dornberger, 83, 84; Hölsken, 22

73/2 Broszat 1983, 439; BDC (Bundesarchiv Berlin-Zehlendorf), Unterlagen Wernher von Braun; Stuhlinger/Ordway, 101

73/3 Neufeld 1995, 178/179

73/4 BDC (Bundesarchiv Berlin-Zehlendorf), Unterlagen Wernher von Braun; Ludwig, 480ff.

74/2 Ludwig, 474ff.

74/4 Höhne o. J., 247

74/5 Eisfeld 1993, 7. Ebenso urteilt Neufeld 1995, 179

Das Entstehen einer Terrorwaffe

75/1 Müller, 474/475, 618, 685; Ludwig, 348

75/2 Hölsken, 20ff.

76/1 Wernher von Braun 1956, 135/136; Hölsken, 26, 32

76/2+3 Maier/Umbreit, 375, 380, 386, 391, 396 (Hervorhebung nicht im Original)

77/2+3 Wernher von Braun 1956, 136; Hölsken, 26, 32 (Hervorhebung nicht im Original)

77/5 Müller, 597; Speer 1969, 376

78/2 Hölsken, 25, 29; Müller, 542

78/3 Hölsken, 29; Neufeld 1993, 528

79/1 Thomas, 469

79/2 Hierauf hat Neufeld 1993, 512, erstmals hingewiesen (vgl. Dornberger, 81ff., 84); von Brauns Aussage bei Ruland, 139 (ebenso schon Bergaust 1960, 78)

79/3 In der Neuausgabe Eßlingen 1981 ist der Hinweis nicht mehr enthalten; vgl. dagegen die Erstausgabe 1952, 4, ebenso die amerikanische Übersetzung «V 2», New York 1954, XVI; zu Neher vgl. «Wer ist wer?» 1969/70, 905.

79/4 Dornberger, 297

80/5 Wernher von Braun 1956, 138/139; Ordway/Sharpe, 35; Hölsken, 228 Anm. 41

81/2 Oberth 1979, 145, 152

81/3+4 Oberth 1979, 153; Dornberger, 156

82/2 Stuhlinger/Ordway, 401

82/3 Stuhlinger/Ordway, 413

82/5 Ley 1945, 121

82/6 Neufeld 1995, 155, Dornberger, 15, Buedeler, 248
83/2 Engelmann 1979, 53, 63, 102, Hölsken, 140/141
83/3 Dornberger, 105; Ludwig, 444, 449
84/2 Deutsches Museum, Ordner «Persönlichkeiten» (LU-LY); BDC (Bundesarchiv Berlin-Zehlendorf), NSDAP-Zentralkartei, Unterlagen Robert Lusser; Naumann, 6
84/3 Sonnentag, 17ff., 22ff.; Neufeld 1995, 167; Bundesarchiv (Militärarchiv Freiburg), RL 12/76, 489 Rücks.
85/1 Hölsken, 35; Ludwig, 445/446
85/2 Janssen, 263/264
85/2+3 Hölsken, 35, 38, 40, 44
85/4 Dornberger, 108/109
86/1 Janssen, 190/191; Müller, 682/683
86/3 Bornemann, 30; Ludwig, 417; Speer 1981, 481 Anm. 15
86/4 Arthur Rudolph: Aktennotiz Nr. T 2/43 (Besprechungen beim Sonderausschuß A 4), 9.2.1943, Kopie in: Staatsanwaltschaft bei dem Landgericht Köln, Strafsache 24 Js 549/61, Bd. LXXXII, 18785–18787

Ein KZ für Peenemünde – und eine Professur für Wernher von Braun

87/2 Hug-Biegelmann, 11ff.; Burger (Teil 1), 37ff.; vgl. auch Dornberger, 86
87/3 Bundesarchiv (Militärarchiv), RH II (Vorbemerkung), IV; Stuhlinger/Ordway, 399
88/1–3 Franklin, 7, 17ff., 37/38; Rudolph, Erklärung vom 16.5.1947, National Archives, Record Group 330, Joint Intelligence Objectives Agency (JIOA) ND 85 1044
88/4 Mommsen, 444/445
89/1–3 Rudolph, ebd. (Hervorhebungen nicht im Original); Franklin, 38ff.; Dornberger, 41
89/4 Bundesarchiv (Militärarchiv), RH 8/v. 1210, 106 (Aktennotiz T Nr. 10/43 vom 16.4.1943)
89/5 ebd., 105
90/2 Bundesarchiv (Militärarchiv), RH 8/v. 1210, 136 (Aktenvermerk vom 10.6.1943); BDC (Bundesarchiv Berlin-Zehlendorf), NSDAP-Zentralkartei/SS-Offiziere, Unterlagen Gerhard Maurer
90/3 u. 94/1+2 Bundesarchiv (Militärarchiv), RH 8/v. 1210, 17, 20ff.

94/3–5 Aussagen Walter Grewe und Karl Dachner, beide in: Brandenburgisches Landeshauptarchiv (Potsdam), Akte 51: Peenemünde, zit. nach Bode/Kaiser, 63/64

94/6 u. 95/1 Bundesarchiv (Militärarchiv), RH 8/v. 1254, 50197

95/2+3 Baring, 37/38

95/4 Bundesarchiv (Militärarchiv), RH 8/v. 1210, 179

95/5 Weinmann, 575

96/2 Bundesarchiv (Militärarchiv), RH 8/v. 1254, 50197

96/4+5 Dornberger, 128

96/5 Stuhlinger/Ordway, 76, 78

97/1 National Archives, Record Group 330, Joint Intelligence Objectives Agency (JIOA), ND 84 10 29 (Revised Security Report, 8.1.1950)

97/2 Stuhlinger/Ordway, 101; Neufeld 1995, 183; Gröttrup, 19

98/1+2 Stuhlinger/Ordway, 78, 80 (Hervorhebung nicht im Original)

98/4 ebd.

98/5 Herbert 1991, 14/15

99/1 Janssen, 76ff.; Herbert 1985, Kap. VI, VIII

99/2 Herbert 1991, 406

99/3 Borkin, 105ff.; Hilberg, 626ff.; Drechsler, 406; Mollin, 143/144; Bower 1981, 336ff.; Siegfried, 56ff.; Roth u.a., 358; Roth/Schmid, 291/292

99/4 Fröbe, 363/364; Herbert 1991, 410, 415

100/2+3 Rohde, 135, 139; Förster 1983a, 416/417; Streit, 27, 83ff., 115ff., 187ff.; Förster 1983b, 1039ff., 1043ff., 1050ff., 1062ff.

100/4 Broszat 1967, 95/96

100/5 u. 101/1 Streit, 61; vgl. auch ders., 55

101/2+3 Freund, 42

101/4 Speer 1981, 286/287, 292

101/5 Speer 1969, 324; Janssen, 166; Eichholtz 173/174, 177

102/2 Dornberger, 206; Neufeld 1995, 180; Höhne 1978, 7; BDC, Unterlagen Wernher von Braun

102/3 Hölsken, 37, 44

102/4 u. 103/1 Dornberger, 114/115; Speer 1981, 288; Janssen, 194 (Hervorhebung nicht im Original)

103/2+3 Schmidt, 58; Ruland, 142

103/4 Pynchon, 625; Hölsken, 92 (Zitat: Hitler, 28.8.1942)

104/1 Stuhlinger/Ordway, 119; Bergaust 1960, 116

104/3+4 Speer 1969, 384/385

105/3 Speer 1969, 375; Stuhlinger/Ordway, 391

105/4 Speer 1969, 378

Zwischen Peenemünde und Mittelwerk

106/1 Vgl. Anm. zu S. 20/Abs. 1; Bundesarchiv (Militärarchiv), RH 8/v. 1210, 8 (bezüglich der Einbeziehung der zum Henschel-Konzern gehörenden Rax-Werke Ende März 1943 vgl. auch Freund/Perz, 62/63); Bundesarchiv (Militärarchiv), RH 8/v. 1210, 163a, Aktennotiz T 18/43 vom 20. 7. 1943, verfaßt von Arthur Rudolph (zur zusätzlichen Heranziehung der DEMAG-Fabrik)

106/2 Internationaler Suchdienst, 69, 190, 263 (vgl. auch schon Freund, 46); Speer 1981, 288, 289

107/1+2 Freund, 47

107/4 Vgl. Anm. zu S. 20/Abs. 1

107/5 Craig, 543

110/1+2 Dornberger, 93/94, 124/125; Irving, 31/32, 41; Bornemann, 33, Hölsken, 40ff., 46/47

111/1 Dornberger, 156, 169/170; Irving, 41/42

111/2 Burger (Teil 1), 56; Freund, 48; Speer 1969, 572 Anm. 7; Borkin, 110, 118, 138, 207, 221

112/1 Engelmann 1979, 142/143, 147, 152; Ordway/Sharpe, 51ff.

112/2 Speer 1969, 375

112/3 Bundesarchiv (Militärarchiv), RH 8/v. 1210, 177ff.

112/5 Dornberger, 182ff., 186ff.; Ruland, 167, 169

113/2 Freund, 48/49

113/3+4 Bundesarchiv (Militärarchiv), RH 8/v. 1966, 50280/50281

115/1–3 ebd.; Arthur Rudolph: Aktennotiz Nr. T 2/42 (Besprechungen beim Sonderausschuß A 4), 9. 2. 1943 (Kopie in: Staatsanwaltschaft bei dem Landgericht Köln, Strafsache 24 Js 549/61, Bd. LXXXII, 18785–18787); Bornemann, 41/42

115/4 Bornemann, 17ff., 22ff., 38

116/2 Schreiben Körner an Himmler vom 2. 7. 1943, abgedruckt bei Eichholtz/Schumann, 428. Das sog. R.-Programm umfaßte außer A 4, Wasserfall und Fi 103 den raketengetriebenen Jäger Me 163

116/3 Speer 1981, 293

116/4 Hilberg, 588, 592, 598; Georg, 36ff.; Speer 1981, 28, 298

117/1 Herbert 1985, 340

117/2 Dornberger, 221

117/3+4 Speer 1981, 307

118/2 Prosecution Staff, Nordhausen War Crimes Case, 14/15; Dieckmann, 443ff.; Staatsanwaltschaft bei dem Landgericht Köln, Strafsache 24 Js 549/61, Anklageschrift, 83, 98 (die Zahlenangaben stimmen nicht immer genau, wohl aber in den jeweiligen Größenordnungen überein)

118/3 Deputy Judge Advocate's Office, 16/17. Der Krankentransport aus «Dora» leitete die Umwandlung des ursprünglichen «Aufenthalts-», sprich Durchgangslagers Bergen-Belsen, bestimmt für Juden, die für sog. «Austauschaktionen» vorgesehen waren, in ein regelrechtes KZ ein: von den 1000 überlebten ganze 57 (vgl. Kolb, 32)

119/2+3 ebd.

119/4+5 Wincenty Hein: Vernehmungsniederschrift (11. August 1945), 9/10, 14/15, Übersetzung in: Staatsanwaltschaft bei dem Landgericht Köln, Strafsache 24 Js 549/61, Zeugenheft Hein, 46/47, 51/52

120/3–5 Deputy Judge Advocate's Office, 6/7; vgl. auch Kochheim, 57

120/6 u. 123/1+2 Speer 1981, 300; Brief vom 17.12.1943 (Bundesarchiv, Bestand Reichsministerium für Rüstung und Kriegsproduktion), Kopie in: Staatsanwaltschaft bei dem Landgericht Köln, Bd. LXXXII, 18801

123/3 Speer 1981, 299 (Hervorhebung nicht im Original)

123/4+5 Wie Anm. zu S. 24/Abs. 2

Konstrukteure und KZ-Häftlinge in der unmenschlichen Fabrik

124/1 Bundesarchiv (Militärarchiv), RH 8/v. 1210, 29, 30

124/2 Beurkundung der MW-Gründung in: Bundesarchiv, R 21/544, fol. 1; Jüttner, Hans (SS-Obergruppenführer und Stabschef Himmlers), Weisung «Betr. Abgrenzung der Arbeitsgebiete und Verantwortlichkeit auf dem Gebiet des A 4-Programms» vom 31.12.1944, Kopie in: Staatsanwaltschaft bei dem Landgericht Köln, Strafsache 24 Js 549/61, Bd. LXXXII, 18796–18800, hier 18800

124/4 Vgl. zum folgenden Kopie des Handelsregisterauszugs, National Archives, Microfilm Production M-1079, Roll 12, sowie Bundesarchiv, R 121/544, fol. 86

125/2–6 BDC (jetzt Bundesarchiv Berlin-Zehlendorf), NSDAP-Zentralkartei, Unterlagen Kurt Kettler, Otto Förschner, Otto Bersch, Georg Rickhey, sowie T 4705/T 4706 (Wehrwirtschaftsführer)

126/1+2 BDC (Bundesarchiv Berlin-Zehlendorf), NSDAP-Zentralkartei und SS-Offiziere, Unterlagen Karl Maria Hettlage, Albin Sawatzki; Seemen, 289

126/3 Hortleder, 126, 128

127/2 Vgl. Mittelwerk G. m b. H. Berlin: Direktionsanweisung vom 26. Mai 1944, Bundesarchiv, NS 4, Anh./vorl. 16; Wernher von Braun: Schriftliche Aussage, Fort Bliss, Texas, 14. 10. 1947 (Frage 13), in: National Archives, Microfilm Production M-1079, Roll 12; Mittelwerk, Fernsprechverzeichnis (Stand: 1. 3. 1945), in: Staatsanwaltschaft bei dem Landgericht Köln, Strafsache 24 Js 549/61, Sonderband 4, Hefter 4; BDC (jetzt Bundesarchiv Berlin-Zehlendorf), Unterlagen Johannes Winkler; Deutsches Museum, N 97 (Winkler-Archiv), Ordner A

127/3 u. 129/1 Bundesarchiv, R 121/349 (Brief vom 12. 5. 1944)

129/2+3 Arthur Rudolph: Aussage vom 13. Oktober 1982 (Protokoll), vervielfältigtes Manuskript, (U. S. Department of Justice, Office of Special Investigations, Washington D. C., 91/92; Franklin, 237

129/4 Bundesarchiv (Militärarchiv), RH 8/v. 1977 (Brief vom 19. 4. 1944)

129/4 Bundesarchiv (Militärarchiv), RH 8/v. 1977, 1, 6, Anwesenheitsliste

130/4–6 Wie Anm. zu S. 24/Abs. 3+4

131/2+3 Bundesarchiv (Militärarchiv), RH 8/v. 852 (Wernher von Braun: Antrag auf Genehmigung und Einstufung eines Bauvorhabens der Entwicklungsgemeinschaft Mittelbau, 6. 3. 1945, 1, 3)

131/4 Wernher von Braun: Schriftliche Aussage, Fort Bliss, Texas, 14. 10. 1947 (Frage 11), in: National Archives, Microfilm Production M-1079, Roll 12

137/1 Wie Anm. zu S. 24/Abs. 3+4

137/2+3 Speer 1969, 380

137/4 Irving, 232/233

138/2 Speer 1981, 303; Wernher von Braun 1956, 142/143; Schmidt, 110ff.; Hölsken, 66

138/3 Irving, 233; Dornberger, 229; Speer 1981, 303

139/1+2 Wie Anm. zu S. 129/Abs. 2+3: Albin Sawatzki, Aussage vom 14. April 1945, in: U. S. Department of Justice, o. S.

139/3 Wie Anm. zu S. 116/Abs. 2

139/4+5 Georg Rickhey: Schriftl. Stellungnahme zur Anklage im Nordhausen-Dora-Kriegsverbrecherprozeß, 23, National Archives, Microfilm Production M-1079, Roll 12

140/1 Staatsanwaltschaft bei dem Landgericht Köln, Strafsache 24 Js 549/61, Sonderband VIII, 125, 153, 158

140/3–5 In Faksimile wiedergegeben bei Irving, 228

140/6 Vgl. auch Fröbe, 367/368

141/1 Arthur Rudolph: Vernehmungsprotokoll (Fort Bliss, Texas, 2. 6. 1947), 12, hier in: U. S. Department of Justice, o. S.; Georg Finkenzeller: Aussage im Nordhausen-Dora-Kriegsverbrecherprozeß, 1947, in: ebd.; Gerhard Hobert: Vernehmungsprotokoll (Nordhausen, 14. 4. 1945), in: Staatsanwaltschaft bei dem Landgericht Hamburg, Ermittlungsverfahren gegen Arthur Rudolph, Gesch.-Nr. 2100 Js 3/85, Ordner 6, 1108/1109

141/2 Dieter Huzel: Schriftl. Mitteilung über Dienstreisen zum Mittelwerk, Anlage zum Brief Walter Häussermann an Oberstaatsanwalt Harald Duhn, 3. 8. 1986, in: Staatsanwaltschaft bei dem Landgericht Hamburg, Ermittlungsverfahren gegen Arthur Rudolph, Gesch.-Nr. 2100 Js 3/85, Bd. 13, 1903; Seidenstücker, Karl: Vernehmungsprotokoll (Bad Gandersheim, 6. 6. 1983), in: ebd., Bd. 7, 924

141/3 Vgl. Irving, 354 Anm.

141/4 Hölsken, 71; Siegfried, 59/60, 73ff.

142/2 Speer 1969, 378; Engelmann 1979, 103 (Faksimile des Sitzungsprotokolls); Hölsken, 66

142/3 Dornberger, 238ff., 248

143/1 Vgl. Völkischer Beobachter (Berliner Ausgabe), 15. 11. 1944, 23. 11. 1944, 6. 1. 1945; Front und Heimat, Januar 1945 (Kopien in: Archiv der KZ-Gedenkstätte Mittelbau-Dora); Ludwig, 438ff.

143/2 Trischler, 105

143/2 Hölsken, 209/210

143/3 Staatsanwaltschaft bei dem Landgericht Köln, Strafsache 24 Js 549/61, Bd. LXXXII, 18767–18778 (Kopien von Sabotagemeldungen des Flakregiments 155)

144/1+2 Wincenty Hein: «Lebens- und Arbeitsbedingungen der Häftlinge im Konzentrationslager ‹Dora›-‹Mittelbau› und ihre Folgen», Beilage zu: Staatsanwaltschaft bei dem Landgericht Köln, Strafsache 24 Js 549/61, Zeugenheft Hein; Frère Birin, 98 ff., 102 ff.; Michel, Kap. XXIV ff. (Michel, Häftlingsnummer 21 138, langte am 13. Oktober 1943 mit einem Häftlingstransport in Dora an; Bruder Birin, bürgerlicher Name Alfred Untereiner, Häftlingsnummer 43 652, traf am 13. März 1944, von Buchenwald verlegt, dort ein); Dieckmann, 266, 446 ff.; Staatsanwaltschaft bei dem Landgericht Köln, Strafsache 24 Js 549/61, Anklageschrift, 83, 89

144/3+4 Dieckmann, 449 ff.

145/1 Staatsanwaltschaft bei dem Landgericht Köln, Strafsache 24 Js 549/61, Sonderband XXVI, 144–156; Dieckmann, 266/267, 268 (Zitat)

145/2 u. 3 + 146/1 Frère Birin, 107; Michel, 333/334; Dieckmann, 371/372; Staatsanwaltschaft bei dem Landgericht Köln, Strafsache 24 Js 549/61, Sonderband XXVI, ebd., sowie Anklageschrift, 159/160, 169/170 (Aussage Kilian)

146/2+3 Wie Anm. zu S. 27/Abs. 4+5 und zu S. 28/Abs. 1

146/4 Kreuzverhör Josef Kilian, Dachau, 5. 11. 1947 (Protokoll in: Staatsanwaltschaft bei dem Landgericht Köln, Strafsache 24 Js 549/61, Zeugenheft Kilian, 21 ff.); Georg Rickhey: Schriftliche Stellungnahme, 26, in: National Archives, Microfilm Production M-1079, Roll 12

146/5 Irving, 354 Anm. (Rechnungsdatum)

Oberammergau und Gardelegen: Die fundamentale Ambivalenz der Raketenrüstung

148/1–3 Life, 7. 5. 1945, 33; Newsweek, 23. 4. 1945, 51; «Spearhead in the West», 149; vgl. auch Abzug, 30–44

149/1–4 Freund, 425, 426 Anm. 138; ders., 61 ff., 68 ff.; Dornberger, 159; Engelmann 1993, 47; Deutsches Museum, Sammlung Peenemünde, Aktenordner 1942/44, 164/165, zit. bei Freund, 69 Anm. 48

150/1+2 Freund, 68, 88, 94 ff., 394 ff., 403 ff., 409 ff., 415 ff.; schriftl.

Aussage Dr. Alfred Kurzke (2. Mittelbau-Dora-Lagerarzt), Dachau, 15.5.1947, in: Staatsanwaltschaft bei dem Landgericht Köln, Strafsache 24 Js 549/61, Zeugenheft Kurzke, 197/198; vgl. auch Frère Birin, 113/114

150/3u.151/1 Gimbel 1990b, 343; ders. 1990a, 49ff.; Michel, 11

151/2+3 Schriftl. Aussage Alfred Bernhard, Dachau, 17.7.1947, in: Staatsanwaltschaft bei dem Landgericht Köln, Strafsache 24 Js 549/61, Zeugenheft Bernard, 23; schriftliche Aussage Josef Ackermann, München, 16.4.1947, in: ebd., Zeugenheft Ackermann (bis 1933 Journalist und Redakteur, danach politischer Häftling in Buchenwald und Mittelbau-Dora, war Ackermann nach 1945 Verwaltungsdirektor in München); vgl. zu den Transportbedingungen im selben Sinne Frère Birin, 110/111, zu den ‹Evakuierungs›-Märschen aus Mittelbau-Dora generell Dieckmann, 200, 451

152/1+2 Frère Birin, 112; Levy-Hass, 58/59; vgl. Kolb, 43ff., 46ff.

152/4 Vgl. BDC (Bundesarchiv Berlin-Zehlendorf), Unterlagen Gerhard Thiele; Prosecution Staff..., 31–39; McCann/Smith/Matthews, 304–313 (Biographie des einzigen afroamerikanischen Häftlings, der dem Massaker in Gardelegen entkam, vier Monate später, am 4.9.1945, jedoch in einem französischen Krankenhaus seinen Verletzungen erlag); vgl. auch Life; 7.5.1945, 34/35, mit Aufnahmen der einrückenden US-Truppen von den Opfern der Metzelei

153/2+3 Irving, 354; Hölsken, 161, 163, 200ff.; Life, 7.5.1945, 36 (dort zum erstenmal die Zahlenangabe «wahrscheinlich 20000»); Staatsanwaltschaft bei dem Landgericht Köln, Strafsache 24 Js 549/61, Anklageschrift, 98/99; Bornemann/Broszat, 197/198

153/4 Trials, Bd. V, 238

154/1+2 Dornberger, 289, 295; Wernher von Braun, Schriftl. Aussage, Fort Bliss (Texas), 14.10.1947, 2, Frage 11 (wie Anm. 23/4); Ruland, 243, 251; Huzel, 133ff., 136ff., 148

154/3u.155/1–3 Huzel, 151ff., 160ff.; Ruland, 253, 255; Speer 1981, 342; Dornberger, 291; Herbert 1985, 340

155/3+4u.156/1+2 Huzel, 178/179, 181; Ruland, 257, 269

156/4 Schriftliche Aussage Magnus von Braun, Fort Bliss (Texas), 2, Frage 10 (wie Anm. 23/4); Huzel, 187/188

156/4u.157/1+2 Huzel, 191; Ruland, 273/274; Ordway/Sharpe, 274

Vertuschung im Zeichen des Kalten Krieges

158/1 «Spearhead in the West», 194; BDC, Unterlagen Albin Sawatzki; National Archives, Washington DC, Microfilm Production M-1079, «United States vs. Kurt Andrae et al.», Roll 11 (für den Hinweis danke ich Rainer Fröbe)

158/2+3 Ruland, 263

159/2 Bower 1987, 127

159/3 Ordway/Sharpe, 277ff.

160/1+2 Gimbel 1986, 434/435; Gimbel 1990a, VII, 4ff.; Ordway/Sharpe, 278/279; Ruland, 265/266

160/3 Huzel, 197; Ruland, 289ff.; Ordway/Sharpe, 282/283

161/2 McGovern, 135; Ordway/Sharpe, 272, 285/286; Gimbel 1986, 433/434, 438/439

161/3–5 McGovern, 154/155; Ordway/Sharpe, 272/273; Ruland, 279/280

162/2+3 McGovern, 154

162/4+5 Walter Jessel: «Special Screening Report», Headquarters Third US Army, Intelligence Center (Interrogation Section), 12. Juni 1945, in: National Archives, Record Group 260, Office of the Military Government for Germany (US), Field Information Agency, Technical (FIAT), Box 5, Bericht Ralph M. Osborne, 29. Oktober 1945, Appendix ‹A›, 1/2

163/1–4 ebd., 2; Bericht Osborne (Special Interrogation Report: «Evidence of a Conspiracy among leading German ‹OVERCAST› Personnel»), 2 und Appendix ‹B›

164/2 Lasby, 89; Gimbel 1980a, 37; Ordway/Sharpe, 287, 290; Ruland, 294/295

164/3 Lasby, 88; Ruland, 298; Ordway/Sharpe, 291ff.; 310ff.; Stuhlinger/Ordway, 134ff.

165/1+2 Hunt 1985, 20; Bower 1988, 135 (Faksimile der Einstufung Rudolphs); Jessel (wie Anm. 162/4+5)

165/3 Vollnhals, 9, 18; National Archives, Record Group 330, Joint Intelligence Objectives Agency (JIOA), NND 841018 (Rickhey, Georg: «Basic Personnel Record», 24. 7. 1946, Frage XI); McGovern, 252

166/1 Ruland, 277; Bower 1988, 127, 134; Hunt 1991, 69ff.

166/2+3 Rickhey (wie Anm. 139/4+5), 29; Sawatzki (wie Anm. 139/1+2)

166/6 u. 167/1–5 National Archives, Microfilm Production M-1079, Roll 12 (Defense Exhibits); Frage 18, Wernher von Braun, Magnus von Braun, Arthur Rudolph: Schriftliche Aussagen, alle Fort Bliss (Texas), 14. 10. 1947, in: ebd.; Hannelore Bannasch, Aussage, 10. Dezember 1947, in: U. S. Department of Justice, o. S. (ab der 3. Frage auch in Franklin, 348)

168/2 Staatsanwaltschaft bei dem Landgericht Hamburg, Ermittlungsverfahren gegen Arthur Rudolph, Gesch.-Nr. 2100 Js 3/85, Bd. 15, 2230–2295 (Einstellungsverfügung)

168/3+4 Sawatzki (wie Anm. 139/1+2)

168/5–7 u. 169/1 Wie Anm. 166/6 sowie 167/1–5 (Frage 24 und schriftliche Aussagen Wernher von Braun, Magnus von Braun, Arthur Rudolph)

169/3 Wie Anm. 165/3 (Rickhey, Georg: «Condensed Statement of my education and activities», 4. März 1948)

169/4 Bower 1988, 305; Gimbel 1990b, 462

169/5 Loth, 157, 159/160; Theoharis 1970a, 200/201, 219/220; Theoharis 1970b, 242/243; Greiner/Steinhaus, 124 (Dokument 13: NSC 7, 30. 3. 1948)

170/2 Lasby, 153ff.; Gimbel 1990a, 42/43; Gimbel 1990b, 448/449

170/3 u. 171/1+2 Vollnhals, 17; Gimbel 1990b, 450/451, 454

171/2+3 Hunt 1985, 19

171/4 Gimbel 1990b, 460/461

172/2+3 Hunt 1985, 19

172/4 u. 173/1 Bower 1988, 333/334

173/2 Lasby, 113; Simpson, 45

173/3 Gimbel 1990b, 462/464; Stuhlinger/Ordway, 134

«Sackgasse» in White Sands

174/1+2 Shelton, 49

174/3 Loth, 256; DeVorkin 1992a, 180

174/4 Gunston, 10, 34, 58, 91

175/1 McGovern, 255

175/2 Heinemann-Grüder, 45

175/3 Huzel, 200; Ordway/Sharpe, 297ff., 303ff.; Ruland, 281/282

176/1–3 Heinemann-Grüder, 35ff., 38ff.; Wellmann 91ff., 94ff.;

Ciesla, 24/25; Albring, 14/15, 38ff., 60, 68ff.; Gröttrup, bes. 242ff.; Bainbridge, 32; Logsdon/Dupas, 18

177/1–4 Wellmann, 98ff., 103ff., 106ff., 109/110; Bornemann, 157/158; Gunston, 50

177/5 u. 178/1+2 Gröttrup, 242/243; Heinemann-Grüder/Wellmann, 184/185

178/3+4 Ruland, 323

179/1–5 DeVorkin 1992a, XIXff., 59ff., 66, 109, 153ff., 160ff., 170ff., 193; McLaughlin Green/Lomask, 5/6, 9ff.

179/6 Krause, 431, 436; Toftoy, 25/26

180/2 DeVorkin 1990b, 443

180/3 Ordway/Sharpe, 359/360; Ruland, 319/320, 328; BDC (Bundesarchiv Berlin-Zehlendorf), NSDAP-Zentralkartei/SS-Offiziere, Unterlagen Wernher von Braun

181/1–4 Stuhlinger/Ordway, 140/141, 149ff., 158/159

182/2 Ordway/Sharpe, 359

182/3 Wernher von Braun (1964), 109; Loth, 268

Huntsville: Wernher von Braun baut wieder Waffen

183/1 Huzel, 17

183/2 Stuhlinger/Ordway, 176; Bainbridge, 66

183/3+4 Stubno, 447/448

184/2+3 Stuhlinger/Ordway, 461, vgl. auch das Organisationsdiagramm des George-Marshall-Raumfahrtzentrums bei Bilstein, 446/447

184/4 Wernher von Braun 1964, 109

184/5 Gunston, 37, 59

185/2+3 Gunston, 37; Huzel, 229/230; Caidin, 87ff., 90ff.

185/4 Wernher von Braun 1943a, 770, 773/774

186/1–5 ebd., 774/775

187/2–4 ebd., 775 (Hervorhebungen nicht im Original)

188/1 Jungk, 332ff., 335ff.; Moss, 60ff., 65/66

188/2 Liebermann, 136ff., 140ff.; Bergaust 1960, 273 (vgl. auch Bergaust 1976, 221/222); Wernher von Braun 1953b, 60

188/2 u. 189/1+2 Wernher von Braun 1953b, 64, 78

189/4 Neher, 3

190/1+2 Neher, bes. 38, 48, 73, 137, 143

190/3+4 Wernher von Braun, in: Neher, 9/10 (Hervorhebungen nicht im Original)

190/6 Stuhlinger/Ordway, 168/170

191/3+4 Liebermann, 135ff., 141, 145/146; Der Spiegel, 24; Platthaus, N 5

191/5 Der Spiegel, 25; Liebermann, 136

192/2–4 Gavin, 138; Medaris, 81; Armacost, 27ff., 31ff.

192/5 Loth, 267; Kaplan, 183

193/2 Medaris, 78

194/1–4 Schwiebert, 71; Eisenhower, 546/547; Armacost, 54ff., 63

195/2 Armacost, 64, 71/72

195/3 Medaris, 88ff; Armacost, 118ff.

195/4u. 196/1–3 Wernher von Braun 1964, 113/114

196/4 Gunston, 60; Reeves, 375/376

196/5u. 197/1+2 Wernher von Braun 1964, 117; Armacost, 69, 93; Gunston, 94/95

Das Sputnik-«Fiasko»: Die Armee rettet die Lage

198/1+2 Stares, 13, 26/27, 33; Van Dyke, 12; McLaughlin Green/Lomask, 8 (Hervorhebung nicht im Original)

199/1 Van Dyke, 12

199/2 Killian, 289

199/3 Goldsen, 4; Wernher von Braun 1964, 111; Ruland, 337

200/2+3 Medaris, 144

200/4+5 McLaughlin Green/Lomask, 17, 20ff.; Van Dyke, 14; Stares, 34

201/1+2 Stares, ebd.; McLaughlin Green/Lomask, 43ff., 48ff., 200; McDougall, 120ff.

201/3 McDougall, 60/61; Shelton, 63/64; Gunston, 51

202/2 Neues Deutschland, 1, 12

202/3 Killian, XV, XVII, 7/8; McDougall, 140ff.; Stares, 19; Clowse, 89

203/1–4 Medaris, 162/163, 164

203/5 Killian, 127/128; McDougall, 146, 148, 150

204/2+3 Medaris, 176; McDougall, 149/150

204/4 McLaughlin Green/Lomask, 197/198, 206, 209

205/2 Life, 18.11.1957, 133; Medaris, 192

205/3 Medaris, 193/194

206/1 Medaris, 246, 249; Wernher von Braun 1964, 120; Bilstein, 26ff.

206/2 Stuhlinger/Ordway, 239/240; Life, 10.2.1958, 13

206/3 u. 207/1–3 Wernher von Braun 1958, 915, 931; McDougall, 336 (Wernher von Braun 1961 vor dem Ausschuß für Wissenschaft und Raumfahrt des Repräsentantenhauses)

207/4 McDougall, 154/155, 166

208/1+2 Killian, 130ff., 134ff., 137; McDougall, 175/176, 201; Medaris, 252ff., 255/256; Armacost, 240/241

208/3 Wernher von Braun 1964, 115

208/3 Medaris, 240/241, 272ff.; Armacost, 242

209/1–3 Armacost, 243/244; McDougall, 198; Medaris, 278; Bilstein, 41/42

209/4 McDougall, 158, 199, 201, 206, 223, 487 Anm. 2

210/1 McDougall, 228; Wittner, 126; Sapolsky, 389

210/3 Commager, 686

211 Logsdon, 115 (Wernher von Braun, Memorandum an Vizepräsident Lyndon B. Johnson, 29.4.1961)

Von der Schweinebucht zum «Meer der Ruhe»: Der Wettlauf zum Mond als Etappe im Kalten Krieg

212/1 Halberstam, 796

213/1 Vgl. Logsdon, 66

213/1+2 Vgl. Van Dyke, 23

213/3+4 Vgl. Van Dyke, 139, 148/149

213/5 Sidey, 118

214/1 Logsdon, 69

214/2 McDougall, 317; Logsdon, 103

214/3 McDougall, 245

214/4 Reeves, 256ff., 263

215/1 Powers, 146, 147; Reeves, 263, 271

215/2 Powers, 167/168, 172, 175/176, 186ff.; U.S. Senate 1975, bes. 71–180

215/3+4 Van Dyke, 166; Logsdon, 111/112

215/5 u. 216/1 Logsdon, 109 / 110; Young / Silcock / Dunn, 105 / 106; Murray/Cox, 80

216/2+3 Logsdon, 113/114; Killian, 295, 298

217/1–3 Bergaust 1960, 333, 385; Wernher von Braun 1964, 118

217/4 Wernher von Braun, ebd.; Logsdon, 34ff., 58ff.

218/1–3 Logsdon, 115

218/4+5 u. 219/1+2 Young/Silcock/Dunn, 110ff.; Logsdon, 123/124, 125/126

219/3 Stuhlinger/Ordway, 297; McDougall, 305

219/3–5 u. 220/1–4 Logsdon, 128; McDougall, 328; Schlesinger, 425

220/5 u. 221/1 Young / Silcock / Dunn, 113; McDougall, 373; Murray/Cox, 136

221/3+4 Murray/Cox, 130, 167/168; McDougall, 374/375

221/5 u. 222/1+2 Murray/Cox, 183

222/2 Murray/Cox, 214/215; Young/Silcock/Dunn, 218 ff., 221 ff.

222/3 u. 223/1 McDougall, 377/378; Wernher von Braun 1975, 42

223/2+3 u. 224/1+2 McDougall, 378; Murray/Cox, 113 ff., 116 ff., 126 ff., 139

224/3–5 Murray/Cox, 143; Bilstein, 59/60, 269 ff.; Bergaust 1976, 448 ff., Reisig, 111

225/1–4 Murray/Cox, 157/158, 161/162; Bilstein, 348 ff.; Wernher von Braun 1975, 50

225/4 Phillips, 167, 183

226/3 u. 227/1 Hofstadter u. a., 679, 689, 697

227/2+3 Murray/Cox, 161; McDougall, 394/395; Van Dyke, 127

228/1 Hofstadter u. a., 686; McDougall, 402

228/2–5 Buedeler, 438, 440

228/6 Mailer, 69

229/1+2 Ruland, 33

229/3 Mailer, 67

229/5 Anders, 89

«Wir haben den Weg zu den Sternen geöffnet»: Fazit einer Verdrängung

230/1 Wernher von Braun 1992 (1970), 168, 175

230/2 Anderson 1977, 68; Fallaci, 24

231/1 Adelt, VII; Dessauer, 31

231/2 Schelsky, 22

232/1 Young/Silcock/Dunn, 11

232/2 Sagan 1978, passim

233/1–3 Sagan 1983/84, 257, 292/293, passim

234/2–4 Text © Tom Lehrer 1965 (mit Genehmigung des Autors); Murray/Cox, 52; Bainbridge, 32; Nelkin, 15, 171

235/3+4 Miller, 167

236/2 McDougall, 421

236/3 Murray/Cox, 448 ff.

237/1 Hofstadter u. a., 694, 712

237/2	Logsdon/Dupas, 19 ff.
237/3+4	Buedeler, 390, 394/395, 398
238/2+3	Hinners, 3
238/4	Synthesis Group, 34 ff.
238/5 u. 239/1	Wernher von Braun 1992 (1970), 173
239/2+3	Stuhlinger/Ordway, 421
239/4 u. 240/1	Stuhlinger/Ordway, 425, 434/435, 456, 458; Bergaust 1976, 514 ff.
240/2	Bergaust 1976, 520, 522 ff.; Stuhlinger/Ordway, 452 ff.
240/3	Stuhlinger/Ordway, 471/472, 475/476, 477
241/1+2	Clarke, 184
241/3	Speer 1969, 386; Schmidt, 215
241/4+5	Stuhlinger/Ordway, 117
242/2+3	Fallaci, 262, 273/274, 277
242/5	Ashman/Wagman, 197/198; vgl. auch Ryan, 61/62
243/2+3	Vgl. die Wiedergabe bei Ordway/Sharpe, 72; Gespräch des Verf. mit Eli M. Rosenbaum, 1.9.1988
244/2	Federal Court of Appeal, 8
244/3	Jungk, 379
245/3+4	Morrison, 191
246/2+3	Pynchon, 676
246/4+5	Pynchon, 625
247/1+2	Pynchon, 677
247/5	Arthur Rudolph: Weitere Aussagen vom 4. Februar 1983 (Protokoll), vervielfältigtes Manuskript, U. S. Department of Justice, Office of Special Investigations, Washington D. C., 242/243; auch in Franklin, 318

Literatur

1. Archivalien

Archiv der Humboldt-Universität Berlin: Friedrich-Wilhelms-Universität, Philosophische Fakultät, Akte Nr. 759 (Promotion Wernher von Braun)

BDC (Berlin Document Center, jetzt Bundesarchiv Berlin-Zehlendorf), NSDAP-Zentralkartei: Unterlagen Otto Bersch, Wernher von Braun, Konrad Dannenberg, Gerhard Degenkolb, Otto Förschner, Karl Maria Hettlage, Dieter Huzel, Kurt Kettler, Heinz Kunze, Robert Lusser, Gerhard Maurer, Georg Rickhey, Arthur Rudolph, Albin Sawatzki, Erich Schumann, Gerhard Thiele, Johannes Winkler

Bundesarchiv Koblenz, NS 4 Anh., vorl. 16 – vorl. 23 (Mittelwerk GmbH)

Bundesarchiv Koblenz, R 121 (Industriebeteiligungsgesellschaft, hierin: Akten Mittelwerk GmbH)

Bundesarchiv (Militärarchiv) Freiburg, RH 8 (Heereswaffenamt, Heeresversuchsanstalt Peenemünde), bes. RH 8/v. 1210 (Entstehungsgeschichte des Versuchsserienwerkes Peenemünde, Band V: 1943)

Deutsches Museum München, Bestand N 97 (Winkler-Archiv)

Federal Court of Appeal: «Louis Arthur H. Rudolph v. The Minister of Employment and Immigration. Judgment», Ottawa, May 1, 1992

National Archives Washington, Record Group 260 (Office of the Military Government for Germany [US], Field Information Agency, Technical [FIAT])

National Archives Washington, Record Group 330 (Joint Intelligence Objectives Agency, JIOA)

National Archives Washington, Microfilm Production M-1079, Roll 12 («United States vs. Kurt Andrae et al.», Defense Exhibits)

Staatsanwaltschaft bei dem Landgericht Köln, Strafsache 24 Js 549/61, urspr. 4 St R 461/72 (Strafverfahren gegen Helmut Bischoff, Erwin

Busta und Ernst Sander 1967–70 vor dem Schwurgericht beim Landgericht Essen)

Staatsanwaltschaft bei dem Landgericht Hamburg, Gesch.-Nr. 2100 Js 3/85 (Ermittlungsverfahren gegen Arthur Rudolph 1985–87)

U. S. Department of Justice, Office of Special Investigations (OSI): «Sworn Statement of Arthur L. H. Rudolph», 13.10.1982 und 4.2.1983, Washington o. J.

U. S. Department of Justice, Office of Special Investigations (OSI): «Selected Public Domain Materials on the ‹Arbeitseinsatz Haeftlinge› at Mittelwerk Factory», Washington o. J.

2. Veröffentlichungen

Abzug, Robert H.: «Inside the Vicious Heart. Americans and the Liberation of Nazi Concentration Camps», New York/Oxford 1985

Adelt, Leonhard (Hrsg.): «Der Herr der Luft. Flieger- und Luftfahrergeschichten», München 1914

Albring, Werner: «Gorodomlia. Deutsche Raketenforscher in Rußland», Hrsg. Hermann Vinke, Hamburg/Zürich 1991

Anders, Günther: «Der Blick vom Mond. Reflexionen über Weltraumflüge», München 1970

Anderson, Poul: «Spacecraft and Star Drives», in: Brian Ash (Hrsg.): «The Visual Encyclopedia of Science Fiction», London 1977, 68

Armacost, Michael H.: «The Politics of Innovation. The Thor-Jupiter Controversy», New York/London 1969

Ashman, Charles/Wagman, Robert J.: «The Nazi Hunters», New York 1990

Bainbridge, William S.: «The Spaceflight Revolution», New York 1976

Baring, Arnulf: «Machtwechsel. Die Ära Brandt–Scheel», Stuttgart 1982

Bar-Zohar, Michel: «Die Jagd auf die deutschen Wissenschaftler (1944–1960)», Berlin 1966

Bergaust, Erik: «Reaching for the Stars», New York 1960

Bergaust, Erik: «Wernher von Braun. Ein unglaubliches Leben», Düsseldorf/Wien 1976

Bilstein, Roger E.: «Stages to Saturn», Washington 1980

Bode, Volkhard/Kaiser, Gerhard: «Raketenspuren. Peenemünde 1936–1994», Berlin 1995

Borkin, Joseph: «Die unheilige Allianz der I. G. Farben», Frankfurt/New York 1979

Bornemann, Manfred: «Geheimprojekt Mittelbau», München 1971

Bornemann, Manfred/Broszat, Martin: «Das KL Dora-Mittelbau», in: Rothfels, Hans/Eschenburg, Theodor (Hrsg.): «Studien zur Geschichte der Konzentrationslager», Stuttgart 1970, 155–198

Bower, Tom: «Blind Eye to Murder. Britain, America and the Purging of Nazi Germany – A Pledge Betrayed», London 1981

Bower, Tom: «The Paperclip Conspiracy», London/Glasgow [2]1988 ([1]1987)

Bracher, Karl Dietrich: «Die Auflösung der Weimarer Republik», Düsseldorf 1978

Braun, Magnus Freiherr von: «Von Ostpreußen bis Texas – Erlebnisse und zeitgeschichtliche Betrachtungen eines Ostdeutschen», Stollhamm 1955

Braun, Magnus Freiherr von: «Weg durch vier Zeitepochen», Limburg 1964

Braun, Wernher von: «Lunetta» (1930), in: Scheidt, Jürgen vom (Hrsg): «Das Monster im Park. Erzählungen aus der Welt von morgen», München 1970, 7–10

Braun, Wernher von: «Why I Chose America», The American Magazine, July 1952, 15, 111–115

Braun, Wernher von: «Space Superiority as a Means for Achieving World Peace», Ordnance, Vol. 37 No. 197 (März/April 1953a, 770–775

Braun, Wernher von: «Vorspiel zur Weltraumfahrt», in: Ryan, Cornelius (Hrsg.): «Station im Weltraum», Frankfurt 1953b, 22–79

Braun, Wernher von: «Reminiscences of German Rocketry», Journal of the British Interplanetary Society, Vol. 15 (1956), 125–145

Braun, Wernher von: «The Explorers», in: «IX. International Astronautical Congress, Amsterdam 1958. Proceedings», Bd. II, Wien 1959, 914–931

Braun, Wernher von: «Nachwort», in: Klee/Merk (1963), 116–118

Braun, Wernher von: «The Redstone, Jupiter, and Juno», in: Eugene M. Emme (Hrsg.): «The History of Rocket Technology», Detroit 1964, 107–121

Braun, Wernher von: «Saturn the Giant» in: Edgar M. Cortright (Hrsg.): «Apollo Expeditions to the Moon», Washington 1975, 41–57

Braun, Wernher von: «Now That Man has Reached the Moon, What Next?» (1970), in: Frederick I. Ordway/Randy Liebermann (Hrsg.): «Blueprint for Space. Science Fiction to Science Fact», Washington 1992, 168–175

Broszat, Martin: «Nationalsozialistische Konzentrationslager 1933–1945», in: Hans Buchheim/Martin Broszat, u. a.: «Anatomie des SS-Staates», Bd. 2, München 1967

Broszat, Martin: «Der Staat Hitlers», München [10]1983

Buedeler, Werner: «Geschichte der Raumfahrt», Künzelsau 1979

Büttner, Walter: «Ingenieur, Volk und Welt», Leipzig 1927

Burger, Oswald: «Zeppelin und die Rüstungsindustrie am Bodensee», 1999 – Zeitschrift für Sozialgeschichte des 20. und 21. Jahrhunderts, Jg. 2 (1987), Nr. 1, 6–49; Nr. 2, 52–87

Caidin, Martin: «Spaceport U. S. A.», New York 1959

Carstens, Francis L.: «Reichswehr und Politik 1918–1933», Köln/Berlin [3]1966

Ciesla, Burghard: «Der Spezialistentransfer in die UdSSR und seine Auswirkungen in der SBZ und DDR», Aus Politik und Zeitgeschichte, B 49–50/93, 9. 12. 1993, 24–31

Clarke, Arthur C.: «Astounding Days. A Science Fictional Autobiography», New York 1990

Clowse, Barbara Barksdale: «Brainpower for the Cold War. The Sputnik Crisis and National Defense Education Act of 1958», Westport/London 1981

Commager, Henry Steele (Hrsg.): «Documents of American History», New York [7]1963

Craig, Gordon A.: «Die preußisch-deutsche Armee 1640–1945», Düsseldorf 1960

Darré, R. Walther: «Das Ziel», Deutsche Agrarpolitik 1 (Juli 1932), 2–15

Deputy Judge Advocate's Office (7708 War Crimes Group, European Command): «United States vs. Kurt Andrae et al., Case No. 000-50-37: Review and Recommendations», o. O. 1948

Dessauer, Friedrich: «Philosophie der Technik», Bonn 1927

DeVorkin, David H.: «Science With a Vengeance. How the Military Created the Space Sciences After World War II», New York/Berlin/Heidelberg 1992 a

DeVorkin, David H.: «War Heads Into Peace Heads: Holger N. Toftoy and the Public Image of the V-2 in the United States», Journal of the British Interplanetary Society, Vol. 45 (1992 b), 439–444

Dieckmann, Götz: «Existenzbedingungen und Widerstand im Konzentrationslager Dora-Mittelbau unter dem Aspekt der funktionellen Einbeziehung der SS in das System der faschistischen Kriegswirtschaft», Diss. Berlin (Ost) 1968

Dornberger, Walter: «Peenemünde. Die Geschichte der V-Waffen», Eßlingen 1981 («V 2 – Der Schuß ins Weltall», Eßlingen [1]1952, Neuausgabe)
Dornberger, Walter: Vorwort, in: Klee/Merk (1963), 7/8
Drechsler, Karl u. a.: «Deutschland im Zweiten Weltkrieg» (Hrsg. Wolfgang Schumann/Karl Drechsler), Bd. 2: «Vom Überfall auf die Sowjetunion bis zur sowjetischen Gegenoffensive bei Stalingrad», Berlin (Ost) 1975
Eichholtz, Dietrich: «Geschichte der deutschen Kriegswirtschaft 1939–1945» Bd. II (1941–1943), Berlin (Ost) 1985
Eichholtz, Dietrich/Schumann, Wolfgang: «Anatomie des Krieges», Berlin (Ost) 1969
Eisenhower, Dwight D.: «Mandate for Change», New York [2]1965
Eisfeld, Rainer: «Von Raumfahrtpionieren und Menschenschindern. Ein verdrängtes Kapitel der Technikentwicklung im Dritten Reich», in: Eisfeld, Rainer/Müller, Ingo (Hrsg.): «Gegen Barbarei. Essays, Robert M. W. Kempner zu Ehren», Frankfurt 1989a, 206–238
Eisfeld, Rainer: «‹Frau im Mond›: Technische Vision und politisches Zeitbild», in: Harbou, Thea von: «Frau im Mond», hrsg. von Rainer Eisfeld, München 1989b, 207–237
Eisfeld, Rainer: «Die unmenschliche Fabrik: V 2-Produktion und KZ ‹Mittelbau-Dora›», Erfurt 1993
Eisfeld, Rainer: «Der Ingenieur in der deutschen Rüstung: Die Rolle Wernher von Brauns», in: Torsten Hess/Thomas A. Seidel (Hrsg.): «Vernichtung durch Fortschritt», Berlin/Bonn 1995, 32–42
Engelmann, Joachim: «Geheime Waffenschmiede Peenemünde», Friedberg 1979
Engelmann, Joachim: «V 2: Aufbruch zur Raumfahrt», Friedberg 1993
Fallaci, Oriana: «Wenn die Sonne stirbt. Eine Frau begegnet den Pionieren der Astronautik», Düsseldorf/Wien 1966 («Se Il Sole Muore», Milano 1965)
Fest, Joachim C.: «Das Gesicht des Dritten Reiches», München 1980
Förster, Jürgen: «Das Unternehmen ‹Barbarossa› als Eroberungs- und Vernichtungskrieg», in: Militärgeschichtliches Forschungsamt (Hrsg.): «Das Deutsche Reich und der Zweite Weltkrieg», Bd. 4: «Der Angriff auf die Sowjetunion», Stuttgart 1983a, 413–447
Förster, Jürgen: «Die Sicherung des ‹Lebensraumes›», in: Militärgeschichtliches Forschungsamt (Hrsg.): «Das Deutsche Reich und der

Zweite Weltkrieg», Bd. 4: «Der Angriff auf die Sowjetunion», Stuttgart 1983b, 1030–1078

Franklin, Thomas (McInnish, Hugh): «An American in Exile. The Story of Arthur Rudolph», Huntsville 1987

Freeman, Marsha: «How We Got to the Moon. The Story of the German Space Pioneers», Washington 1993

Frère Birin (Untereiner, Alfred): «16 Mois de Bagne: Buchenwald – Dora», Epernay 1947

Freund, Florian/Perz, Bertrand: «Das KZ in der Serbenhalle», Wien 1987

Freund, Florian: «Arbeitslager Zement. Das Konzentrationslager Ebensee und die Raketenrüstung», Wien [2] 1991

Fröbe, Rainer: «Der Arbeitseinsatz von KZ-Häftlingen und die Perspektive der Industrie 1943–1945», in: Ulrich Herbert (Hrsg.): «Europa und der ‹Reichseinsatz›», Essen 1991, 351–383

Gail, Otto Willi: «Mit Raketenkraft ins Weltall», Stuttgart 1928

Gavin, James M.: «War and Peace in the Space Age», New York 1958

Georg, Enno: «Die wirtschaftlichen Unternehmungen der SS», Stuttgart 1963

Gessner, Dieter: «Agrardepression und Präsidialregierungen in Deutschland 1930–1933», Düsseldorf 1977

Gimbel, John: «U. S. Policy and German Scientists: The Early Cold War», Political Science Quarterly, Vol. 101 (1986), 433–451

Gimbel, John: «Science, Technology, and Reparations: Exploitation and Plunder in Postwar Germany», Stanford 1990a

Gimbel, John: «German Scientists, United States Denazification Policy, and the ‹*Paperclip* Conspiracy›». International History Review, Vol. 12 (1990b), 441–465

Goldsen, Joseph M.: «Outer Space in World Politics», in: ders. (Hrsg.): «Outer Space in World Politics», New York/London 1963, 3–24

Greiner, Bernd/Steinhaus, Kurt: «Auf dem Weg zum 3. Weltkrieg?», Köln 1981

Gröttrup, Irmgard: «Die Besessenen und die Mächtigen», Stuttgart 1958

Gunston, Bill: «Illustrated Encyclopedia of the World's Rockets and Missiles», London 1979

Harbou, Thea von: «Metropolis», Roman, Berlin 1926

Harbou, Thea von: «Frau im Mond», Roman, München 1989 (Berlin 1928)

Heiber, Helmut: «Walter Frank und sein Reichsinstitut für Geschichte des neuen Deutschlands», Stuttgart 1966
Heinemann-Grüder, Andreas: «Reparationsdienste durch ‹Spezialisten›», in: Albrecht, Ulrich u. a.: «Die Spezialisten. Deutsche Naturwissenschaftler und Techniker in der Sowjetunion nach 1945», Berlin 1992, 25–47
Heinemann-Grüder, Andreas/Wellmann, Arend: «Grenzgebiete und Wirkungen des Know-how-Transfers», in: Albrecht, Ulrich u. a.: «Die Spezialisten. Deutsche Naturwissenschaftler und Techniker in der Sowjetunion nach 1945», Berlin 1992, 154–187
Herbert, Ulrich: «Fremdarbeiter. Politik und Praxis des ‹Ausländereinsatzes› in der Kriegswirtschaft des Dritten Reiches», Berlin/Bonn 1985
Herbert, Ulrich: «Arbeit und Vernichtung», in: ders. (Hrsg.): «Europa und der ‹Reichseinsatz›. Ausländische Zivilarbeiter, Kriegsgefangene und KZ-Häftlinge in Deutschland 1938–1945, Essen 1991, 384–426
Herf, Jeffrey: «Reactionary Modernism», Cambridge 1984
Hilberg, Raul: «Die Vernichtung der europäischen Juden», Berlin 1982
Hinners, Noel W.: «The Golden Age of Solar System Exploration», in: J. Kelly Beatty u. a. (Hrsg.): «The New Solar System», Cambridge 1981, 3–10
Höhne, Heinz: «Der Orden unter dem Totenkopf. Die Geschichte der SS», Gütersloh 1978
Höhne, Heinz: «Die Zeit der Illusionen», Düsseldorf 1991
Hölsken, Heinz Dieter: «Die V-Waffen. Entstehung, Propaganda, Kriegseinsatz», Stuttgart 1984
Hofstadter, Richard u. a.: «The United States», Englewood Cliffs [4]1976
Hortleder, Gerd: «Das Gesellschaftsbild des Ingenieurs», Frankfurt 1970
Hug-Biegelmann, Raimund: «‹Vergeltung› von Friedrichshafen aus? Das V2-Programm im 2. Weltkrieg am Bodensee», Raketenpost Nr. 3 (März 1995), 7–16
Hunt, Linda: «U. S. Coverup of Nazi Scientists», Bulletin of the Atomic Scientists, April 1985, 16–24
Hunt, Linda: «Secret Agenda», New York 1991
Huzel, Dieter K.: «Peenemünde to Canaveral», Englewood Cliffs 1962
Internationaler Suchdienst: «Verzeichnis der Haftstätten unter dem Reichsführer SS (1939–1945)», Arolsen 1979
Irving, David: «Die Geheimwaffen des Dritten Reiches», Gütersloh 1965 («The Mare's Nest», London 1964)

Janssen, Gregor: «Das Ministerium Speer», Berlin/Frankfurt [2]1969
Jünger, Ernst: «Die totale Mobilmachung», in: ders. (Hrsg.): «Krieg und Krieger», Berlin 1930, 9–30
Jungk, Robert: «Heller als tausend Sonnen», Stuttgart 1956
Kaplan, Fred: «The Wizards of Armageddon», New York [2]1984
Killian, James R.: «Sputnik, Scientists, and Eisenhower», Cambridge/London 1977
Klee, Ernst/Merk, Otto: «Damals in Peenemünde», Oldenburg/Hamburg 1963
Kochheim, Erich: «Bilanz», Hannover 1952
Kolb, Eberhard: «Bergen-Belsen 1943–1945», Göttingen [2]1986
Krause, Ernst H.: «High Altitude Research With V-2 Rockets», Proceedings of the American Philosophical Society, Vol. 91 (1947), 430–446
Kürschners Deutscher Gelehrten-Kalender 1940/41, Berlin 1941
Kürschners Deutscher Gelehrten-Kalender 1961, Berlin 1961
Lasby, Clarence G.: «Project Paperclip. German Scientists and the Cold War», New York 1971
Levy-Hass, Hanna: «Vielleicht war das alles erst der Anfang. Tagebuch aus dem KZ Bergen-Belsen 1944–45», Berlin 1979
Ley, Willy (Hrsg.): «Die Möglichkeit der Weltraumfahrt», Leipzig 1928
Ley, Willy: «Die Versuche des ‹Vereins für Raumschiffahrt›», in: Brügel, Werner (Hrsg.): «Männer der Rakete», Leipzig 1933, 119–134
Ley, Willy: «Rockets. The Future of Travel Beyond the Stratosphere», New York 1944
Ley, Willy: «V2 – Rocket Cargo Ship», Astounding Science Fiction, Vol. 35 No. 3 (Mai 1945), 99–122
Ley, Willy: «Correspondence – Count von Braun», Journal of the British Interplanetary Society, Vol. 6 (1947), 154–156
Ley, Willy: «Vorstoß ins Weltall», Wien 1949
Liebermann, Randy: «The *Collier's* and Disney Series», in: Frederick I. Ordway/Randy Liebermann (Hrsg.): «Blueprint for Space. Science Fiction to Science Fact», Washington 1992, 135–146
Life, Vol. 18, No. 19: «The German Atrocities», 7.5.1945, 32–37
Life, Vol. 43, No. 21: «The Seer of Space», 18.11.1957, 133–139
Life, Vol. 44, No. 6: «Army Stakes out our Claim in Space: New Moon, Made in U. S.», 10.2.1958, 13–21
Logsdon, John M.: «The Decision to Go to the Moon: Project Apollo and the National Interest», Cambridge/London 1970

Logsdon, John M./Dupas, Alain: «Was the Race to the Moon Real?», Scientific American, Vol. 270, No. 6 (June 1994), 16–23

Loth, Wilfried: «Die Teilung der Welt. Geschichte des Kalten Krieges 1941–1955», München [3]1982

Ludwig, Karl-Heinz: «Technik und Ingenieure im Dritten Reich», Düsseldorf 1974

Maier, Klaus A./Umbreit, Hans: «Direkte Strategie gegen England», in: Militärgeschichtliches Forschungsamt (Hrsg.): «Das Deutsche Reich und der Zweite Weltkrieg», Bd. 2: «Die Errichtung der Hegemonie auf dem europäischen Kontinent», Stuttgart 1979, 365–416

Mailer, Norman: «Of A Fire on the Moon», New York 1971

Mann, Thomas: «Deutschland und die Deutschen», in: ders.: «Politische Schriften und Reden», Bd. 3, Frankfurt/Hamburg 1968

McDougall, Walter A.: «... the Heavens and the Earth. A Political History of the Space Age», New York 1985

McCann, Hugh Wray/Smith, David C./Matthews, David L.: «The Search for Johnny Nicholas», London 1982

McGovern, James: «Spezialisten und Spione», Gütersloh 1964 («Crossbow and Overcast», New York 1964)

McLaughlin Green, Constance/Lomask, Milton: «Vanguard. A History», Washington 1970

Medaris, John B. (mit Arthur Gordon): «Die Zukunft wird heute entschieden», Köln 1966 («Countdown for Decision», New York 1960)

Michel, Jean: «Dora», Paris 1975

Miller, Ron: «Introduction», in: Wernher von Braun (1992), 166–168

Moeller van den Bruck, Arthur: «Der Preußische Stil», Berlin 1931

Mollin, Gerhard Th.: «Montankonzerne und ‹Drittes Reich›», Göttingen 1988

Mommsen, Hans: «Die verspielte Freiheit. Der Weg der Republik von Weimar in den Untergang 1918 bis 1933», Berlin 1990

Morrison, Philip: «Review of ‹Gravity's Rainbow›», in: Edward Mendelson (Hrsg.): «Pynchon. A Collection of Critical Essays», Englewood Cliffs 1978, 191–192

Moss, Norman: «Men Who Play God. The Story of the Hydrogen Bomb», Harmondsworth 1970

Müller, Rolf-Dieter: «Die Mobilisierung der deutschen Wirtschaft für Hitlers Kriegsführung», in: Militärgeschichtliches Forschungsamt (Hrsg.): «Das Deutsche Reich und der Zweite Weltkrieg», Bd. 5/1:

«Organisation und Mobilisierung des deutschen Machtbereichs», Stuttgart 1988, 349–689
Murray, Charles/Cox, Catherine Bly: «Apollo. The Race to the Moon», London 1989
Naumann, Michael: «Der Mann, der den Tod errechnete», Zeit-Magazin Nr. 3, 16.10.1970, 4–8
Nebel, Rudolf: «Die Narren von Tegel», Düsseldorf 1972
Neher, F. L.: «Menschen zwischen den Planeten», Roman, Eßlingen 1953
Nelkin, Dorothy: «Selling Science», New York 1987
Neues Deutschland, Redaktionskollegium (Hrsg.): «Die Zeit trägt einen roten Stern im Haar», Berlin (Ost) 1957
Neufeld, Michael J.: «Weimar Culture and Futuristic Technology: The Rocketry and Spaceflight Fad in Germany, 1923–1933» Technology and Culture 31 (1990), 725–752
Neufeld, Michael J.: «The Rocket and the Reich», New York 1995
Newsweek: «A Hell Factory Worked by the Living Dead», 23.4.1945, 51
Nogly, Hans: «Tausend Jahre wie ein Tag», Der Stern, Februar–Juli 1958
Oberth, Hermann: «Die Rakete zu den Planetenräumen», Nürnberg ^{5}1984 (München ^{1}1923)
Oberth, Hermann: «Wege zur Raumschiffahrt», München 1929
Oberth, Hermann: «Briefwechsel», 1. Bd., hrsg. von Hans Barth, Bukarest 1979
Ordway, Frederick I./Sharpe, Mitchell R.: «The Rocket Team», London 1979
Phillips, Samuel C.: «The Shakedown Cruises», in: Edgar M. Cortright (Hrsg.): «Apollo Expeditions to the Moon», Washington 1975, 167–186
Platthaus, Andreas: «Aladins Wunderwaffe», FAZ, 20.12.1995, Nr. 296, N 5
Powers, Thomas: «The Man Who Kept the Secrets. Richard Helms and the CIA», New York 1981
Prosecution Staff, Nordhausen War Crimes Case: «The Dora-Nordhausen War Crimes Trail», o. O. 1947
Pynchon, Thomas: «Die Enden der Parabel», Roman, Reinbek 1989
Reeves, Thomas C.: «A Question of Character. A Life of John F. Kennedy», New York/Toronto 1991

Reisig, Gerhard: «Ein Epilog zu ‹Von den Peenemünder "Aggregaten" zur amerikanischen "Mondrakete"›», Astronautik, Nr. 4/1986, 111

Rohde, Horst: «Hitlers erster ‹Blitzkrieg› und seine Auswirkungen auf Nordosteuropa», in: Militärgeschichtliches Forschungsamt (Hrsg.): «Das Deutsche Reich und der Zweite Weltkrieg», Bd. 2: «Die Errichtung der Hegemonie auf dem europäischen Kontinent», Stuttgart 1979, 79–156

Roth, Karl Heinz u. a.: «Das Daimler-Benz-Buch», hrsg. von der Hamburger Stiftung für Sozialgeschichte des 20. Jahrhunderts, Nördlingen 1987

Roth, Karl Heinz/Schmid, Michael: «Die Daimler-Benz AG. 1916–1948. Schlüsseldokumente zur Konzerngeschichte», Nördlingen 1987

Rückerl, Adalbert: «Die Strafverfolgung von NS-Verbrechen 1945–1978», Karlsruhe 1979

Ruland, Bernd: «Wernher von Braun – Mein Leben für die Raumfahrt», Offenburg [2]1969

Runge, Wolfgang: «Politik und Beamtentum im Parteienstaat», Stuttgart 1965

Ryan, Allan A.: «Quiet Neighbors. Prosecuting Nazi War Criminals in America», San Diego/New York 1984

Sagan, Carl: «Murmurs of Earth. The Voyager Interstellar Record», New York 1978

Sagan, Carl: «Nuclear War and Climatic Catastrophe: Some Policy Implications», Foreign Affairs, Vol. 62 No. 2 (Winter 1983/84), 257–292

Salewski, Michael: «Das Weimarer Revisionssyndrom», Aus Politik und Zeitgeschichte, B 2/80 (12. 1. 1980), 14–25

Sapolsky, Harvey M.: «Academic Science and the Military: The Years Since the Second World War», in: Reingold, Nathan (Hrsg.): «The Sciences in the American Context: New Perspectives», Washington 1979, 379–399

Schelsky, Helmut: «Der Mensch in der wissenschaftlichen Zivilisation», Köln/Opladen 1961

Schlesinger, Arthur M. Jr.: «Robert Kennedy and his Times», London 1978

Schmidt, Mathias: «Albert Speer – das Ende eines Mythos», Bern/München 1982

Schwiebert, Ernest G.: «A History of U. S. Air Force Ballistic Missiles», New York/Washington/London 1965

Seemen, Gerhard von: «Die Ritterkreuzträger», Bad Nauheim 1955

Shelton, William Roy: «Die Russen im Weltraum», München 1968

Sidey, Hugh: «John F. Kennedy, President», New York 1964

Siegfried, Klaus-Jörg: «Rüstungsproduktion und Zwangsarbeit im Volkswagenwerk 1939–1945», Frankfurt/New York 1987

Simpson, Christopher: «Der amerikanische Bumerang», Wien 1988 («Blowback», New York 1988)

Sonnentag, Markus: «Die Produktion der deutschen Vergeltungswaffen im 2. Weltkrieg und ihre Probleme», Diplomarbeit (masch.-geschr. MS), Universität der Bundeswehr München 1987

«Spearhead in the West: Third Armored Division», o. O. 1945

Speer, Albert: «Erinnerungen», Frankfurt 1969

Speer, Albert: «Der Sklavenstaat. Meine Auseinandersetzungen mit der SS», Stuttgart 1981

Spengler, Oswald: «Der Untergang des Abendlandes», Bd. 2: «Welthistorische Perspektiven», München 1924

Spiegel, Jg. 9 Nr. 53 (28. 12. 1955): «Wernher von Braun: Kolumbus des Alls?», 24–34

Spinrad, Norman: «Der stählerne Traum» (‹The Iron Dream›), Science-fiction-Roman, München 1981 (New York 1972)

Stares, Paul B.: «The Militarization of Space. U. S. Policy 1945–1984», Ithaca 1985

Streit, Christian: «Keine Kameraden. Die Wehrmacht und die sowjetischen Kriegsgefangenen 1941–1945», Bonn [2] 1991

Stubno, William J.: «The von Braun Rocket Team Viewed as a Product of German Romanticism», Journal of the British Interplanetary Society, Vol. 35 (1982), 445–449

Stuhlinger, Ernst/Ordway, Frederick I.: «Wernher von Braun – Aufbruch in den Weltraum», Eßlingen/München 1992

Synthesis Group of America's Space Exploration Initiative: «America at the Threshold», Washington 1991

Theoharis, Athan: «The Rhetoric of Politics: Foreign Policy, Internal Security, and Domestic Politics in the Truman Era, 1945–1950», in: Barton J. Bernstein (Hrsg.): «Politics and Policies of the Truman Administration», Chicago 1970 a, 196–241

Theoharis, Athan: «The Escalation of the Loyalty Program», in: Barton J. Bernstein (Hrsg.): «Politics and Policies of the Truman Administration», Chicago 1970 b, 242–268

Thomas, Georg: «Geschichte der deutschen Wehr- und Rüstungswirtschaft (1918–1943/45)», Boppard 1966

Toftoy, Holger N.: «Army Missile Development», Army Information Digest, Vol. 11 No. 12 (Dezember 1956), 28–37

«Trials of War Criminals before the Nuremberg Military Tribunals under Control Council Law No. 10», Bd. V, Washington 1950

Trischler, Helmuth: «Luft- und Raumfahrtforschung in Deutschland 1900–1970», Frankfurt/New York 1992

United States Senate, Select Committee to Study Governmental Operations with Respect to Intelligence Activities, Interim Report: «Alleged Assassination Plots Involving Foreign Leaders», Washington 1975

Van Dyke, Vernon: «Pride and Power. The Rationale of the Space Program», London 1965

Vollnhals, Clemens (Hrsg.): «Entnazifizierung», München 1991

Weinmann, Martin (Hrsg.): «Das nationalsozialistische Lagersystem (CCP – Catalogue of Camps and Prisons in Germany and German-Occupied Territories 1939–1945)», Frankfurt 1990

Wellmann, Arend: «Raketenforschung», in: Albrecht, Ulrich u.a.: «Die Spezialisten. Deutsche Naturwissenschaftler und Techniker in der Sowjetunion nach 1945», Berlin 1992, 83–122

Winter, Frank: «Foundations of Modern Rocketry: 1920s and 1930s», in: Frederick I. Ordway/Randy Liebermann (Hrsg.): «Blueprint for Space. Science Fiction to Science Fact», Washington 1992, 95–103

Wittner, Lawrence S.: «Cold War America», New York/Washington [11]1975

Young, Hugo/Silcock, Bryan/Dunn, Peter: «Der Mond, das Super-Ding», München 1970 («Journey to Tranquillity», London 1969)

Namenregister

Verzeichnis der Dokumente im Text

Editorische Nachbemerkung

Vereinzelt erfolgte eine Überarbeitung bzw. Ergänzung des Textes. Folgende zusätzliche Literatur wurde verwendet:

1. Archivalien

U. S. Space & Rocket Center, Huntsville, Wernher von Braun Papers

2. Veröffentlichungen

Fröbe, Rainer: «KZ-Häftlinge als Reserve qualifizierter Arbeitskraft. Eine späte Entdeckung der deutschen Industrie und ihre Folgen», in: Ulrich Herbert u. a. (Hrsg.): *Die nationalsozialistischen Konzentrationslager – Entwicklung und Struktur*, Bd. II, Göttingen 1998, 636–681

Neufeld, Michael J.: «Hitler, the V-2, and the Battle for Priority, 1939–1943», *Journal of Military History 57* (1993), 511–538

Nachwort (2012)

Die Erstausgabe von *Mondsüchtig* wurde quer durch die Bundesrepublik ausführlich besprochen – von WDR, NDR, Radio Bremen, Deutschlandradio, Saarländischem Rundfunk; von *Parlament, taz* und *Tagesspiegel*, dem *Rheinischen Merkur*, der *Hannoverschen Allgemeinen Zeitung*, dem *Wiesbadener Kurier* und dem *Darmstädter Echo* bis zur *Schwäbischen Zeitung* und dem *Konstanzer Südkurier*; aber auch im Österreichischen Rundfunk, den *Salzburger Nachrichten* und der *Wiener Zeitung*. Vier Stimmen seien hier stellvertretend zitiert:

«Dieses Buch, das mit seiner Intensität außerordentlich nachdenklich stimmt …» (Günter Paul, *Kälter als der Mond*, FAZ, 1. 10. 1996), «… hat eine gehörige Menge Sand ins Getriebe kollektiver Verdrängungsmechanismen gestreut» (David Gugerli, *Der Mond über Peenemünde*, Neue Zürcher Zeitung, 27. 11. 1996), «… leistet einen wichtigen Beitrag zu der Diskussion um Selbstverständnis und Rolle wissenschaftlicher Eliten unter den Nazis» (Bernd Greiner, *Der Mann im Mond*, DIE ZEIT, 13. 9. 1996), «… demontiert gründlich den Mythos…von der integren Person, die inmitten der Nazigräuel unbeirrt für hehre Ziele kämpfte» (Helmut Hornung, *Einmal auf der Seite der Sieger*, Süddeutsche Zeitung, 26./27. 4. 1997).

Am präzisesten traf vielleicht die von der Deutschen Vereinigung für Politikwissenschaft herausgegebene *Politische Vierteljahresschrift* den Zusammenhang, um den es mir ging: «Nichts spricht dafür, dass an v. Braun eine höhere moralische Meßlatte anzulegen wäre, als an alle anderen Führungskräfte jener Zeit im Deutschen Reich. Diese Durchschnittlichkeit der Person v. Braun kann Eisfeld präzise nachweisen, und deshalb ist sein Buch eminent wichtig» (Ulrich Bartosch, *PVS* 3/1998).

Noch ehe der Band erschienen war, rekonstruierte Gunther Latsch in einem 40-minütigen Spiegel TV-Gespräch mit dem einstigen Roma-Häftling Ewald Hanstein und mir das Leiden und massenhafte Sterben im KZ Mittelbau-Dora ebenso wie die Verstrickung der Peenemünder Konstrukteure in die Verbrechen des NS-Regimes. Wenig später bemerkte Carsten Lilge in der *Berliner Zeitung* hellsichtig, voraussagen könne man, «dass eine solche Bewertung des Wissenschaftlers kontrovers aufgenommen» werde. Eckart Spoo beschrieb dann in dem Artikel «Von einem Menschheitstraum und verletztem Stolz» (*Frankfurter Rundschau*, 23. 7. 1997) etliche groteske Reaktionen, die bis zu Strafanzeigen wegen «Volksverhetzung» reichten.

Detaillierter erwähnt werden soll hier nur eine einzige derartige Reaktion. Sie wurde ausgelöst durch die Debatte um die Namensgebung eines nach Wernher von Braun benannten Gymnasiums in Friedberg bei Augsburg. Ernst Stuhlinger, von Brauns einstiger Chefwissenschaftler, schrieb aus diesem Anlass in einem Brief an den bayerischen Kultusminister Zehetmair, «Tausende bis Zehntausende» amerikanischer Kollegen äußerten sich «entsetzt über die ‹character assassination›, die von den jungen Schreibern» (ich war damals 55) «an von Braun begangen wird. ‹How can those young German writers soil their own nest so badly›… sagen sie.»

Zu Deutsch: Die Kritiker von Brauns (und, so steht zu vermuten, der übrigen «alten Peenemünder») beschmutzen ihr eigenes Nest.

Auf diesen Vorwurf habe ich öffentlich geantwortet: Den Namen ihres Landes beschmutzt haben diejenigen, die von der Not der KZ-Insassen durch aktives Handeln für ihr

Waffenprogramm profitiert haben – und nicht etwa diejenigen, die (spät genug) die lange erfolgreich vertuschte Wahrheit endlich aufdecken.

Vor über fünfzig Jahren hat ein französischer Dokumentarfilm mit dem Titel *Nacht und Nebel* (‹Nuit et brouillard›), gedreht von Alain Resnais, die heranwachsende Generation Westdeutschlands, meine Generation, nachdrücklich konfrontiert mit den Untaten des NS-Regimes. «Auch ruhiges Land, auch eine Straße für Fuhrwerke, Bauern und Liebespaare kann zu einem Konzentrationslager hinführen.» So begann der deutsche, von Paul Celan bearbeitete Text. «Das Blut ist geronnen, die Münder sind verstummt, es ist nur eine Kamera, die jetzt diese Blocks besuchen kommt.»

Die westdeutsche Regierung verhinderte die Aufführung des Films bei den Festspielen von Cannes. Doch als 1959 zwei antijüdische Schmierereiwellen über zahlreiche westdeutsche Großstädte hinweggingen, als Jugendliche zwischen 14 und 20 Jahren zwar noch nicht wie heute Menschen angriffen, aber jüdische Friedhöfe schändeten, Synagogenwände mit Hakenkreuzen und SS-Runen beschmierten, als das Ausland schockiert reagierte, da steuerte Adenauers Regierung möglichst unauffällig um. Nun wurden hundert Kopien des zuvor verleumdeten Films angekauft und verbreitet.

Ganze Oberstufenklassen westdeutscher Gymnasien wurden in die Aula ihrer Schulen geführt, unsicher, was sie erwartete. 28 Minuten dauerte der Film, eine knappe halbe Stunde, in der kaum jemand von uns sprach oder flüsterte. Umso heftiger waren die Debatten, die anschließend einsetzten. Übergehen, Verschweigen, Beschönigen der braunen Diktatur hieß bis dahin die Methode, die mit Vorliebe in Elternhäusern und Schulen angewandt worden war. Alain Resnais' Film konfrontierte viele Jugendliche erstmals mit der Frage: «Wie hältst du es mit den Verbrechen des Nationalsozialismus?» Nicht lange mehr, und manche gaben die einmal gestellte Frage an ihre Väter weiter: «Was habt *ihr* damals eigentlich gemacht?»

Weitere dreißig Jahre sollten vergehen, bis österreichische, amerikanische, deutsche Wissenschaftler jenem Kapitel der NS-Zeit systematisch nachzuspüren begannen, welches das penetrant gute Gewissen der leitenden Ingenieure von Peenemünde bis dahin zugedeckt hatte: ihrer Mitverantwortung für die Erniedrigung und Ermordung von Menschen beim Bau der V 2. Wiederum waren es Erinnerungen französischer Opfer, die dabei den Weg wiesen. Zwei seien stellvertretend erwähnt:

Alfred Untereiner (Frère Birin des Ecoles Chrétiennes), Dora-Häftling 43652, beschrieb 1947 die Strangulierung sowjetischer Häftlinge an Laufkränen des Mittelwerks. Jean Michel, Dora-Häftling 21138, charakterisierte 1975 die Zusammenhänge zwischen Peenemünde, Mittelwerk und Dora-Mittelbau ein für allemal gültig als jene «unerhörte Summe an Elend, Leid und Tod des Lagers Dora im Dienst der Herstellung von Fernwaffen, die Hitler nicht den Sieg gebracht, später aber die Eroberung des Weltraums ermöglicht haben, nachdem Russen und Amerikaner ohne eine Spur von Scham die Wissenschaftler des Reiches in ihre Dienste gestellt hatten.»

Als Höhe- und zugleich Kontrapunkt solcher Erfahrungsberichte erschien 1995 das Buch *Histoire du Camp de Dora*, vorgelegt durch den Dora-Häftling 39570, André Sellier. An die Stelle von «histoires» trat, wie im Titel vermerkt, «histoire»: Der geschulte Historiker Sellier verfasste eine Struktur- und Entwicklungsanalyse aller Außenlager und Baubrigaden, die zusammen mit Dora im KZ Mittelbau aufgegangen waren. Die systematische Perspektive ‹von unten› dieses «ungewöhnlichen Meisterwerks» (Eberhard Jäckel im Vorwort) fügte früheren Darstellungen eine wesentliche Dimension hinzu. Im September 2000 fiel mir das Privileg zu, in der Gedenkstätte Mittelbau-Dora die deutsche Übersetzung der Studie Selliers vorzustellen, veröffentlicht unter dem Titel *Zwangsarbeit im Raketentunnel* im zu Klampen Verlag. Dass derselbe Verlag *Mondsüchtig* nun in einer Neuauflage herausbringt, freut mich ganz besonders.

Die systematische Auswertung relevanter Archivbestände, damit aber die Untersuchung der Verbindungen Peenemündes mit dem Mittelwerk, mit dem KZ Mittelbau-Dora sowie weiteren KZs in Österreich und Süddeutschland hatte Mitte der 80er Jahre eingesetzt. Errichtung und Rolle der beiden in diesem Zusammenhang wichtigsten österreichischen Lager analysierten 1987 bzw. 1989 Florian Freund und Bertrand Perz. Ihre eindringlichen, detailliert dokumentierten Darstellungen erschienen unter den Titeln *Das KZ in der Serbenhalle. Zur Kriegsindustrie in Wiener Neustadt* (mit einem umfänglichen Kapitel «Das Konzentrationslager im Rax-Werk und die Raketenrüstung») sowie, wesentlich umfangreicher, *Arbeitslager Zement. Das Konzentrationslager Ebensee und die Raketenrüstung* im Wiener Verlag für Gesellschaftskritik. Ungeachtet der eindeutigen, wiederum archivalisch belegten Hinweise auf die Mitverantwortung der Peenemünder Konstrukteure für den Einsatz von KZ-Häftlingen bei der V 2-Fertigung fanden beide Bände so gut wie keinen öffentlichen Widerhall.

Mir selbst waren sie noch nicht bekannt, als ich 1989 einen ersten einschlägigen Aufsatz, betitelt «Von Raumfahrtpionieren und Menschenschindern», in der von Ingo Müller und mir herausgegebenen Festschrift *Gegen Barbarei* zu Robert M. W. Kempners 90. Geburtstag veröffentlichte. Jedoch standen mir die umfangreichen Akten (über 80 Bände, dazu mehr als zwei Dutzend Sonderbände) des Strafverfahrens zur Verfügung, das 1967–70 vor dem Schwurgericht beim Landgericht Essen gegen drei SS-Chargen des Lagers Mittelbau-Dora geführt worden war. Auch zwei Jahrzehnte später bleibe ich der Essener Staatsanwaltschaft dankbar für die Gewährung der Einsicht in diese Fundgrube.

«Von Raumfahrtpionieren und Menschenschindern» bildete den Grundstein, aus dem sieben Jahre später *Mondsüchtig* entstand. Zuvor hatte ich ein anderes Buch beendet – *Ausgebürgert und doch angebräunt. Deutsche Politikwissenschaft 1920–1945* –, in dem es gleichfalls um die Frage wissenschaftlicher Verantwortung unter dem NS-Regime ging.

Mittlerweile hatte in Washington Michael J. Neufeld begonnen, an dem Thema zu arbeiten. Auf zwei Aufsätze, die er 1993 publizierte, folgte 1995 sein Buch *The Rocket and the Reich*, eine Studie, die 1997 auch auf Deutsch erschien und die ich in einer Besprechung als Standardwerk der Technikgeschichtsschreibung gewürdigt habe. Freund, Perz und Neufeld überließen mir wichtige Dokumente, für die ich ihnen in den Anmerkungen zu *Mondsüchtig* gedankt habe.

An Neufelds und meinen Recherchen orientierte sich 1999 Johannes Weyers Wernher von Braun-Biographie. Neufeld ließ *The Rocket and the Reich* vor fünf Jahren eine Biographie *Von Braun: Dreamer of Space, Engineer of War* (dt. *Wernher von Braun: Visionär des Weltraums – Ingenieur des Krieges*) nachfolgen, die – aufs Detaillierteste recherchiert – Weyers Darstellung an Umfang um das mehr als Dreifache übertraf. Sie hat den erreichten Kenntnisstand hier und da ergänzt oder mit schärferen Konturen versehen, aber nirgends grundlegend korrigiert.

Wie lässt sich die Bereitwilligkeit erklären, mit der keineswegs nur Wernher von Braun oder Arthur Rudolph (erst technischer Direktor des Versuchsserienwerks in Peenemünde, anschließend Betriebsdirektor des Mittelwerks), sondern zahlreiche Peenemünder Konstrukteure die Ausbeutung von KZ-Häftlingen initiierten oder mittrugen, mindestens hinnahmen? Diese Frage hatte schon mich beschäftigt. Die wichtigste weiterführende Studie dazu legte Michael B. Petersen 2009 mit dem bislang leider unübersetzt gebliebenen Buch *Missiles for the Fatherland. Peenemünde, National Socialism and the V-2 Missile* vor.

In den Mittelpunkt rückte Petersen gemeinschaftsbildende Prozesse, die 1937 bis 1943 in der Heeresversuchsanstalt wirkten und moralische Abgestumpftheit gegenüber der Zwangsarbeit und dem Leid von KZ-Häftlingen einschlossen. Daraus entstand eine Gruppenidentität als «Raketenspezialisten im Dienst des Nazistaats» (Petersen) mit amoralischen Zügen: Verabsolutierung eigener Prioritäten ohne Rücksicht auf angewandte Mittel; Geringschätzung der Rechte anderer; Unwilligkeit, ja Unfähigkeit zum Denken in ethischen statt in technischen Kategorien. Anders ausgedrückt: Peenemünde war, wie ich in diesem Buch geschrieben habe, keine «Traumwelt unter der Kontrolle der Wissenschaften». Stattdessen entwickelte es sich zum Abbild jener «rassistischen ‹Volksgemeinschaft›» (Michael Wildt), in die das NS-Regime die deutsche Gesellschaft transformiert hatte.

Daniel Goldhagen hat bekanntlich ins Zentrum seines Buchs *Hitlers willige Vollstrecker* einen historisch verankerten grenzenlosen Judenhass gerückt, den er meinte, nachweisen zu können, und den er Ausgrenzungs- und Vernichtungs-Antisemitismus nannte. Doch bei den KZ-Insassen, die zur Serienfertigung der V 2 ausgebeutet wurden, handelte es sich ganz überwiegend um Russen und um Polen, um Franzosen, Belgier und Niederländer, Italiener, um deutsche Sinti und Roma, Sozialdemokraten und Kommunisten. Anders, als Goldhagen meint, bedurfte es gar nicht des Antisemitismus, um Ausgrenzung und Vernichtung zu akzeptieren oder zu unterstützen.

Stattdessen genügte der Wille zur Durchführung einer Aufgabe, mit der man sich intensiv genug identifizierte, *um jeden Preis* – auch dann, wenn dieser Preis Überschreitung der Grenzen aller Humanität hieß. Technokratische Rigorosität der «Besessenen» (Irmgard Gröttrup, Frau des

Peenemünder Elektronikspezialisten Helmut Gröttrup) – so lautet die Lehre aus dem V 2-Projekt – erhielt ihren Freibrief von jenem längst ersehnten «starken Staat», der die Durchbrechung humaner Grenzen freigab, ja regelrecht dazu aufrief.